電子實習(下)

吳鴻源　編著

全華圖書股份有限公司

授 權 書

映陽科技股份有限公司總代理 Cadence 公司的 OrCAD 及 PSpice 系列軟體產品，並接受該公司委託負責台灣地區其軟體產品中文參考書之授權作業。

茲同意全華科技圖書股份有限公司所出版 Cadence 公司系列產品中文參考書，書名：電子實習(下) 作者：吳鴻源得引用 OrCAD Pspice 9.2 中的螢幕畫面、專有名詞、指令功能、使用方法及程式敘述。隨書並得附本公司所提供之試用版軟體光碟片。

有關 Cadence 公司所規定之註冊商標及專有名詞之聲明，必須敘述於所出版之文書內。為保障消費者權益，Cadence 公司產品若有重大版本更新，本公司得通知全華科技圖書股份有限公司或作者更新中文書版本。

本授權同意書依規定須裝訂於上述中文參考書內授權才得以生效其他注意事項請 Cadence 原廠授權信。

此致

　　全華科技圖書股份有限公司

授權人：映陽科技股份有限公司

代表人：張垂達

中華民國九十二年十二月十八日

序　言

本書適合於五專及二專電機科、電子科及技術學院、科技大學電機系之電子學實習教材之用，或是從事電子電機工業之從業人員做為參考之用。

本書內容主要包括有 FET 原理及應用，差動放大器及運算放大器的各種應用，比較器、穩壓器、振盪器、濾波器及 A/D 與 D/A 轉換器等。各章實習項目前均有原理解說，實習項目的設計，除了認識元件特性及基本應用外，特別強調電路的轉移曲線及元件參數的改變時電路特性的影響，以建立讀者對於電路方塊圖的觀念，做為將來學習自動控制及電子電路設計之基礎，並導引如何將理論及實際電路做印證，以加強學習效果。

本書編審、校對雖力求謹慎，然疏漏之處仍在所難免，敬祈各界先進不吝指正。

吳鴻源謹識

編輯部序

　　「系統編輯」是我們的編輯方針，我們所提供給您的，絕不只是一本書，而是關於這門學問的所有知識，它們由淺入深，循序漸進。

　　本書係依據教育部頒佈之專科學校電子實習課程標準所編寫，內容包含基本儀器功能之介紹及操作方法，且在每次實驗前提供詳細的相關知識，尤以電晶體之小訊號分析以T或π取代h參數使其分析更爲清楚。本書藉由理論與實際相輔相成，使讀者操作起來得心應手，進而達到融會貫通的境界。適用於電機科「電子實習」課程用書。

　　同時，爲了使您能有系統且循序漸進研習相關方面的叢書，我們以流程圖方式，列出各有關圖書的閱讀順序，以減少您研習此門學問的摸索時間，並能對這門學問有完整的知識。若您在這方面有任何問題，歡迎來函連繫，我們將竭誠爲您服務。

相關叢書介紹

書號：06015
書名：電子學(精裝本)
編著：楊善國

書號：00706
書名：電子學實驗
編著：蔡朝洋

書號：02476
書名：電子電路實作技術
編著：蔡朝洋

書號：06052
書名：電腦輔助電路設計－活用
　　　PSpice A/D－基礎與應用
　　　(附試用版與範例光碟)
編著：陳淳杰

書號：06296
書名：電子應用電路 DIY
編著：張榮洲.張宥凱

書號：04F97
書名：Arduino 專題製作－智慧家庭
　　　(附範例光碟)
編著：王允上

流程圖

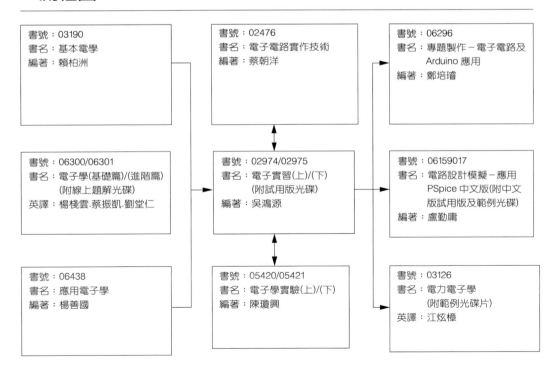

目　錄

第八章 主動式濾波器   **8-1**

第九章 穩壓電路   **9-1**

第十章 正弦波振盪器   **10-1**

第一章

差動放大器

1.1 實驗目的

1. 瞭解差動放大器的電路架構
2. 瞭解輸入偏移電壓，輸入偏壓電流及輸入偏移電流
3. 瞭解何謂共模電壓及共模增益
4. 瞭解何謂差模電壓及差模增益
5. 瞭解電流鏡的動作原理

1.2 相關知識

1. 基本原理

圖 1.1 所示為基本的 BJT 差動放大器結構。它是由兩個匹配的電晶體 Q_1 和 Q_2 組成，這兩個電晶體的射極接在一起，並且由定電流源來偏壓。

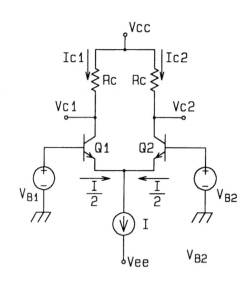

圖 1.1 基本的 BJT 差動對的組態

分析差動放大器工作，首先考慮將兩個基極連在一起並接上共模電壓 V_{CM} 的情形。也就是如圖 1.2 所示。$V_{BE1} = V_{BE2}$，假設 Q_1 和 Q_2 的特性是互相匹配，因此電流 I 會平均分配在這兩個電晶體中，因此 $I_{E1} = I_{E2} = I/2$，並且射極的電壓為 $V_{CM} - V_{BE}$，各集極的電壓將為 $Vcc - \alpha \times (I/2) \times R_c$，忽略集極電阻的差異，則兩集極的電壓差為零。

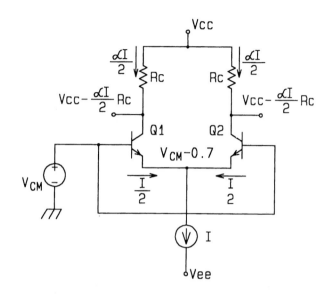

圖 1.2　共模輸入信號 V_{CM} 的差動對

　　改變共模輸入信號 V_{CM} 的值。很明顯的，只要 Q_1 和 Q_2 維持在作用區，則電流 I 就會平分於 Q_1 和 Q_2，因而集極的電壓就不會改變，$V_{C1} - V_{C2} = 0$。因此差動放大器對共模輸入信號並不會有反應。

　　若將某一輸入端接地，例如 V_{B2} 接地；$V_{B2} = 0\,\text{V}$，並且讓 $V_{B1} = 1\,\text{V}$，如圖 1.3 所示。我們很容易看出，Q_1 會導通，並且幾忽所有的電流都流過 Q_1，因為 Q_1 導通，射極電壓約為 $+0.3\,\text{V}$，這使得 Q2 的射極 - 基極接面反偏，Q_2 將會關閉。而集極的電壓為 $V_{C1} = V_{CC} - \alpha \times I \times R_C$ 以及 $V_{C2} = V_{CC}$。

　　對現在將 V_{B1} 改為 -1 V，如圖 1.4 所示，基於相同原理可看到 Q_1 會關閉而 Q_2 會導通所有電流 I。集極電壓為 $V_{C1} = V_{CC}$，$V_{C2} = V_{CC} - \alpha \times I \times R_C$。而射極電壓為 $-0.7\,\text{V}$，這表示 Q_1 的射基極接面會被 $-0.3\,\text{V}$ 來偏壓。

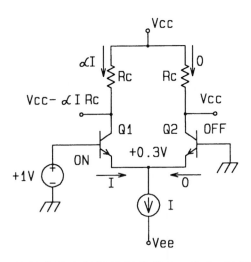

圖 1.3 大差動輸入信號的差動對 (正輸入電壓)

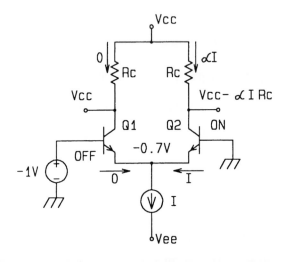

圖 1.4 大差動輸入信號的差動對 (負輸入電壓)

　　就理論而言，差動放大器僅對於差動模式的信號有反應。只要相當小的電壓差就能使所有的偏壓電流由差動放大器的一邊轉移到另一邊。

　　當差動放大器加上一個非常小 (幾 mV) 的差動信號，這會造成其中一個電晶體流過 $I/2 + \Delta I$ 的電流，而另一個電晶體的電流為 $I/2 - \Delta I$，並且 ΔI 和輸入信號的差值成比例，如圖 1.5。在兩個集極之間所取出的輸出信號為 $2 \times \alpha \times \Delta I \times R_C$。

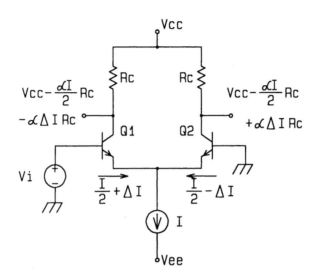

圖 1.5　小差動輸入信號的差動對

　　共模電壓的輸入範圍之上限為使 Q_1、Q_2 進入飽和之最小輸入值，而下限則為使 Q_1、Q_2 截止的最大輸入電壓。

2.　數學分析

　　如圖 1.1 所示二個電晶體的電流可表示成:

$$I_{E1} = \frac{I_s}{\alpha} e^{(V_{B1}-V_E)/V_T} \tag{1.1}$$

$$I_{E2} = \frac{I_s}{\alpha} e^{(V_{B2}-V_E)/V_T} \tag{1.2}$$

這兩個方程式可合併得到

$$\frac{I_{E1}}{I_{E2}} = e^{(V_{B1}-V_{B2})/V_T} \tag{1.3}$$

將 (1.3) 式左又兩邊分別加一後再取倒數，因此可得

$$\frac{I_{E2}}{I_{E1}+I_{E2}} = \frac{1}{1+e^{(V_{B1}-V_{B2})/V_T}} \tag{1.4}$$

同理　$$\frac{I_{E1}}{I_{E1}+I_{E2}} = \frac{1}{1+e^{(V_{B2}-V_{B1})/V_T}} \tag{1.5}$$

令 $I_{E1}+I_{E2}=I$，則上式可化簡成:

$$I_{E1} = \frac{I}{1 + e^{(V_{B2} - V_{B1})/V_T}} \tag{1.6}$$

$$I_{E2} = \frac{I}{1 + e^{(V_{B1} - V_{B2})/V_T}} \tag{1.7}$$

若以 $(V_{B1} - V_{B2})/V_T$ 為水平軸，以 I_C/I 為縱軸，可繪出差動放大器的正規化轉移曲線。如圖 1.6 所示。

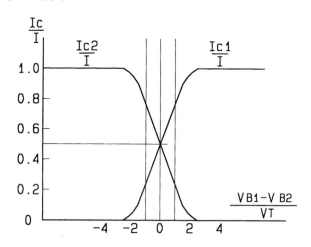

圖 1.6　正規化的差動放大器轉移曲線

由圖發現，當輸入電壓大於 $4 \times V_T$ (約 $100\,\mathrm{mV}$)，電流則幾乎完全流入某一個晶體了，因此一般作為線性放大，其差動輸入電壓均在 $50\,\mathrm{mV}$ 以內。

3.　差動增益 (A_d)

如圖 1.7 所示為加入差動訊號 v_d 時，各部的電壓及電流之關係。若 $v_d \ll 2V_T$，則 i_{C1} 及 i_{C2} 可分別表示成：

$$i_{C1} = \frac{\alpha I}{2} + \frac{\alpha I}{2V_T} \times \frac{v_d}{2} = I_C + i_c \tag{1.8}$$

$$i_{C2} = \frac{\alpha I}{2} - \frac{\alpha I}{2V_T} \times \frac{v_d}{2} = I_C - i_c \tag{1.9}$$

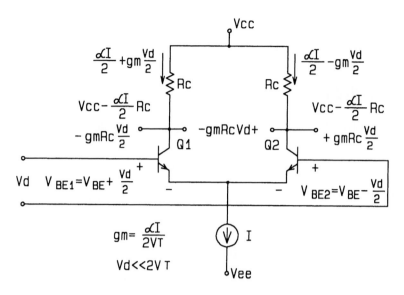

圖 1.7　差動放大器在小信號下的各部電壓及電流

而 v_{C1} 及 v_{C2} 的電壓為：

$$v_{C1} = V_{CC} - \left(\frac{\alpha I}{2} + \frac{\alpha I}{2V_T} \times \frac{v_d}{2} \right) \times R_C$$

$$= \left(V_{CC} - \frac{\alpha I}{2} \times R_C \right) - g_m R_C \times \frac{v_d}{2} \tag{1.10}$$

同理

$$v_{C2} = \left(V_{CC} - \frac{\alpha I}{2} \times R_C \right) + g_m R_C \times \frac{v_d}{2} \tag{1.11}$$

因此差動輸出電壓為：

$$\Delta v_o = v_{C1} - v_{C2}$$

$$= -g_m R_C v_d$$

而差動增益為：

$$A_d = \frac{\Delta v_o}{v_d} = -g_m R_C \tag{1.12}$$

若輸出訊號僅從單端取出，則差動增益為

$$A_d = -\frac{g_m R_C}{2} \tag{1.13}$$

式中　　$g_m = \dfrac{\alpha I}{2V_T}$ $\tag{1.14}$

4.　差動半電路

對於含同相的輸入訊號下，其 v_{B1} 及 v_{B2} 可分別表示成：

$$v_{B1} = v_{cm} + (v_d/2) \quad v_{B2} = v_{cm} - (v_d/2) \tag{1.15}$$

利用重疊原理，分析差動增益及共模增益可分別考慮 v_{cm} 及 v_d 輸入的情況：如圖 1.8 所示為輸入僅為差動訊號時，Q_1 一方增加 $v_d/2$ 而另一方 Q_2 減少 $v_d/2$，因此二電晶的射極電壓維持於固定的 V_E 值，因作小信號分析，對於固定的電壓點，可視同接地（固定電壓值其如同直流電壓源一般）。因此，小信號等效電路可以圖 1.9 表示，其電壓增益約為：

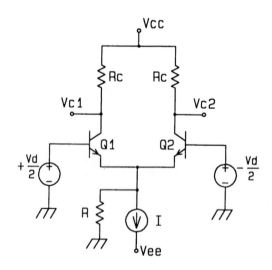

圖 1.8　僅有差動輸入的差動放大器

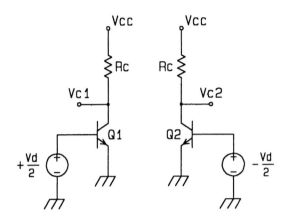

圖 1.9 差動輸入的差動放大器半電路

$$A_d = \frac{-\alpha \times R_C}{r_e} = \frac{-\alpha \times R_C}{V_T/I_{E1}} = \frac{-\alpha \times R_C}{V_T/(I/2)} = -\left(\frac{I \times \alpha}{2 \times V_T}\right) \times R_C$$

$$A_d = -\frac{g_m \times R_C}{2} \tag{1.16}$$

　　而在考慮輸入共模電壓時，因二電晶體的基極電壓同時變化 v_{cm}，因而造成 V_E 亦會相對上升約 v_{cm} 之值，如圖 1.10 所示，因此射極電壓不能再如分析差動增益時，將其視為短路到地。由於電路屬於對稱性，因此將電流分成二邊考慮，如圖 1.11 所示，每電晶體等效的 I_E 為 $I/2$，而用代表電流源的內阻 R，則每半邊電晶體以 $2R$ 取代 (二個半電路合併之電阻為 R，因此各別之電阻為 $2R$)，其集極電壓：

$$v_{C1} = v_{C2} = -v_{CM} \times \frac{\alpha R_C}{2R + r_e}$$

$$\doteqdot -v_{CM}\frac{\alpha R_C}{2R} \tag{1.17}$$

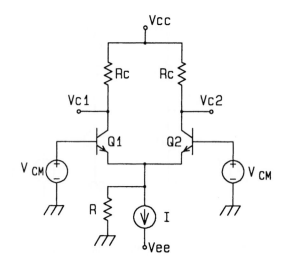

圖 1.10　僅有共模輸入的差動放大器

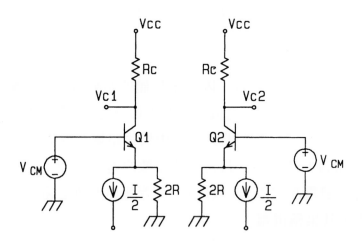

圖 1.11　代表共模增益的半電路

　　因此若輸出端以差動方式取出，則共模輸出電壓為 $v_{C1} - v_{C2} = 0$，共模增益為 0，若是單端方式取出，則共模增益 A_{cm} 等於

$$A_{cm} = -\frac{\alpha \times R_C}{2 \times R} \tag{1.18}$$

其共模拒斥比 (CMRR) 為

$$\text{CMRR} = \left| \frac{A_d}{A_{cm}} \right| \doteqdot g_m \times R \tag{1.19}$$

式以 dB 表示為

$$\text{CMRR(dB)} = 20 \times \log(g_m \times R) \tag{1.20}$$

5.　輸入電阻

　　對於差動下的輸入阻抗可從圖 1.12 得知，其電阻即為從兩個基極看入的電阻，也就是差動輸入訊號所看的電阻；

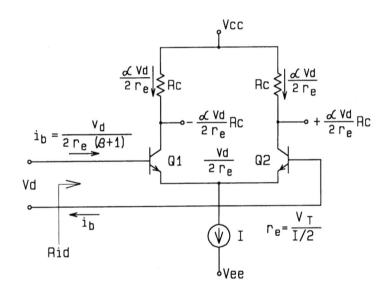

圖 1.12　用以求差動輸入電阻的等效電路

$$i_b = \frac{i_e}{(1+\beta)} = \frac{v_d/(2 \times r_e)}{(1+\beta)}$$

而　　　　$$R_{id} = v_d/i_b = 2 \times (1+\beta) \times r_e = 2 \times r_\pi \tag{1.21}$$

而共模增益的輸入電阻 R_{icm} 可從圖 1.11 得知，其電阻為各別半電路的輸入阻抗的一半 (二個半電路並聯)

$$R_{icm} = \frac{(r_\pi + (1+\beta) \times 2 \times R)}{2} \doteqdot (1+\beta) \times R \tag{1.22}$$

1.3 實驗項目

1. 工作一：基本差動放大器直流特性

A. 實驗目的：

瞭解差動放大器 I_B、 ΔI_B、 ΔV_o、 V_{os}

B. 材料表：

$6.8\,\mathrm{k\Omega} \times 2$，$7.5\,\mathrm{k\Omega} \times 1$， $10\,\mathrm{k\Omega} \times 3$， $100\,\Omega \times 1$， $1\,\mathrm{k\Omega} \times 1$

VR-$10\,\mathrm{k\Omega} \times 1$

2SC1815$\times$2

C. 實驗步驟：

(1) 圖 1.13 接線， R_1 及 V_{R1} 不接，利用三用電表測量各電晶體的各點電壓並計算 I_{C1}、 I_{C2}、 I_{B1}、 I_{B2} 之電流，利用上述結果計算 g_{m1}、 g_{m2}。

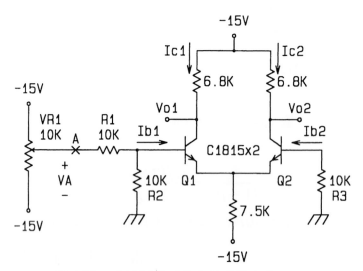

圖 1.13 直流測試用基本差動放大器

(2) 計算差動放大器的

輸入偏壓電流 $I_B = (I_{B1} + I_{B2})/2$ 。

輸入偏移電流　　$\Delta I_B = |I_{B1} - I_{B2}|$ 。

輸出偏移電壓　　$\Delta V_o = |V_{o1} - V_{o2}|$ 。

(3) R_2、R_3 電阻改為 $100\,\Omega$，調整 V_{R1} 使得 $V_o = 0$，測量 V_A 點電壓，則輸入偏移電壓為：

$$V_{os} = \frac{-R_2}{R_1 + R_2} \times V_A$$

若一直無法將 V_o 調整至零，則可減少 R_1 之值，例如將 R_1 改為 $1\,\text{k}\Omega$。

(4) 逐漸調整 V_{R1}，並記錄 V_A、V_{o1}、V_{o2}、I_{C1}、I_{C2} 之電壓於如表 1.1 之中。

表 1.1　基本差動放大器直流特性

V_A	V_{02}	V_{02}	I_{C1}	I_{C2}	A_d

(5) 使用表 1.1 的資料，繪出差動放大器的電流轉移曲線。

(6) 使用表 1.1 的資料，計算其差動增益($-\text{g}_\text{m}\, R_C$)。

2.　工作二：基本差動放大器增益特性

A.　實驗目的：

瞭解差動放大器增益特性

B.　材料表：

$6.8\,\text{k}\Omega \times 2$，$7.5\,\text{k}\Omega \times 1$，$10\,\text{k}\Omega \times 3$，$100\,\Omega \times 1$，$1\,\text{k}\Omega \times 1$

VR-$10\,\text{k}\Omega \times 1$，VR-$200\,\Omega \times 1$

2SC1815×2， $10\mu5 \times 1$

C. 實驗步驟：

(1) 圖 1.14 接線，先將 A 點接地。

(2) 調整 V_{R2}，使得 $V_o = 0$(輸入偏移電壓)。

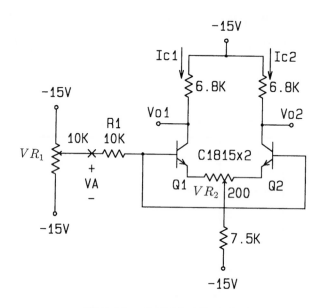

圖 1.14 共模電壓增益之測量

(3) 取消 A 點接地線，逐漸調整 V_{R1}，並記錄 V_A、V_{o1}、V_{o2}、 V_{CE1}、V_{CE2} 之電壓於如表 1.2 之中。

表 1.2 基本差動放大器增益特性

V_A	V_{o1}	V_{o2}	V_{CE1}	I_{CE2}	A_{CM}

(4) 共模電壓的輸入範圍之上限為使 Q_1、Q_2 進入飽和之最小輸入值，而下限則為使 Q_1、Q_2 截止的最大輸入電壓，根據表 1.2 以求共模輸入電壓範圍。

(5) 根據表 1.2 以計算共模增益

$$A_{CM} = \frac{\Delta V_o}{\Delta V_i}$$

(6) 如圖 1.15，於輸入端連接信號產生器，調整訊號產生器使其為 $1\,\mathrm{kHz}$，正弦波，而示波器的 CH1 及 CH2 分別觀測 V_i 及 V_{o1}，振幅之大小以使 V_{o1} 之波形不失真為原則 (僅可能大)，記錄 V_i 及 V_{o1} 於圖 1.16。測量完成後，再將 CH2 移到 V_{o2} (CH1 及信號產生器均不更動)，把 V_{o2} 與前次量取的信號同記錄於同一張圖內。

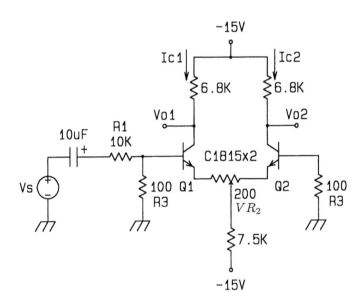

圖 1.15 差模電壓增益之測量 (直流模式)

(7) 據前面實驗結果，計算其差動增益及共模斥拒比。

$$A_d = \frac{v_o}{v_i}, \quad \mathrm{CMRR} = \left| \frac{A_d}{A_{CM}} \right|$$

(8) 將若電晶體 Q_2 的集極電阻短路，重複前面的各項測試。

(9) 比較兩種集極電阻特性之差異。

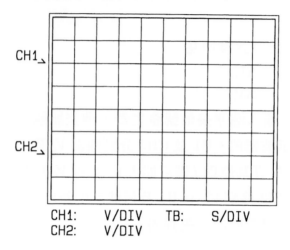

CH1:　　V/DIV　　TB:　　S/DIV
CH2:　　V/DIV

圖 1.16　圖 1.15 的輸入與輸出波形

3.　工作三：定電流偏壓的差動放大器

A.　實驗目的：

瞭解差動放大器增益特性

B.　材料表：

$6.8\,\text{k}\Omega \times 2$，$680\,\Omega \times 1$，$10\,\text{k}\Omega \times 3$，$100\,\Omega \times 1$，$1\,\text{k}\Omega \times 1$

VR-$10\,\text{k}\Omega \times 1$，VR-$200\,\Omega \times 1$

2SC1815×3

IN4148×2

C.　實驗步驟：

(1) 如圖 1.17，將射極上的電阻改以定電流源驅動。

(2) 測量 I_{C3} 之電流，並與理論值 $I_{C3} = (V_{D1} + V_{D2} - V_{BE3})/R_E$ 作比較。

(3) 重複工作二的各項測試，記錄 V_i 及 V_{o1} 於圖 1.18。

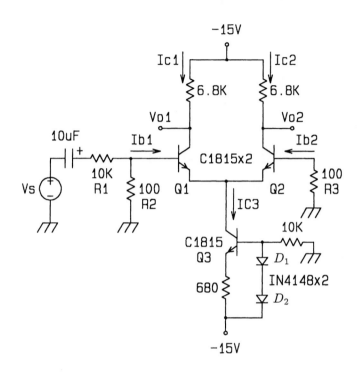

圖 1.17 定電流偏壓的差動放大器

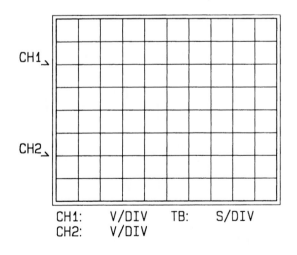

圖 1.18 圖 1.17 的輸入與輸出波形

(4) 比較工作二及工作三之差異。

4. 工作四：電流鏡偏壓的差動放大器

A. 實驗目的：

瞭解差動放大器增益特性

B. 材料表：

$6.8\,\mathrm{k}\Omega \times 2$，$680\,\Omega \times 1$，$10\,\mathrm{k}\Omega \times 3$，$100\,\Omega \times 2$，$15\,\mathrm{k}\Omega \times 1$

VR-$10\,\mathrm{k}\Omega \times 1$，VR-$200\,\Omega \times 1$

2SC1815×4

C. 實驗步驟：

(1) 如圖 1.19 接線，此種偏壓方式廣泛用於線性積體電路的偏壓上。

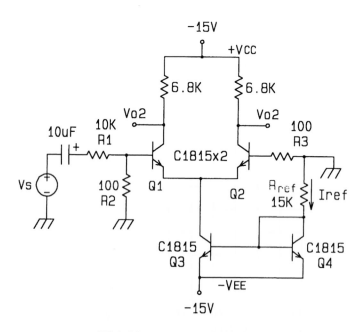

圖 1.19 電流鏡偏壓的差動放大器

(2) 測量其 I_o 之電流，其值約為 $I_\mathrm{ref} = (V_{EE} - V_{BE4})/R_\mathrm{ref}$。

(3) 重複工作二的各項測試，記錄 V_i 及 V_{o1} 於圖 1.20。

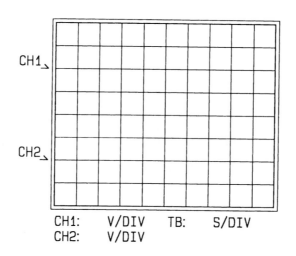

圖 1.20 圖 1.19 的輸入與輸出波形

⑷ 比較工作二及工作四之差異。

5. 工作五：利用電晶體陣列作差動放大器

A. 實驗目的：

瞭解差動放大器增益特性

B. 材料表：

$6.8\,k\Omega \times 2$，$680\,\Omega \times 1$， $10\,k\Omega \times 3$，$100\,\Omega \times 2$， $15\,k\Omega \times 1$

CA3046×1

C. 實驗步驟：

⑴ 為求得有較佳的共模特性，我們需要 Q_1、Q_2 的特性僅可能的一致，利用電晶體陣列，可大幅改善電晶體不匹配的問題。圖 1.21 為利用電晶體陣列作的差動放大器。圖 1.22 為 CA3045/CA3046 的接腳圖，該 IC 內含有 5 個同樣的電晶體。

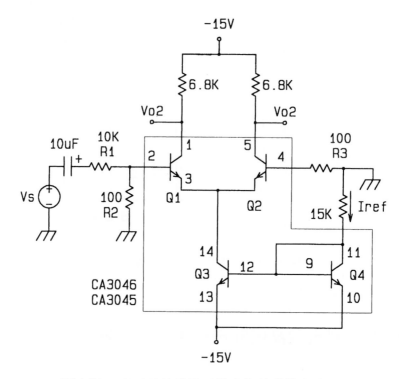

圖 1.21 利用電晶體陣列構成的差動放大器

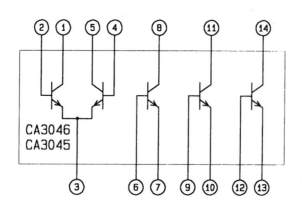

圖 1.22 圖 1.21 的輸入與輸出波形

(2) 重複工作四的各項測試，記錄 V_i 及 V_{o1} 於圖 1.23。

(3) 比較工作一及工作五之差異。

⑷ 比較工作四及工作五之差異。

1.4　電路模擬

本節中將以 Pspice 模擬軟體來分析電路的特性, 使電路模型分析的結果與實際電路實驗有一對照

1.　基本差動放大器電路模擬

如圖 1.23 所示, 各元件分別在 jbipolar.slb, source.slb 及 analog.slb，選擇選擇 Time Domain 分析，記錄時間自 0ms 到 3ms，最大分析時間間隔為 0.001ms。圖 1.24 為輸入電壓與輸出電壓模擬結果，單端電壓增益為 62 V/V，差動電壓增益為 124 V/V。

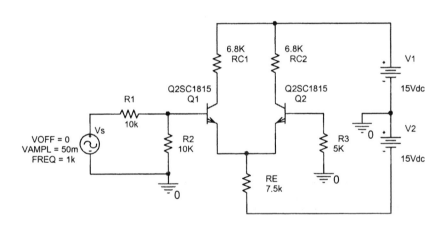

圖 1.23　基本差動放大器電路

2.　定電流源偏壓的差動放大器電路模擬

如圖 1.25 所示，各元件分別在 jbipolar.slb, source.slb 及 analog.slb，選擇選擇 Time Domain 分析，記錄時間自 0ms 到 10ms，最大分析時間間隔為 0.001 ms。圖 1.26 為輸入電壓與輸出電壓模擬結果，單端電壓增益為 62 V/V，差動電壓增益為 124 V/V。

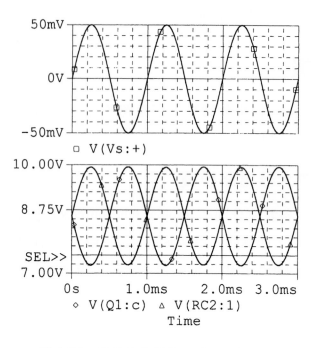

圖 1.24 差動放大器輸入電壓與輸出電壓

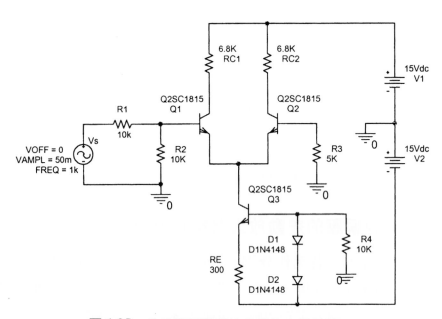

圖 1.25 定電流源偏壓的差動放大器電路

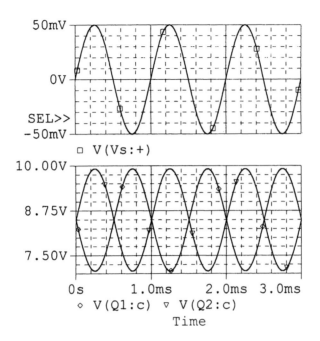

圖 1.26　定電流源偏壓的差動放大器電路輸入電壓與輸出電壓

1.5　問題討論

1. 於工作一及工作二，其單端差動增益有何不同？

2. 比較射極電阻偏壓方式的差動放大器與電流源偏壓方式的差動放大器，其共增增益及差模增益有何不同？

第二章

反相放大器

及應用電路

2.1 實驗目的

1. 瞭解運算放大器的基本特性
2. 瞭解基本的反相放大器的原理。
3. 瞭解積分器及微分器之特性。
4. 瞭解加法器的特性。

2.2 相關知識

1. 運算放大器的外觀

從信號的觀點來看，op amp 有三個端點：反相輸入端、非反相輸入端及一個輸出端。圖 2.1 是我們用來代表 op amp 的電路符號。端點 1 為非反相輸入端、端點 2 是反相輸入端，端點 3 是輸出端。（此編號並非 IC 的實際接腳，）。放大器需要有直流電源才能工作，大多數的 op amp 需要正負雙組直流電源，如圖 2.2 所示，我們標出了兩個具有共同接地點的電池作為直流電源供應。

在圖 2.3 中 op amp 端點 4 和端點 5 分別連接到正電壓 ＋ V 與負電壓 － V。在 op amp 正負電源二端與地線間，通常亦會再並上二個旁路電容以改善因電路佈線關係使得電源阻抗上升之特性。實際應用上，並聯一 0.1 μF 陶瓷電容器與 1～ 10 μF 之間的電解電容器（或鉭質電容器）作為電源旁路（解耦合）之用。

圖 2.1 op amp 的電路符號

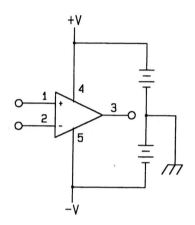

圖 2.2　圖 2.2 接有直流電源的 op amp

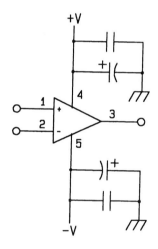

圖 2.3　接有電源旁路電容的 op amp

在一般 op amp 的線路圖中，我們經常把電源及其旁路電容省略不予繪出。

2.　理想的 **op amp** 特性與實際的 **op amp** 之比較

由於積體電路設計上無法在晶片上設計較大值的電感或電容，因此 op amp 電路設計均採用直接耦合的方式。理想的 op amp 具有下列特點：

A.高增益 　 $A_v \to \infty$

B.高輸入阻抗 　 $R_i \to \infty$

C.寬頻帶 　 $BW \to \infty$

D.低輸出電阻 　 $R_o \to 0$

A.　電壓增益：

由於電路大都採取多級直接耦合架構，op amp 的開迴路增益均相當高，從最早期的 μA709 或 μA741 而言，其電壓增益至少均在 70 dB 以上（約數千倍），因此 op amp 的開迴路增益均可視為理想。

B.　輸入電阻：

op amp 輸入電路結構可分為三種：(1) BJT 型，如 μA741 之類，(2) JFET 型，如 LF356 及 (3) MOSFET 輸入型如 CA3140 等。 BJT 型輸入阻抗較低，約略為數百 k 歐姆，JFET 的 op amp，其輸入阻抗約 10^9 歐姆以上，而 MOSFET 型的輸入阻抗更高達 10^{12} 歐姆以上，因此就輸入阻抗特性而言，輸入電阻常假設為 ∞，因此 op amp 的輸入電流可忽略不計。有些專門設計用來放大射頻信號的 op amp，為考慮其與前級電路阻抗的匹配，特將其輸入電阻設計成特別低，例如 50 歐姆或 75 歐姆，此種情形又另當別論了。

C.　頻帶寬：

雖然現有 op amp 的使用頻率範圍已擴展到數百 MHz 至 GHz 之程度，然而真正寬頻帶特性的 op amp 並不多見，僅以其使用場合決定其適當的頻寬。例如用以放大的射頻的 IC，其頻帶常在數百 kHz 起到數百 MHz，而低頻及 DC 特性則較差。而專門用來放大 DC 小信號（如感測器 (Sensor) 之類的訊號）的 op amp，其重點在於低漂移特性，因此頻率特性甚致於低到僅有數百赫茲而已，就使用觀點而言，選擇適度頻寬遠較一味追求寬頻帶有用。因此在頻率特性上，亦可視為相當理想。

D.　輸出阻抗：

op amp 的輸出級均有特別加強其推動能力，其輸出阻抗約為數歐姆至數十歐姆，對於電子信號處理方面而言，已相當低。另外於實際使用時，常會加上大量的負回授，因此輸出阻抗更低。

　　由於以上特性分析，就整體而言，op amp 可視為理想的放大器 (不同的用途，選擇適當的 op amp)。高增益使得我們可以假設 op amp 的兩輸入端為等電位，由於輸入電流為零，因此兩輸入點間可視同虛接。

3. 反相放大器

　　基本的反相放大器如圖 2.4 所示，"+" 端接地，由於虛接地的關係，因此 "−" 端亦為零電位。故

$$I_1 = \frac{V_i}{R_1}$$

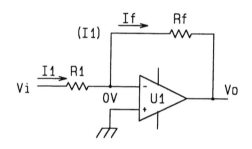

圖 2.4 基本的反相放大器

op amp 的輸入電流為零，因此 I_1 電流將全部流入 R_f，而 R_f 上的電壓降即為輸出電壓：

$$V_o = -I_1 \times R_f = -\frac{V_i}{R_1} \times R_f$$

$$= -\frac{R_f}{R_1} \times V_i = A_v \times V_i$$

故　　　$$A_v = -\frac{R_f}{R_1} \tag{2.1}$$

上式結果表示此電路的放大率僅為兩個電阻 R_1 及 R_f 之比值，而與 op amp 的開迴路增益無關，而負號表示輸出信號反相了。 R_1 與 R_f 此二個電阻值之絕對大小並無太大關係，一般為了避了受電路上漏電流之影響， R_1、 R_f 很

少超過 1M 歐姆以上；最低值則受 op amp 輸出電流的限制，其值在數百歐姆以上，輸入電阻即為從 V_i 看入的阻抗：

$$R_{\text{in}} = \frac{V_i}{I_i} = R_1 \tag{2.2}$$

因此若要得到高輸入電阻的話，就必需選擇大的 R_1 值，若所需的增益也很大的話，則 $R_f(R_f = A_v \times R_1)$ 就會大到不合理的地步了。圖 2.5 為改善此缺點的一種電路，電路工作原理如下：

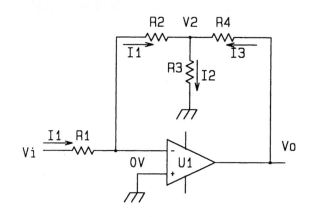

圖 2.5　具高輸入阻抗的反相放大器

$$I_1 = \frac{V_i}{R_1}$$

$$V_2 = -I_1 \times R_2 = -\frac{R_2}{R_1} \times V_i$$

$$I_2 = \frac{V_2}{R_3} = -\frac{R_2}{R_1} \times \frac{V_i}{R_3}$$

$$I_3 = I_2 - I_1 = -\frac{R_2}{R_1} \times \frac{V_i}{R_3} - \frac{V_i}{R_1}$$

$$= -\left(\frac{V_i}{R_1}\right) \times \left(1 + \frac{R_2}{R_3}\right)$$

$$V_o = V_2 + R_4 \times I_3$$

$$= -\frac{R_2}{R_1} \times V_i - \left(\frac{V_i}{R_1}\right) \times \left(1 + \frac{R_2}{R_3}\right) \times R_4$$

$$= -V_i\left(\left(\frac{R_2}{R_1}\right) + \left(\frac{R_4}{R_1}\right) \times \left(1 + \frac{R_2}{R_3}\right)\right)$$

故
$$A_v = \frac{V_o}{V_i} = -\left(\frac{R_2}{R_1}\right) + \left(\frac{R_4}{R_1}\right) \times \left(1 + \frac{R_2}{R_3}\right) \tag{2.3}$$

例如某反相放大器輸入電阻為 1M 歐姆，增益為 100，若使用圖 2.4 之電路，則 R_1 為 1 M 歐姆，而 R_2 卻要高到 100 M 歐姆，然而若使用圖 2.5 之電路，則可選用 $R_1 = R_2 = R_4 = 1\,\mathrm{M}$ 歐姆，$R_3 = 10.2\,\mathrm{k}$ 歐姆即可。

4.　積分器

反相放大器使用的 R_1 和 R_f 電阻，我們也可以使用電感器或電容器等電抗性元件以獲得不同的頻率特性，如圖 2.6 所示，其輸出為

$$V_o = -\left(\frac{Z_2}{Z_1}\right) \times V_i$$

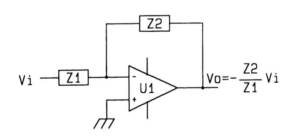

圖 2.6　具電抗性元件的反相放大器

考慮以電容器取代 Z_2，如圖 2.7 所示，則

$$V_o = V_c = -\frac{1}{C}\int I\,dt = -\frac{1}{C}\int \frac{V_i}{R_1}\,dt$$

$$= -\frac{1}{C \times R_1}\int V_i\,dt \tag{2.4}$$

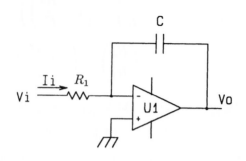

圖 2.7 積分器

因此 V_o 為輸入信號的積分，通常稱此電路為米勒積分器。由於輸入與輸出相位相差 180 度，故又稱為反相積分器。

實際使用上，由於運算放大器輸入偏移電壓的影響，如圖 2.8 所示，此電壓將使運算放大器輸出隨時間增加（或減少），其輸出與時間的關係為：

$$V_o = V_{os} + \frac{V_{os}}{R \times C} \times t \tag{2.5}$$

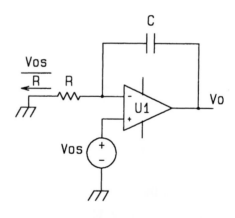

圖 2.8 V_{os} 對於積分器的影響

因此 V_o 隨時間而線性變化，直到 op amp 飽和為止。此問題可以用一電阻 R_f，並聯於電容器上來加以解決。如圖 2.9 所示，因為這個電阻提供了一直流路徑讓直流電流 (V_{os}/R) 得以流過，並且 V_o 將得到 $V_{os}(1 + R_f/R_1)$ 直流項。而不再是線性增加，選擇較低的 R_f 可使直流偏移減少，然而 R_f 愈低則積分器的電器特性就愈不理想。

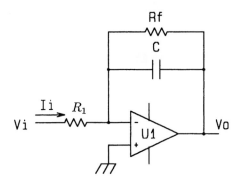

圖 2.9　實用的積分器

5.　微分器

於圖 2.6 的電路中，若 Z_1 以電容器取代則可得微分器電路，如圖 2.10 所示，電路分析如下：

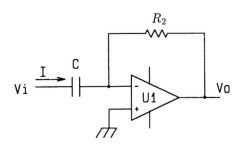

圖 2.10　微分器

由於反相端的虛接地關係，跨於電容器二端的電壓為 V_i，而流過電容器的電流為：

$$I = C \times \frac{dV_i}{dt}$$

此電流流經 R_2 而造成壓降為：

$$V_o = -I \times R_2 = -R_2 C \times \frac{dV_i}{dt} \tag{2.6}$$

輸出比例於輸入的微分，故稱為微分器。

由於輸出與輸入信號的變化域正比，因此每當輸入端有急遽的變化，就會在輸出端造成突波電壓，因此整個電路對於雜訊而言較不穩定。在實際上均儘量避免使用微分器。而當使用到微分器時，都必需在電容器上串聯一電阻以降低其高頻增益，同樣的此種修改亦使得電路變成非理想的微分器，如圖 2.11 所示。

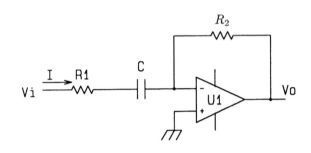

圖 **2.11** 實用的微分器

6. 加法器

如圖 2.12 所示，電阻 Rf 置於回授路徑上，但有許多的輸入信號 $V_1, V_2 \cdots V_n$，都接到其對應的電阻 $R_1, R_2 \cdots, R_n$，這些電阻再接到 op amp 的反相端。從前面的討論可以得知，理想 op amp 在其反相輸入端有虛接地的特性，應用歐姆定律可得知各電流為：

$$I_1 = \frac{V_1}{R_1}; \quad I_2 = \frac{V_2}{R_2} \cdots \cdots ; \quad I_n = \frac{V_n}{R_n}$$

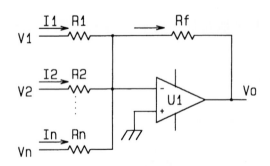

圖 **2.12** 加法器

將這些電流加在一起產生電流 I_f，即

$$I_f = I_1 + I_2 + \cdots\cdots I_n$$

這電流會被強迫流經 R_f(因為電流不流入 op amp 的輸入端)，應用歐姆定律可求出輸出電壓 V_o 為：

$$V_o = -I_f \times R_f$$

因此　　　　$V_o = -\left(\dfrac{R_f}{R_1} \times V_1 + \dfrac{R_f}{R_2} \times V_2 \cdots\cdots \dfrac{R_f}{R_n} \times V_n\right)$ 　　　　(2.7)

也就是說，輸出電壓是所有輸入信號 $V_1, V2 \cdots V_n$ 加權後的總和，所以這電路稱為加權加法器。注意，各加權係數可經由各項對應的饋入電阻 (R_1 到 R_n)而加以獨立的調整，若選 $R_1, R_2 \cdots R_n$ 均相等，即 $R_1 = R_2 = \cdots = R_n = R$，則

$$V_o = -\left(\dfrac{R_f}{R}\right) \times (V_1 + V_2 + \cdots\cdots V_n)$$ 　　　　(2.8)

即輸出為各輸入電壓的總和，當然為維持 op amp 於線性操範圍內，相加後的電壓必須不致於使 op amp 的輸出飽和。

2.3　實驗項目

1.　工作一：基本反相放大器

A.　實驗目的：

瞭解基本反相放大器之特性及轉移曲線。

B.　材料表：

$12\,\mathrm{k\Omega} \times 1$，$1\,\mathrm{k\Omega} \times 2$ ，$3.3\,\mathrm{k\Omega} \times 1$，$10\,\mathrm{k\Omega} \times 2$，$33\,\mathrm{k\Omega} \times 1$

$100\,\mathrm{k\Omega} \times 1$

VR-$5\,\mathrm{k\Omega} \times 1$

TL072$\times 1$, μA741$\times 2$

C. 實驗步驟：

(1) 如圖 2.13 之線路連接，U_1 與 R_1，R_f 接成反相放大器，U_2 則為電壓隨
   耦器，V_{R1} 用來調整輸入所需的直流電壓。

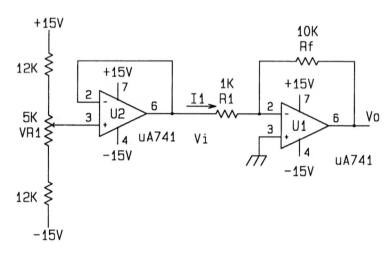

圖 2.13　反相放大器

(2) 調整 V_{R1} 使 V_i 直流電壓從 $-1\,\mathrm{V}$ 調到 $+1\,\mathrm{V}$，利用 DVM 測量輸入及輸出
   電壓，並記錄於表 2.1 中。

表 2.1　反相放大器測試結果 $R_1 = 1\,\mathrm{k\Omega},\ R_f = 10\,\mathrm{k\Omega}$

V_i	-1	-0.5	0	$+0.5$	$+1.0$
V_o					
$A_v = \dfrac{V_o}{V_i}$					

TEST CONDITION：$R_1 = 1\,\mathrm{k},\ R_f = 10\,\mathrm{k}$

(3) 將 R_1 改為 $10\,\mathrm{k}$，V_i 為 $1\,\mathrm{V}$，而 R_f 試用不同之阻值，同步驟(1)之測試，
   並將其結果記錄於表 2.2 中。

表 2.2　反相放大器測試結果 $V_i = 1\,V$, $R_1 = 10\,k\Omega$

R_f	1 k	3.3 k	10 k	33 k	100 k
V_o					
$A_v = \dfrac{V_o}{V_i}$					

(4) 取消 U_2，選擇 $R_1 = 1\,k$，$R_f = 10\,K$ 將訊號產生器加於圖 2.13 輸入端 V_i，調整訊號為 $1\,kHz$，$2V_{p\text{-}p}$ 之正弦波，利用示波器觀察 V_i 及 V_o 之波形，(CH1 測量 V_i，而 CH2 測量 V_o)，並將其波形記錄於圖 2.14 中。

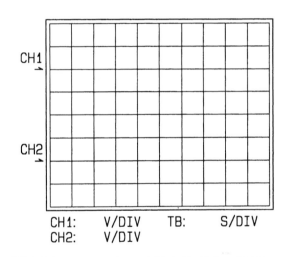

圖 2.14　圖 2.13 輸入／輸出波形（正弦波）

(5) 輸入波形分別改為方波及三角波，重複步驟(4)之測試，並將其波形記錄於圖 2.15，圖 2.16 中。

(6) 同步驟(4)之測試狀況，但輸入波形為三角波，頻率為 $200\,Hz$，$2V_{p\text{-}p}$。但示波器之水平掃描模式置於 $X - Y$ mode，先將兩垂直輸入通道接地，調整光點於原點後（歸零），再將輸入轉到 DC 耦合模式，觀察並記錄其波形於圖 2.17 中，此為反相放大器的轉移曲線。

(7) 同步驟(6)，但將 R_f 分別改為 $1\,k$ 及 $100\,k$，觀察並記錄其波形在圖 2.17 中）。

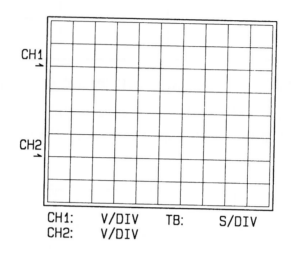

圖 2.15 圖 2.13 輸入／輸出波形 (方波)

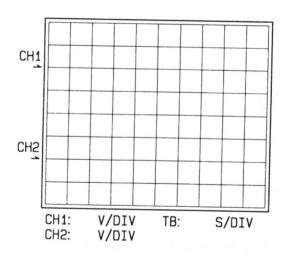

圖 2.16 圖 2.13 輸入／輸出波形 (三角波)

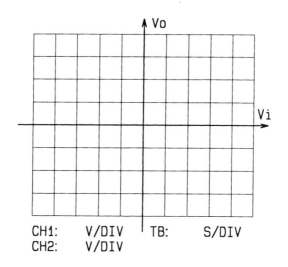

圖 2.17　圖 2.13 反相放大器轉移曲線

2.　工作二：積分器

A.　實驗目的：

瞭解積分器之特性及轉移曲線。

B.　材料表：

$1\,\mathrm{k\Omega} \times 1$，$10\,\mathrm{k\Omega} \times 2$ ，$47\,\mathrm{k\Omega} \times 1$，$1\,\mathrm{M\Omega} \times 1$， $330\,\mathrm{k\Omega} \times 1$

$0.01\,\mu\mathrm{F(MYLAR)} \times 1$， $0.1\,\mu\mathrm{F(MYLAR)} \times 1$， $1\,\mu\mathrm{F(MYLAR)} \times 1$，

TL071×1， uA741×1，LF356×1

C.　實驗步驟：

(1) 如圖 2.18 接線，將 V_i 接地，於 $t = 0$ 時將開關打開，記錄 V_o 之波形於圖 2.19，此電電路可用來觀查輸入偏移電壓 V_{os} 對積分器的影響。

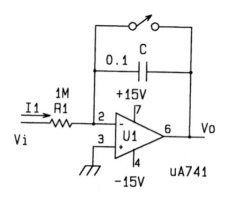

圖 2.18 用於測試 V_{os} 的積分器

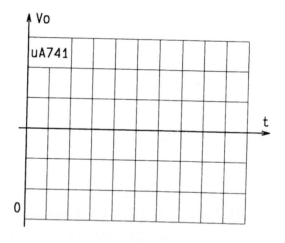

圖 2.19 V_{os} 對的積分器輸出的影響 (uA741)

(2) 更換不同的 op amp，如 LF356 及 TL071，重複步驟(1)之實驗，並記錄 V_o 之波形同於圖 2.20、圖 2.21 中，比較各 I_C 的 V_{os}(參考 2.5 式)。

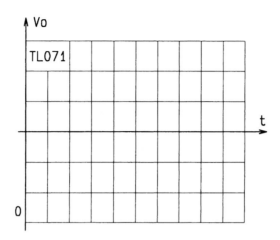

圖 2.20　V_{os} 對的積分器輸出的影響 (TL071)

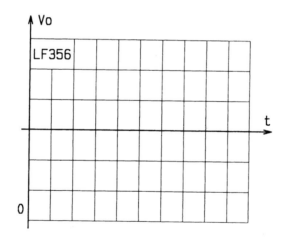

圖 2.21　V_{os} 對的積分器輸出的影響 (LF356)

(3) 更換 $R_1 = 1\,\text{k}$，$C = 0.1\,\mu\text{f}$，將訊號產生器輸出調整為 $1\,\text{kHz}$，$10V_{p\text{-}p}$ 之正弦波加於輸入端 V_i，觀察其輸出之波形，並記錄於圖 2.22 中，請特別注意其相位關係與輸出直流準位。

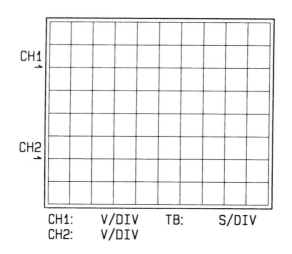

CH1:　　　V/DIV　　TB:　　　S/DIV
CH2:　　　V/DIV

圖 2.22　理想積分器的輸出波形

⑷ 如圖 2.23，電容器兩端分別並聯上一個 (a)47 k，(b)330 k，(c)1 M 之電阻 R_f，重複⑵之步驟。記錄 V_o 之波形於圖 2.24、圖 2.25、圖 2.26。

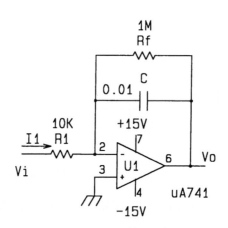

圖 2.23　實用的積分電路

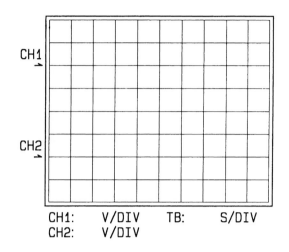

圖 2.24　$R_f = 47\,\text{k}\Omega$ 實用的積分電路的輸出波形

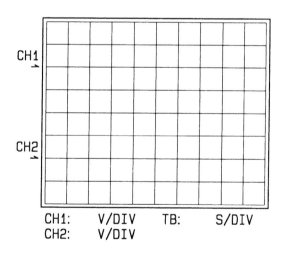

圖 2.25　$R_f = 330\,\text{k}\Omega$ 實用的積分電路的輸出波形

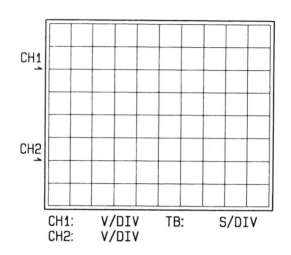

圖 2.26　$R_f = 1\,\text{M}\Omega$ 對實用的積分電路的輸出波形

⑸ 如圖 2.23，$R_f = 100\,\text{k}$，加入一 $10V_{p\text{-}p}$ 之方波，觀察察其輸出波形，並繪於圖 2.27 中，輸入又分別為三角波，波形又如何？

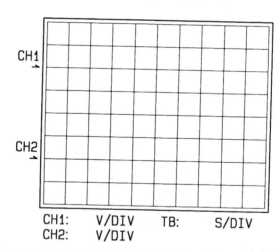

圖 2.27　$R_f = 100\,\text{k}\Omega$，積分電路的輸出波形

⑹ 將輸入改為正弦波，頻率為 $100\,\text{Hz}$，調整訊號產生器輸出使積分器其振幅為 $10V_{p\text{-}p}$。

⑺ 頻率自 $100\,\text{Hz}$ 逐漸增加至 $10\,\text{kHz}$，記錄其輸出電壓與頻率的關係，並將

其結果分別填入於表 2.3。

表 2.3 積分器輸出電壓與頻率之關係

CONDITION	FREQ(Hz)	100	300	1 k	3 k	10 k
$V_i =$	V_o					
$R = 1\,\mathrm{k}$	$A_v = V_i/V_o$					
$C = 0.1\,\mu\mathrm{F}$	$A_v(\mathrm{db})$					
$V_i =$	V_o					
$R =$	$A_v = V_i/V_o$					
$C =$	$A_v(\mathrm{db})$					
$V_i =$	V_o					
$R =$	$A_v = V_i/V_o$					
$C =$	$A_v(\mathrm{db})$					
$V_i =$	V_o					
$R =$	$A_v = V_i/V_o$					
$C =$	$A_v(\mathrm{db})$					

⑻ 以頻率為水平軸（對數刻度），在半對數紙繪出積分的頻率響應曲線於圖 2.28。

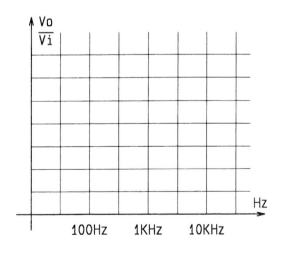

圖 2.28 積分器的頻率響應

3. 工作三：微分器

A. 實驗目的：瞭解微分器之特性及轉移曲線。

B. 材料表：

$3.3\,\text{k}\Omega \times 1$，$100\,\Omega \times 1$，$5.1\,\text{k}\Omega \times 1$，$10\,\text{k}\Omega \times 1$，

$0.01\,\mu\text{F(MYLAR)}\times 1$，$0.1\,\mu\text{F(MYLAR)}\times 1$，$0.033\,\mu\text{F(MYLAR)}\times 1$，

TL071$\times 1$，uA741$\times 1$，LF356$\times 1$

C. 實驗步驟：

⑴ 如圖 2.29 之微分器電路，於輸入端加入 $200\,\text{Hz}$，$1V_{p\text{-}p}$ 之方波，觀察其波形並記錄於圖 2.30 之中。

⑵ 將電容器分別改為 $0.1\,\text{uf}$，$0.033\,\text{uf}$ 重複⑴之實驗並比較其波形。

⑶ 令 $C = 0.01\,\text{uf}$，$R = 3.3\,\text{k}$，調整訊號產生器輸出為三角波，$2V_{p\text{-}p}$，而頻率分別為 $1\,\text{kHz}$ 觀察其波形並記錄於圖 2.31 之中。

⑷ 於步驟⑶實驗中，在電容器與輸入間串上 100 歐姆之電阻，重作一次。

⑸ 更換不同的 op amp，如 LF356 及 TL071，重複步驟⑴之實驗，並比較各 I_C 的輸出波形。

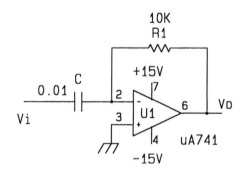

圖 2.29 微分器電路

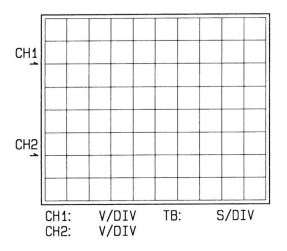

圖 2.30 微分電路的方波響應

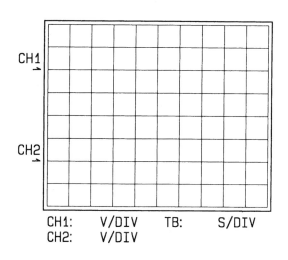

圖 2.31 微分放大器的三角波響應

(6) 令 $C = 0.01\,\text{uf}$，$R = 3.3\,\text{k}$，調整訊號產生器輸出為 $1\,\text{kHz}$， $10V_{p\text{-}p}$ 正弦波，觀察其輸入／輸出波形。請注意兩者之相位關係及輸出於零交越點的波形。並將其波形記錄於圖 2.32 之中。

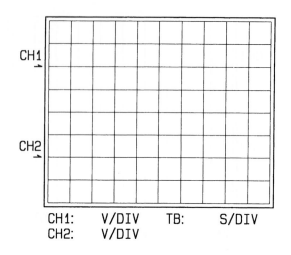

CH1:　　V/DIV　　TB:　　S/DIV
CH2:　　V/DIV

圖 2.32 微分放大器的輸出（輸入 1KHz，SINE)

(8) 同步驟(6)之測試元件值，在電容器與輸入間串上 100 歐姆之電阻，將輸入改為正弦波，調整頻率為 10 kHz，調整訊號產生器輸出使微分器其輸出振幅為 $20V_{p-p}$。

(9) 頻率自 10 kHz 逐漸下降至 100 Hz，記錄其輸出電壓與頻率的關係，並將其結果分別填入於表 2.4 中。

(10) 以頻率為水平軸（對數刻度），在半對數紙繪出積分的頻率響應曲線於圖 2.33。

表 2.4　微分器輸出電壓與頻率之關係

CONDITION	FREQ(Hz)	100	300	1 k	3 k	10 k
$V_i =$	V_o					
$R = 1\,\mathrm{k}$	$A_v = V_i/V_o$					
$C = 0.1\,\mu\mathrm{F}$	$A_v(\mathrm{db})$					
$V_i =$	V_o					
$R =$	$A_v = V_i/V_o$					
$C =$	$A_v(\mathrm{db})$					
$V_i =$	V_o					
$R =$	$A_v = V_i/V_o$					
$C =$	$A_v(\mathrm{db})$					
$V_i =$	V_o					
$R =$	$A_v = V_i/V_o$					
$C =$	$A_v(\mathrm{db})$					

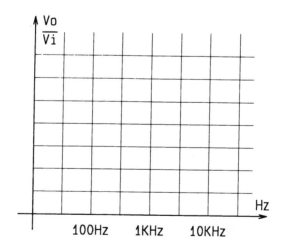

圖 2.33　微分器的頻率響應

4. 工作四：加法器

A. 實驗目的：

瞭解加法器之特性。

B. 材料表：

$4.7\,\mathrm{k}\Omega \times 4$，$10\,\mathrm{k}\Omega \times 5$

VR-$20\,\mathrm{k}\Omega \times 2$

TL072×1，uA741×1，LF356×1

C. 實驗步驟：

(1) 如圖 2.34 接線，U_1 與 R_1，R_2 及 R_f 接成加法器，U_2，U_3 則為電壓隨耦器，V_{R1}，V_{R2} 用來調整 V_1 及 V_2 輸入直流電壓。

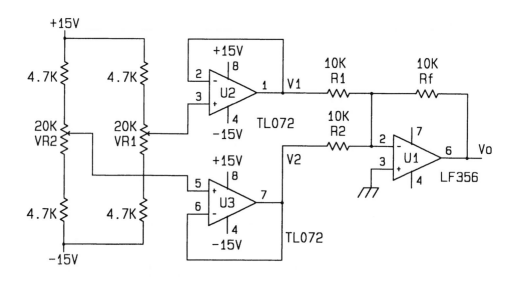

圖 2.34 加法器的直流特性測試

(2) 調整 V_{R1} 使 V_1 為 5 V，調整 V_{R2} 使 V_2 分別為 5V、2.5V、0V、-2.5V、-5V 記錄其輸出於表 2.5 中，並繪 V_i 出對 V_o 之關係圖於圖 2.35 中。

表 2.5　加法器輸入與輸出關係

	V_1	5 V	-2.5 V	0 V	-2.5 V	-5 V
$V_2 =$	5 V					
	2.5 V					
	0 V					
	-2.5 V					
	-5 V					

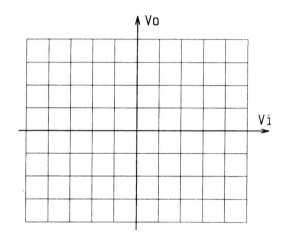

圖 2.35　加法器的 V_i 對 V_o 之關係

(3) 如圖 2.36 接線，連結信號產生器於 V_2 點，調整訊號為 1 kHz，$10V_{p-p}$ 三角波，利用示波器，觀察 V_2 及 V_o 二者之波形。並將其結果繪於圖 2.37 之中（令 $V_1 = 0$ V）。

(4) 令 V_1 分別為 $+5$ V、0 V、-5 V，重複(3)之實驗，並將輸出波形，共同繪於圖中（圖 2.37 總共有三條曲線）。

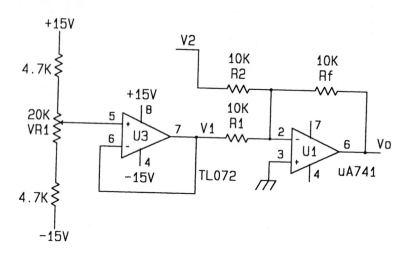

圖 2.36 加法器的轉移曲線測試電路

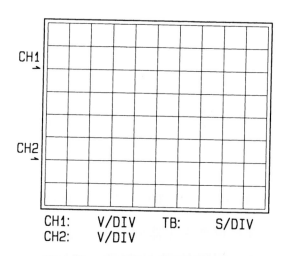

圖 2.37 加法器的輸出波形

(5) 將示波器水平掃描模式切到 $X - Y$ 模式，並將示波器的輸入耦合開關切到 GND 位置，調整光點於螢幕的中央（原點），然後再選擇輸入耦合模式於 DC 的位置，調整 V_1 之值分別為 $10\,V, 5\,V, 0\,V$，$-5\,V$，$-10\,V$ 各值，以觀察其 V_2 對 V_o 之轉移曲線，並記錄於圖 2.38 中。

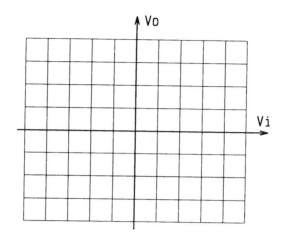

圖 2.38　加法器的轉移曲線 $(R_2 = 10\,\mathrm{k\Omega})$

(6) 將 R_2 之電阻值改為 22 K 重複步驟(5)之測試，並記錄於圖 2.39 中。

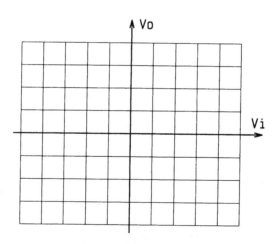

圖 2.39　加法器的轉移曲線 $(R_2 = 22\,\mathrm{k\Omega})$

(7) 如圖 2.40 所示，V_1 加上正弦波 1 kHz，$10V_{p\text{-}p}$ 之正弦波電壓，而 V_2 則接到信號產器的 TTL 輸出，示波器的 CH1 接於 V_1 而 CH2 接於 V_2，選擇以 CH1 作為觸發信號，記錄其波形於圖 2.41 中。

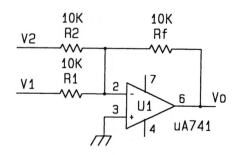

圖 2.40 兩訊號的相加運算電路

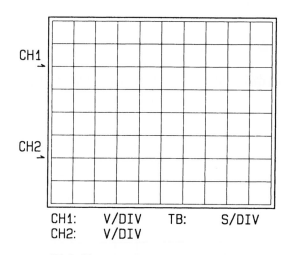

圖 2.41 兩訊號的相加的波形

(8) 再將 CH2 移到 V_o 點，將 Vo 之波形繪於該圖中（由於示波器僅有二組輸入，無法同時觀三組波形，因此需分為二次測試。為維持三組波形相位的準確性，需將其中其一通道固定不變，並選擇該通道作為觸發信號）。

(9) 更改 V_2 為不同之波形及振幅，以測試其相加後的結果。

(10) 將 V_1 信號反相，（如圖 2.42）重複(7)、(8)、(9)之測試，以了解兩訊號相減之結果，並記錄於圖 2.43 中。

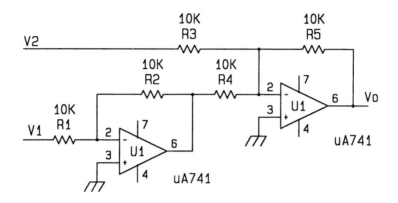

圖 2.42　兩訊號的相減運算電路

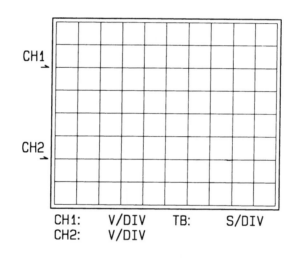

圖 2.43　兩訊號的相減的波形

2.4 電路模擬

本節中將以 Pspice 模擬軟體來分析電路的特性，使電路模型分析的結果與實際電路實驗有一對照。

1. 反相放大器電路模擬

如圖 2.44 所示，各元件分別在 opamp.slb, source.slb 及 analog.slb，選擇

選擇 Time Domain 分析，記錄時間自 90 ms 到 95 ms，最大分析時間間隔為 0.001 ms。圖 2.45 為輸入電壓與輸出電壓模擬結果, 電壓增益為 10。

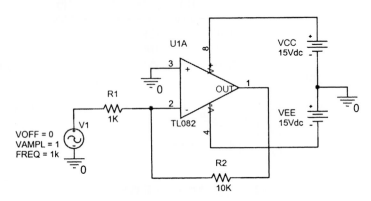

圖 2.44　反相放大器電路

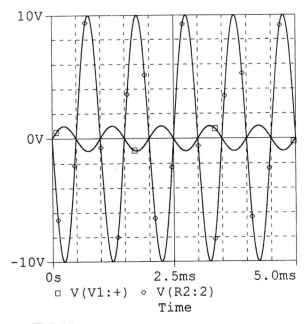

圖 2.45　反相放大器輸入電壓與輸出電壓

2.　積分器電路模擬

如圖 2.46 所示，各元件分別在 opamp.slb, source.slb 及 analog.slb，選擇選擇 Time Domain 分析，記錄時間自 90 ms 到 95 ms，最大分析時間間隔為 0.001 ms。圖 2.47 為輸入 1KHz 弦波時, 輸入電壓與輸出電壓模擬結果。

　　將輸入電壓改為 V_{ac}, 電壓為 $10\,\text{mV}$，作 AC Sweep 分析，觀察其頻率響應，掃描的起始頻率為 $10\,\text{Hz}$，截截止頻率為 $100\,\text{KHz}$，圖 2.48 為頻率響應曲線，圖上刻度乃以對數繪製。

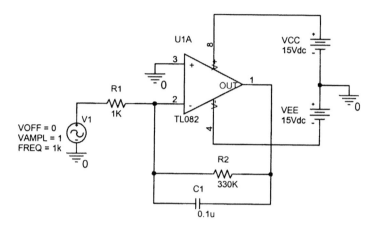

圖 2.46 積分器電路

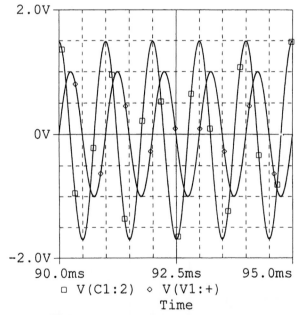

圖 2.47 積分器輸入電壓與輸出電壓

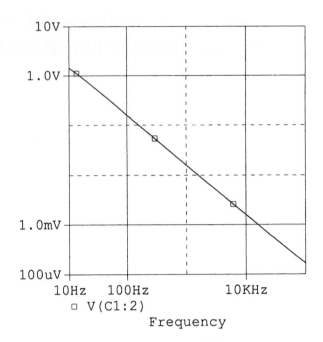

圖 **2.48** 積分器的頻率響應

3. 微分器電路模擬

如圖 2.49 所示，各元件分別在 opamp.slb, source.slb 及 analog.slb，選擇選擇 Time Domain 分析，記錄時間自 5 ms 到 10 ms，最大分析時間間隔為 0.001 ms。圖 2.50 為輸入 1KHz 弦波時, 輸入電壓與輸出電壓模擬結果。

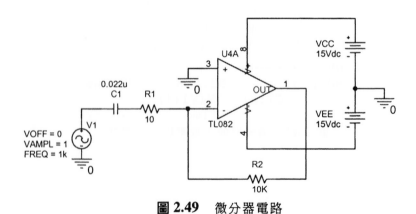

圖 **2.49** 微分器電路

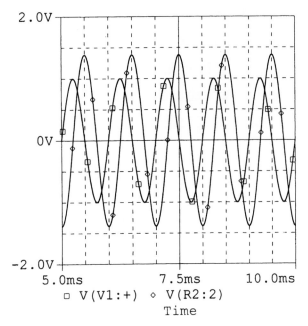

圖 2.50　微分器輸入電壓與輸出電壓

　　將輸入電壓改為 V_{ac}，以作 AC Sweep 分析, 觀察其頻率響應，掃描的起始頻率為 10 Hz，截截止頻率為 100 KHz，圖 2.51 為頻率響應曲線，圖上刻度乃以對數繪製。

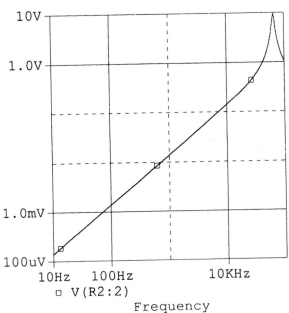

圖 2.51　微分器頻率響應曲線

4.　反相加法器電路模擬

　　如圖 2.52 所示，各元件分別在 opamp.slb, source.slb 及 analog.slb，選擇選擇 Time Domain 分析，記錄時間自 0 ms 到 3 ms，最大分析時間間隔為 0.001 ms。圖 2.53 為輸入電壓與輸出電壓模擬結果，輸入電壓分別為峰值 3 V 的正弦波及振幅為三分之一的三次諧波, 輸出則接近一方波。

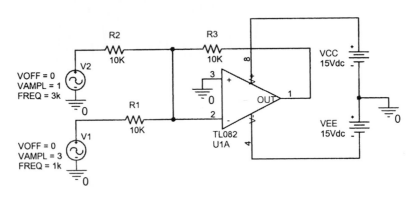

圖 **2.52**　反相加法器

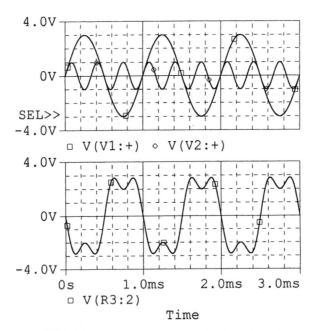

圖 **2.53**　反相加法器輸入電壓與輸出電壓

2.5 問題討論

1. 積分器若其電容器兩端不並聯 Rf 會有何影響？並上多大的電阻才屬合理？是否有規則可尋？

2. 微分器輸入電容器串與不串電阻，對輸出波形有何影響？又串入的電阻應為多大才合理？

3. 從微分器輸出公式看出 $V_o = -R \times C \times dV_i/dt$，輸出之增益與 RC 之乘積有關，RC 兩者之間應如取捨？

4. 於加法器實驗中，若 V_1 輸入較大時會使其轉移曲線有何變化？原因何故？

第三章

非反相放大器

及基本應用電路

3.1 實驗目的

1. 瞭解非反相放大器電路特性
2. 認識電壓隨耦器
3. 認識非反相加法器
4. 熟悉非反相放大器的應用電路

3.2 相關知識

1. 非反相放大器

圖 3.1 為非反相放大器,此處輸入信號 V_i 是直接加在非反相輸入端,而輸出經過 R_1、 R_2 分壓後,加到 op amp 的反相輸入端。參考圖 3.1,假設 op amp 為理想的,增益無限大,兩輸入端間具有虛接的情況。因此於反相端的輸入電壓等於 V_i,流經 R_1 的電流為 $I_1 = V_i/R_1$,又由於 op amp 的輸入阻抗為無窮大,電流將會全部流入 R_2,故輸出電壓可求出為:

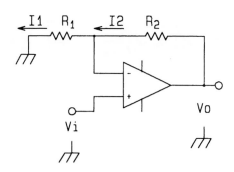

圖 3.1 非反相放大器

$$V_o = \frac{V_i}{R_1} \times (R_1 + R_2) = V_i\left(1 + \frac{R_2}{R_1}\right)$$

由此可得閉回路電壓增益為:

$$A_v = \frac{V_o}{V_i} = 1 + \frac{R_2}{R_1} \tag{3.1}$$

其相位與輸入信號同相。

因為沒電流會流進 op amp 的非反相輸入端，故理想上閉迴路放大器的輸入阻抗為無限大。利用此高輸入阻抗的性質，非反相組態一種非常好緩衝器，作為連接於高阻抗訊號源與低阻抗負載間的緩衝。

2.　電壓隨耦器

於非反相放大器中，我們令 $R_2 = 0$ 且 $R_1 = \infty$ 就可得到單位增益放大器，如圖 3.2 所示。因為輸出總是 "追隨" 著輸入，這電路通常被稱為電壓隨耦器。在理想狀況下，$V_o = V_i$, $R_{\text{in}} = \infty$，且 $R_o = 0$, $A_v = 1$。

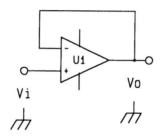

圖 3.2　電壓隨耦器

3.　非反相加法器

將多組輸入信號分別經由電阻連接到 op amp 的非反相輸入端，如圖 3.3 所示，即成為非反相加法器，通常選擇 $R_1 = R_2 = \cdots = R_n = R$。其工作原理如下：

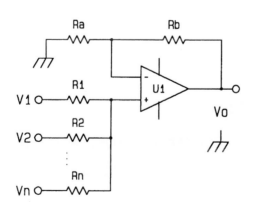

圖 3.3　非反相加法器

利用重疊原理，考慮僅有 V_1 輸入，其它 $V_2, \cdots, V_n$ 均為 0，如圖 3.4 所示，V_a 的電壓為 R 與 $R/(n-1)$ 之分壓。

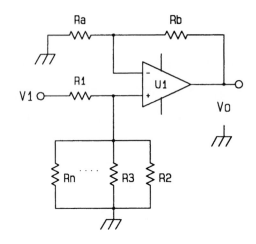

圖 3.4 圖 3.3 僅有一輸入時的等效電路

$$V_a = V_1 \times \frac{\dfrac{R}{n-1}}{R + \dfrac{R}{n-1}} = \frac{V_1}{n}$$

對於其它輸入 V_2、V_3、$\cdots$ 亦有相同之分壓結果，因此對所有輸入同時加入時：

$$V_a = \frac{1}{n} \times (V_1 + V_2 + \cdots\cdots + V_n)$$

$$V_o = \left(1 + \frac{R_b}{R_a}\right) \times V_a$$

$$\quad = \left(1 + \frac{R_b}{R_a}\right) \times \frac{1}{n} \times (V_1 + V_2 + \cdots + V_n) \tag{3.2}$$

4. 電壓 - 電流轉換器

圖 3.5 是一個電壓-電流轉換器。因為反相輸入端與非反相輸入端之間的虛接，因此兩者差值僅在數毫伏（或微伏）之內，故流過負載的電流為：

$$I_o = \frac{V_i}{R} \tag{3.3}$$

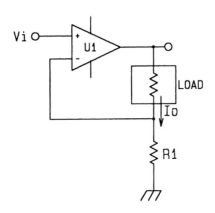

圖 3.5　浮動負載的電壓 - 電流轉換器

　　負載可能是一個電阻器、繼電器、或馬達。負載電阻值並未出現在此方程式中；因此，輸出電流是和負載電阻無關的，換言之，負載是由一個非常穩定的電流源所驅動。由於 op amp 的輸出電流較小，若需要電流較大的場合，則可加上電晶體作為電流提升之用，如圖 3.6 所示。

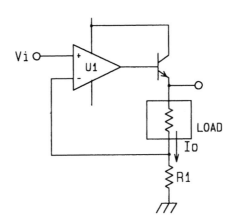

圖 3.6　接地型的電壓 - 電流轉換器

　　圖中之負載並無任一端接地，所以是浮動負載。若負載有一端接地則可修改電路如圖 3.7 所示，假設忽略電晶體的基極電流 (或改使用增強型 MOSFET) 則：

$$I = I_{\text{ref}} = \frac{V_{CC} - V_i}{R} \tag{3.4}$$

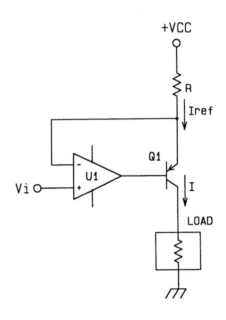

圖 3.7 電壓控制電流源（輸出電流正比於輸入電壓）

圖 3.7 因輸出電流比例於 $(V_{CC} - V_i)$，因此較不易計算，另一種電壓轉電流之電路如圖 3.8，由於兩輸入端虛接，因此 $V_{R1} = V_i$，忽略 Q_1 及 Q_2 的基極電流：

$$I_1 = \frac{V_i}{R_1} = I_2$$

V_{R2} 的電壓為 $I_2 \times R_2$，此電壓與 $I_o \times R_3$ 相同，因此：

$$V_i \times \frac{R_2}{R_1} = I_o \times R_3$$

$$I_o = V_i \frac{R_2}{R_1 \times R_3} \tag{3.5}$$

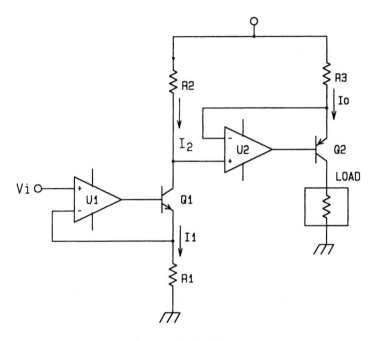

圖 3.8　電壓 - 電流轉換器

5. 非反相積分器

如圖 3.9 為非反相積分器，其原理如下：

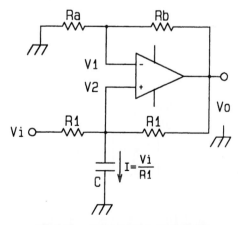

圖 3.9　非反相積分器的設計

因 op amp 的輸入電流為零及兩輸入端虛接（等電位）故

$$V_1 = V_o \frac{R_a}{R_a + R_b}$$

假如選擇 $R_a = R_b$，則 $V_1 = \frac{V_o}{2} = V_2$

而流經電容器的電流

$$I = \frac{V_i - V_2}{R_1} + \frac{V_o - V_2}{R_1} = \frac{\left(V_i - \frac{V_o}{2}\right) + \left(V_o - \frac{V_o}{2}\right)}{R_1}$$

$$I = \frac{V_i}{R_1}$$

因此 V_2 之電壓為：

$$v_2 = \frac{1}{C} \int I dt = \frac{1}{C} \int \frac{V_i}{R} dt$$

$$= \frac{1}{R_1 C} \int V_i dt = \frac{V_o}{2}$$

$$\therefore \qquad V_o = \frac{2}{CR_1} \int V_i dt \tag{3.6}$$

故稱此電路為非反相積分器，以別於前的反相積分器。

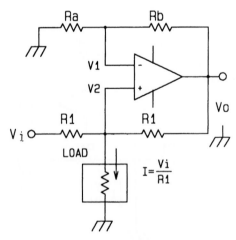

圖 3.10　電壓到電流轉換器

　　由於流經電容器的電流為固定值，因此電路亦可作為電壓到電流的轉換器，唯其輸出受 op amp 驅動電流的限制，其輸出電流僅有數 mA 而已，如圖 3.10 所示。

3.3　實驗項目

1.　工作一：非反相放大器

A.　實驗目的：

瞭解非反相放大器的特性及轉移曲線。

B.　材料表：

$10\,\mathrm{k}\Omega \times 3$，$5\,\mathrm{k}\Omega \times 2$，$1\,\mathrm{k}\Omega \times 2$，$100\,\mathrm{k}\Omega \times 1$

VR-$10\,\mathrm{k}\Omega \times 1$

$10\,\mu\mathrm{f} \times 1$，$100\,\mu\mathrm{f} \times 1$

TL071×1

C.　實驗步驟：

(1) 如圖 3.11 接線，U_1 與 R_1，R_2 構成非反相放大器，V_{R1} 則用來調整 V_i 電壓。令 $R_1 = 1\,\mathrm{k}\Omega$, $R_2 = 10\,\mathrm{k}\Omega$ 歐姆。

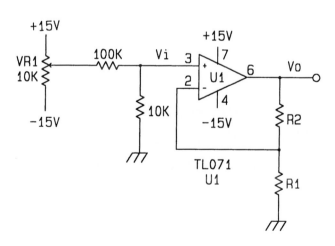

圖 3.11　非反相放大器直流特性測試電路

(2) V_i 自 $+1.0\,\mathrm{V}$ 逐降調降至 $-1.0\,\mathrm{V}$（每次以 0.2 伏特遞減），測量並記錄其結果於表 3.1 中。

表 3.1 圖 3.11 非反相放大器直流測試結果

$V_i(\mathrm{V})$	+1.0	+0.8	+0.6	+0.4	+0.2	0.0	−0.2	−0.4	−0.6	−0.8	−1.0
$R_2 = 10\,\mathrm{k}$											
$R_2 = 5\,\mathrm{k}$											
$R_2 = 1\,\mathrm{k}$											

(3) 同(2)之測試，但 R_2 的電阻分別改為 $5\,\mathrm{k}$ 及 $1\,\mathrm{k}$ 歐姆。

(4) 利用表 3.1 之結果分別以 $R_2 = 10\,\mathrm{k\Omega}$、$5\,\mathrm{k\Omega}$、$1\,\mathrm{k\Omega}$ 之值，繪製其轉移曲線（輸入電壓 - 輸出電壓）於圖 3.12 之中並計算其電壓增益。

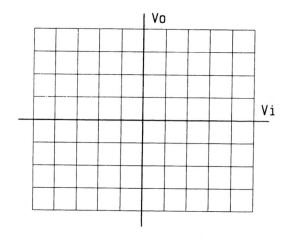

圖 3.12 圖 3.11 轉移特性曲線

(5) 令 $R_1 = 1\,\mathrm{k\Omega}$, $R_2 = 10\,\mathrm{k\Omega}$，將輸入點 V_i 連接到信號產生器的輸出端，調整其輸出為 $2V_{p\text{-}p}$，$1\,\mathrm{kHz}$，正弦波。將示波器的 CH1 接於 V_i 處，而 CH2 連接於 V_o，觀察其輸入及輸出之波形，並將其波形繪於圖 3.13 之中。

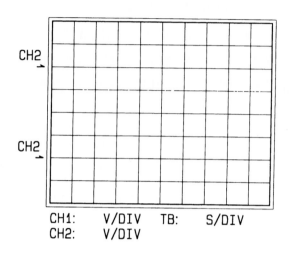

CH1: _____ V/DIV   TB: _____ S/DIV
CH2: _____ V/DIV

圖 3.13 圖 3.11 輸入與輸出之波形

(6) 將示波器之水平掃描旋紐(時基)轉到 X-Y mode,並將 CH1、CH2 之兩信號的輸入模式轉到 "GND" 處,調整光點於 CRT 顯示幕之中央,(轉移曲線的歸零調整),然後再將 CH1 及 CH2 切到 "DC" 的位置。觀察其波形,並將其結果記錄於圖 3.14 之中,此為非反相放大器的轉移曲線。

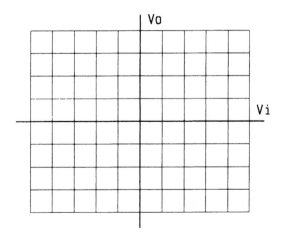

圖 3.14 示波器測的圖 3.11 轉移特性曲線

(7) 令 R_2 分別為 $5\,k\Omega$ 及 $1\,k\Omega$，重複(6)之實驗，並將其轉移曲線重疊繪於圖 3.14 之中，以比較不同 R_2 值其曲線之差異。

(8) 將接線如圖 3.15，此電路為交流非反相放大器，僅對於截止頻率以上的交流信號予以放大 ($A_V = 47$ 倍)，但是對 DC 電壓 (或較低頻信號) 而言，其電容器 C 視同斷路，故其電路相當於電壓隨耦器，放大率 $=1$。

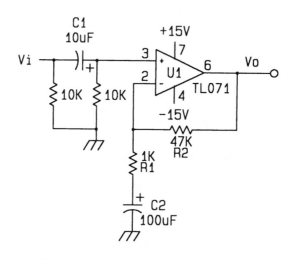

圖 3.15 非反相的 AC 放大器

(9) 聯接信號產生器輸出到 V_i 處，調整其輸出為 $1\,kHz$，$0.2V_{p-p}$ 之正弦波。示波器的 CH1 及 CH2 分別測試 V_i 及 V_o 之波形，觀察其波形，並與步驟(4)之波形作比較。

(10) 調整信號產生器的頻率使其為 $100\,Hz$ 及 $10\,kHz$，觀察其電壓波形。

(11) 將輸入波形改為三角波及方波，重作(9)之實驗。

2. 工作二：電壓隨耦器

A. 實驗目的：

瞭解電壓隨耦器的特性及轉移曲線。

B. 材料表：

$10\,k\Omega \times 2$，$5\,k\Omega \times 1$，$1\,k\Omega \times 2$，$100\,k\Omega \times 1$，$1\,M\Omega \times 1$，$10\,M\Omega \times 1$

VR-10 kΩ × 1

10 μf × 1，100 μf × 1

TL071×1，CA3140×1，uA741×1，LF356×1

C. 實驗步驟：

(1) 如圖 3.16 之接線，U_1 接成電壓隨耦器，V_{R1} 則用來調整 V_i 電壓以測試電壓隨耦器之特性。

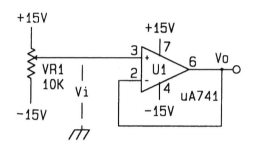

圖 3.16　電壓隨耦器之 DC 測試電路

(2) 調整 V_{R1} 使其輸入電壓分別為表 3.2 中之值，利用 DVM 測量 V_i 及 V_o 之值並將其結果填入該表中。

表 3.2　圖 3.16 電壓隨耦器直流測試結果

V_i(V)	+1.0 V	+0.5 V	0 V	−5 V	−10 V
V_o					

(3) 如圖 3.17 之接線，將信號產生器的輸出接於 V_i，調整輸出為 $20V_{p\text{-}p}$，1 kHz 之正弦波，觀察其 V_i 及 V_o 之波形，並將其波形繪於圖 3.18 之中。

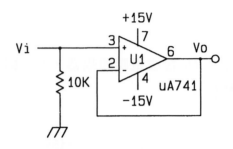

圖 3.17 電壓隨耦器的 AC 測試電路

⑷ 將示波器轉於 X-Y mode，作好歸零校正後（如工作一之步驟⑷），觀察其轉移曲線，並將其波形繪於圖 3.19 之中。

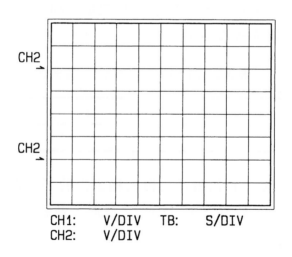

圖 3.18 圖 3.17 輸入與輸出之波形

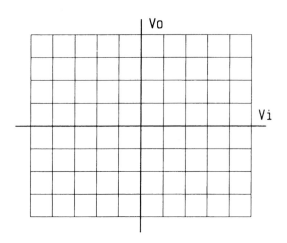

圖 3.19　圖 3.17 轉移特性曲線

⑸ 如圖 3.20，將 V_i 之信號如⑶之波形，改變 R_i 為不同之值，觀察其輸出之波形，並將其電壓記錄於表 3.3 之中。

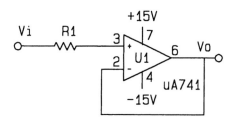

圖 3.20　電壓隨耦器輸入阻抗特性測試電路

表 3.3　電源阻抗對電壓隨耦器輸出關係

R_i	1 k	10 k	100 k	1 M	10 M
V_o					

⑹ 將 op amp 改用其它型號之元件如 LF356，TL071，CA3140，重覆⑸之測試，並比較其特性。

3. 工作三：非反相加法器

A. 實驗目的：

瞭解加法器之特性。

B. 材料表：

$4.7\,\mathrm{k}\Omega \times 4$，$10\,\mathrm{k}\Omega \times 5$

$\mathrm{VR}\text{-}20\,\mathrm{k}\Omega \times 2$

TL072×1，uA741×1，LF356×1

C. 實驗步驟：

(1) 如圖 3.21 接線，U_1 與 R_1、R_2、R_3 及 R_4 接成加法器，$U_2, U3$ 則為電壓隨耦器，V_{R1}, V_{R2} 用來調整 V_1 及 V_2 輸入直流電壓。

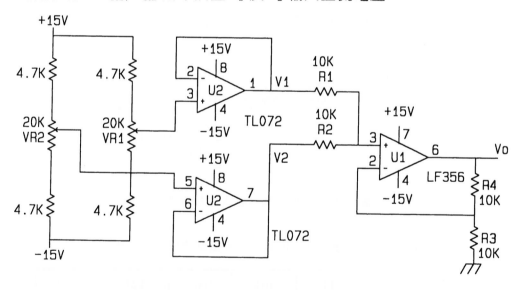

圖 3.21　非反相加法器 DC 測試電路

(2) 調整 V_{R1} 使 V_1 為 5 V，調整 V_{R2} 使 V_2 分別為 5 V，2.5 V，0 V，−2.5 V，−5 V，記錄其輸出於表 3.4 中，並繪 V_i 出對 V_o 之關係圖於圖 3.22 中。

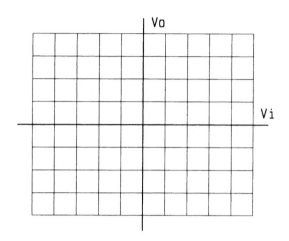

圖 3.22　圖 3.21 轉移特性曲線

表 3.4　圖 3.21 非反相加法器直流測試結果

V_i	5 V	2.5 V	0 V	-2.5 V	-5 V
V_o					

(3) 如圖 3.23 接線，連結信號產生器於 V_2 點，調整訊號為 $1\,\mathrm{kHz}$，$10V_{p\text{-}p}$ 三角波，利用示波器，觀察 V_2 及 V_o 二者之波形。並將其結果繪於圖 3.24 之中。

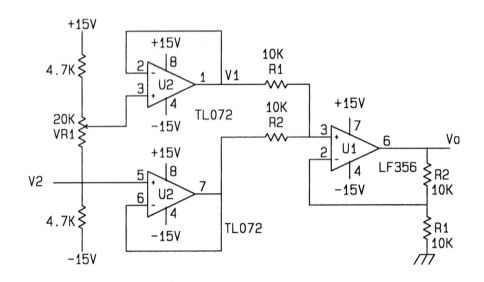

圖 3.23 非反相加法器 AC 測試電路

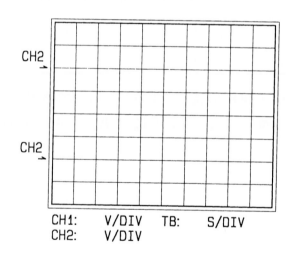

圖 3.24 圖 3.23 輸入與輸出之波形

(4) 令 V_1 分別為 $+5\,\mathrm{V}$、$0\,\mathrm{V}$、$-5\,\mathrm{V}$，重複(3)之實驗。

(5) 將示波器水平掃描模式切到 $X\text{-}Y$ 模式，並將示波器的輸入耦合開關切到 GND 位置，調整光點於螢幕的中央（原點），然後再選擇輸入耦合模式於 DC 的位置，調整 V_1 之值分別為 $10\,\mathrm{V}$，$5\,\mathrm{V}$，$0\,\mathrm{V}$，$-5\,\mathrm{V}$，$-10\,\mathrm{V}$

各值，以觀察其 V_2 對 V_o 之轉移曲線，並記錄於圖 3.25 中。

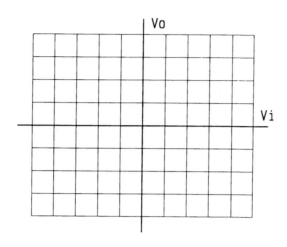

圖 3.25　圖 3.23 轉移特性曲線 $(R_2 = 10\,\mathrm{k\Omega})$

(6) 將 R_2 之電阻值改為 $22\,\mathrm{k}$ 重複步驟(5)之測試，並記錄於圖 3.26 中。

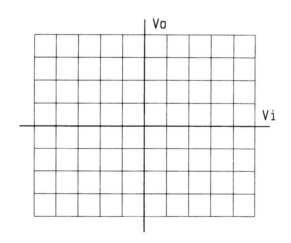

圖 3.26　圖 3.23 轉移特性曲線 $(R_2 = 22\,\mathrm{k\Omega})$

(7) 如圖 3.27 所示，V_1 加上正弦波 $1\,\mathrm{kHz}$，$10V_{p\text{-}p}$ 之正弦波電壓，而 V_2 則接到信號產器的 TTL 輸出，示波器的 CH1 接於 V_1 而 CH2 接於 V_2，選擇以 CH1 作為觸發信號，記錄其波形於圖 3.28 中。

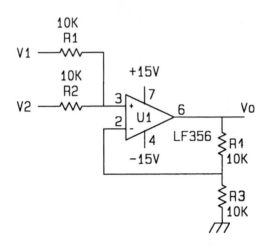

圖 3.27 非反相加法器測試電路

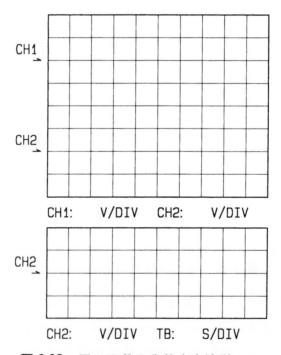

圖 3.28 圖 3.27 輸入與輸出之波形

(8) 再將 CH2 移到 V_o 點，將 V_o 之波形繪於該圖中（由於示波器僅有二組輸

入無法同時觀三組波形,因此需分為二次測試。為維持三組波形相位的
準確性,需將其中其一通道固定不變,並選擇該通道作為觸發信號)。

(9) 更改 V_2 為不同之波形及振幅,以測試其相加後的結果。

4.　工作四:電壓 - 電流轉換器

A.　實驗目的:

瞭解電壓 - 電流轉換器的特性及轉移曲線。

B.　材料表:

$18\,\mathrm{k\Omega} \times 1$,$1\,\mathrm{k\Omega} \times 2$,$330\,\Omega \times 1$

VR-5 kΩ × 2

IRF840×1

LF356×1

C.　實驗步驟:

(1) 如圖 3.29 之接線 (IRF840 應裝在散熱片以避免過熱損壞。),調整 V_i 為
1～5 V,利用 DVM 測試 I_o 之電流並將其結果填於表 3.5 之中。

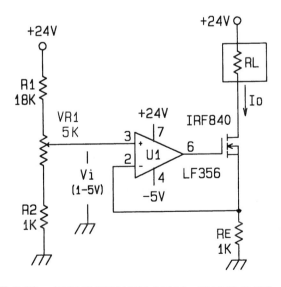

圖 3.29　電壓控制電流源 (電壓 - 電流轉換器)

表 3.5 圖 3.29V_i-I_o 測試結果

V_i	1.0 V	2.0 V	3.0 V	4.0 V	5.0 V
i_o					

(2) 更換不同的負載電阻，計錄負載兩端電壓於表 3.6 之中。以 V_i 為參數，繪出負載電阻對 I_o 電流的特性於圖 3.30。

表 3.6 圖 3.29R_L-I_o 測試結果

R_E	R_L	V_i				
		1.0 V	2.0 V	3.0 V	4.0 V	5.0 V
1 k	100					
	1 k					
	10 k					
100	100					
	510					
	1 k					

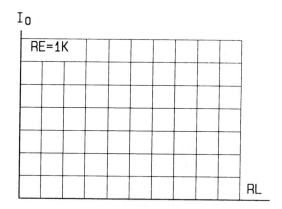

圖 3.30 圖 3.29R_L-I_o 特性曲線 ($R_E = 1\,k\Omega$)

(3) 將電阻 R_E 換成 $100\,\Omega$，重作(1)(2)之實驗，並將結果繪於圖 3.31。

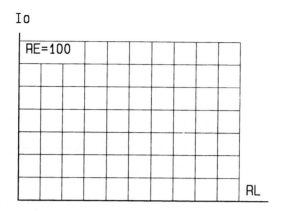

圖 3.31　圖 $3.29R_L$-I_o 特性曲線 $(R_E = 100\,\Omega)$

(5) 上述實驗結果與理論值作比較，以決定其 I_o 與 I_{ref} $(I_{\text{ref}} = V_i/R_E)$ 之誤差。

5.　工作五：電壓－電流轉換器與非反相積分器

A.　實驗目的：

瞭解非反相積分器的特性。

B.　材料表：

$1\,\text{M}\Omega \times 2$，$10\,\text{k}\Omega \times 3$，$1\,\text{k}\Omega \times 3$，$5.1\,\text{k}\Omega \times 2$，$100\,\Omega \times 2$

$330\,\Omega \times 1$，$3.3\,\text{k}\Omega \times 2$

$1.0\,\mu\text{F(MYLAR)} \times 1$

VR-$50\,\text{k}\Omega \times 1$

TL072×1

C.　實驗步驟：

(1) 如圖 3.32 之電壓到電流轉換器電路接線。

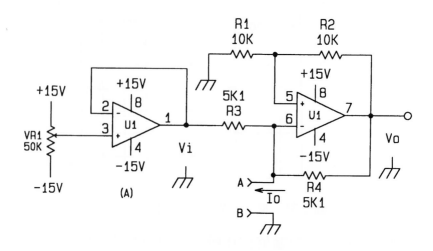

圖 3.32　電壓 - 電流轉換器之測試電路

(2) 連接一電流表於 AB 之間，如圖 3.33(a) ，電流表其滿刻度電流轉到 25 mA ，調整 V_{R1} 使 V_i 電壓如表 3.7 之各值，記錄 V_i 對 I_o 之關係。

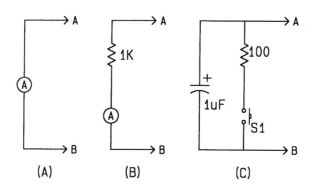

圖 3.33　圖 3.32 不同的負載

表 3.7　圖 3.32 V_i-I_o 測試結果

	V_i	10 V	5 V	0 V	−5 V	−10 V
I_o	A_m					
	$A_m + 1\text{k}$					

(3) 於 AB 向再串入一 1 k 歐姆的電阻，如圖 3.33(b)，重覆(2)之測試步驟。

⑷ 調整 V_i 電壓為 5 V，AB 間兩點分別接入不同之電阻，測試其輸出電壓值並記錄於表 3.8。並依此據繪製 R-V_o 之轉移曲線於圖 3.34。

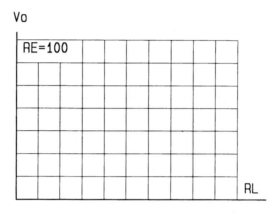

圖 3.34　圖 3.32R_L-V_o 特性曲線

表 3.8　圖 3.32R_L-I_o 測試結果

R_L	100	330	1 k	3 k	10 k
V_o					

⑸ 將 AB 點之電阻改為 1.0 uf 之電容，如圖 3.33(c)，R_1 及 R_2 同⑷之電阻，而 R_3 及 R_4 之電阻改為 1 M 歐姆。首先將 AB 兩點間加以短路，然後於 $t = 0$ 時，將短路線打開，用示波器觀查其波形並記錄於圖 3.35。(掃描時其請調整到 5 V/DIV)。

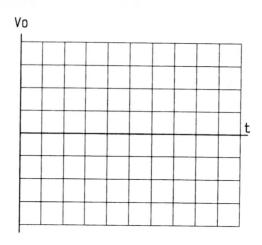

圖 3.35　圖 3.32 非反相積分器的輸出電壓特性

(6) 令 $R_3 = R_4 = 5.1\,\text{k}$ 歐姆，$C = 0.1\,\text{uf}$，將信號產生器輸出接於 V_i 處，調整其輸出為正弦波，$1\,\text{kHz}$，$2V_{p\text{-}p}$，觀察其 V_i 與 V_o 之波形，並記錄於圖 3.36。

(7) 同(6)之電路，頻率為 $100\,\text{Hz}$，調整輸出電壓使 V_o 為 $20V_{p\text{-}p}$。

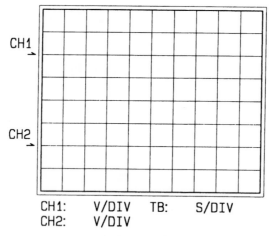

CH1:　　V/DIV　TB:　　S/DIV
CH2:　　V/DIV

圖 3.36　圖 3.32 非反相積分器的輸入與輸出之波形

(8) 頻率自 $100\,\text{Hz}$ 至 $10\,\text{kHz}$，記錄其 $f_{req}\text{-}V_o$ 之關係以及增益之值，並填入

於表 3.9 中，繪出其 f_{req}-V_o 之頻率響應特性曲線於圖 3.37。

表 **3.9**　圖 $3.32F_{req}$-V_o 測試結果

FREQ(V)	100	330	1 k	3 k	10 k
V_o					

(9) 在(8)之測試，在那一頻率時其增益為 1 ？

6.　工作六：可變增益放大器

A.　實驗目的：

瞭解可變電阻調整對增益的特性。

B.　材料表：

$39\,k\Omega \times 1$，$1\,k\Omega \times 1$

VR-10 kΩ × 1

LF356×1

C.　實驗步驟：

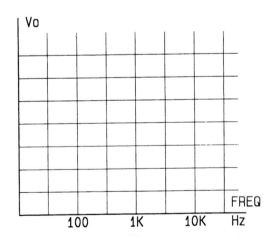

圖 **3.37**　圖 3.32 非反相積分器的波德圖

(1) 如圖 3.38 之電路，利用一個可變電阻去合成一個增益可調的放大器。

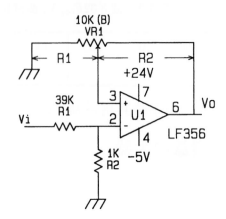

圖 3.38　瞭解可變電阻調整對增益變化的測試電路

(2) 將可變電阻順時鐘調到底，測試其 V_i, V_o 之電壓。

(3) 逐漸調整可變電阻的角度，測量 V_i, V_o 之電壓值，並量取此時的電阻 R_1 及 R_2（量測 R_1 時，請將可變電阻 左端的接地線拆開，以免影響量測的精確性，而 R_2 則直接利用可變電阻的總電阻減去 R_1 即可）。並記錄於表 3.10 中。

(4) 利用步驟(3)之結果，計算各 R_1 電阻值時的 A_v。

(5) 以表 3.10 之結果以 R_1/VR_1 之比值為水平軸，繪製正規化的旋轉角度百分比對增益的特性曲線於圖 3.39。

表 3.10　圖 3.38 角度 $-V_o$ 測試結果

V_i	10 V	5 V	0 V	−5 V	−10 V
R_1					
R_2					
V_o					
A_v					
A_{NG}					

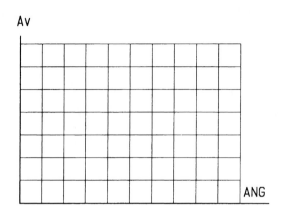

圖 3.39 可變電阻旋角度整對增益變化曲線

3.4 電路模擬

本節中將以 Pspice 模擬軟體來分析電路的特性,使電路模型分析的結果與實際電路實驗有一對照。

1. 非反相放大器電路模擬

如圖 3.40 所示,各元件分別在 opamp.slb, source.slb 及 analog.slb,選擇

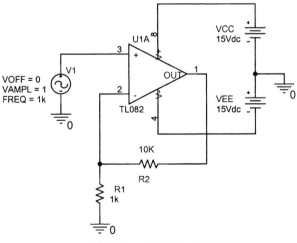

圖 3.40 反相放大器電路

選擇 Time Domain 分析，記錄時間自 0 ms 到 3 ms，最大分析時間間隔為 0.001 ms。圖 3.41 為非反相放大器輸入電壓與輸出電壓模擬結果, 電壓增益為 11。

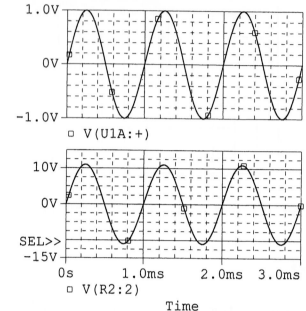

圖 3.41 非反相放大器輸入電壓與輸出電壓

2. 非反相加法器電路模擬

如圖 3.42 所示，各元件分別在 opamp.slb, source.slb 及 analog.slb，選擇

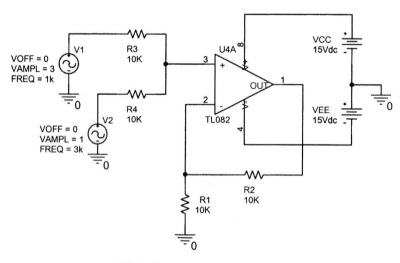

圖 3.42 非反相加法器

選擇 Time Domain 分析，記錄時間自 0 ms 到 3 ms，最大分析時間間隔為
0.001 ms。圖 3.43 為非反相加法器輸入電壓與輸出電壓模擬結果，輸入電壓分
別為峰值 3 V 的正弦波及振幅為三分之一的三次諧波，輸出則接近一方波。

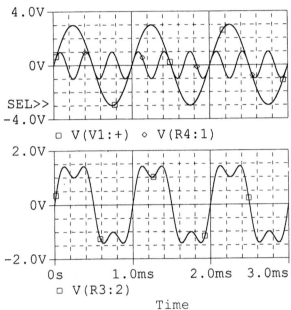

圖 3.43 非反相加法器輸入電壓與輸出電壓

3.5 問題討論

1. 同樣的增益，非反相放大器與反相放大器其轉移曲線有何不同？
2. 比較非反相加法器與反相加法器之特點？若要將每個輸入信號取不同的
   增益相加，則何種放大器較有利？
3. 設計一加法器電路使其輸出為 $V_o = 2V_1 + 3V_2 + 4V_3$。
4. 以 uA741，LF356，CA3140 等不同 IC 作電壓隨耦器，你認為那個 IC
   特性較佳？何故？
5. 於工作六，導出增益表示式表示成電位計所設定的角度百分比函數其增
   益範圍為何？
6. 如何加上一個固定電阻使增益調整的範圍為 1～11 之間？？

第四章

減法器及

儀表放大器

4.1 實驗目的

1. 瞭解減法器及儀表放大器工作原理
2. 熟悉儀表放大器增益調整的方法
3. 熟悉儀表放大器用的應用

4.2 相關知識

1. 減法器的工作原理

減法器一般又稱為訊差放大器，其輸出為兩輸入訊號的差值乘以放大器的閉回路增益。電路如圖 4.1 所示，其工作原理說明如下：

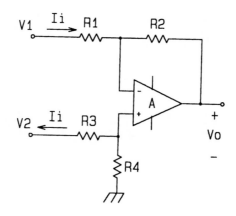

圖 4.1 基本的減法器

利用重疊原理，假設單獨加入 V_1，而令 $V_2 = 0\,\mathrm{V}$ 時，其輸出為 V_{o1}，若單獨加入 V_2，而令 $V_1 = 0\,\mathrm{V}$，其輸出為 V_{o2}；當兩訊號同時加入，其輸出為 $V_o = V_{o1} + V_{o2}$。圖 4.2 為僅加入 V_1 的等效電路。非反相輸入端雖經由 $R_3 /\!/ R_4$ 的電阻接地，然而由於因 op amp 的輸入電流為零，因此該並聯的電阻並不會有壓降，故非反相輸入端仍視為直接接地，電路如同反相反放大器，故輸出 V_{o1} 為：

$$V_{o1} = -\frac{R_2}{R_1} \times V_1 \tag{4.1}$$

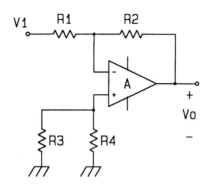

圖 **4.2**　僅加入 V_1 的等效電路

當加入 V_2 時，V_2 經 R_3 及 R_4 分壓後，加到 op amp 的非反相輸入端。op amp 與 R_1、R_2 構成非反相放大器，等效電路如圖 4.3 所示，故輸出 V_{o2} 為：

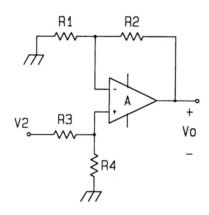

圖 **4.3**　僅加入 V_2 的等效電路

$$V_{o2} = V_2 \times \left(\frac{R_4}{R_3 + R_4} \right) \times \left(1 + \frac{R_2}{R_1} \right)$$

$$= V_2 \times \left(\frac{1}{\dfrac{R_3 + R_4}{R_4}} \right) \times \left(\frac{R_2 + R_1}{R_1} \right)$$

$$= V_2 \times \left(\frac{1}{1 + \dfrac{R_3}{R_4}} \right) \times \frac{R_2}{R_1} \times \left(1 + \frac{R_1}{R_2} \right) \tag{4.2}$$

若選擇 $\dfrac{R_3}{R_4} = \dfrac{R_1}{R_2}$，則

$$V_{o2} = V_2 \times \frac{R_2}{R_1} \tag{4.3}$$

合併 (4.1)、(4.3) 式得：

$$V_o = V_{o1} + V_{o2} = \frac{R_2}{R_1}(V_2 - V_1) \tag{4.4}$$

輸出為兩輸入之差再乘以電路增益 (R_2/R_1)，就實際電路而言，通常選擇 $R_1 = R_3, R_2 = R_4$。

由於 op amp 輸入端虛接的關係，兩輸入端視同短路，故輸入回路方程式為：

$$V_2 - V_1 = (R_1 + R_3) \times I_i = 2 \times R_1 \times I_i$$

故輸入阻抗為：

$$R_i = 2 \times R_1 \tag{4.5}$$

2. 儀表放大器的工作原理

前一節討論的訊差放大器，由於輸入阻抗太低 $(2 \times R_1)$；且增益的調整須同時改變 R_3、R_4 兩個電阻，並不太適用於一般儀表的放大。圖 4.4 為一改良的儀表放大器。

電路分成兩級：第一級由 A_1、A_2 及其相關的電阻 R_1、R_2 所組成，第二級由 A_3 及其相關的電阻 R_3、R_4 所組成。事實上，第二級就是訊差放大器。整個電路的工作原理為： 第二級就是訊差放大器故：

$$V_o = \frac{R_4}{R_3} \times (V_{o2} - V_{o1}) \tag{4.6}$$

再分析前面一級的動作，我們假設 op amp 都是理想放大器。因此兩輸入端的電壓差為零，故 I_1 的電流為：

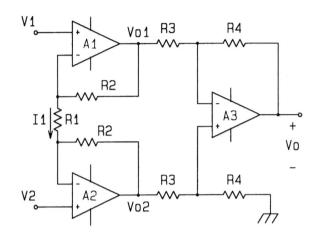

圖 4.4　改良的儀表放大器

$$I_1 = \frac{V_1 - V_2}{R_1}$$

此電流完全流過 R_2(op amp 的輸入電流為零)，故 $(V_{o2} - V_{o1})$ 的電壓為：

$$V_{o1} - V_{o2} = I_1 \times (R_1 + R_2 + R_2)$$

$$V_{o1} - V_{o2} = \frac{V_1 - V_2}{R_1} \times (R_1 + 2 \times R_2)$$

$$= (V_1 - V_2) \times \left(1 + 2 \times \frac{R_2}{R_1}\right) \tag{4.7}$$

合併 (4.6)、(4.7) 式得：

$$V_o = -\frac{R_4}{R_3} \times (V_1 - V_2) \times \left(1 + 2 \times \frac{R_2}{R_1}\right)$$

$$A_v = \frac{V_o}{V_1 - V_2} = -\frac{R_4}{R_3} \times \left(1 + 2 \times \frac{R_2}{R_1}\right) \tag{4.8}$$

　　兩輸入均加到 op amp 的非反相輸入端，故輸入阻抗理論上為無窮大。而增益的調整則改變 R_1 即可 (電路中僅有一個 R_1)，增益調整較簡單。因此，此電路廣泛使用於各種儀器的放大 (也因此而得名)。

　　儀表放大器目前以有多家 IC 製造廠商，將整個電路製作在單一晶片上，僅保留增益調整的接腳，讓使用者能利用改變 R_1 值以設定不同電壓增益。

　　圖 4.5 為 ANALOG DEVICE 公司生產的 AD624 單晶儀表放大器，由於用來設定增益的電阻，已使用雷射修整過，該 IC 增益的精度高達 0.1%。

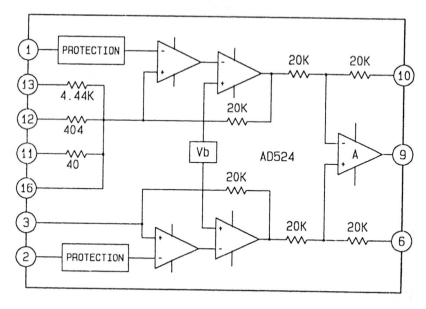

圖 4.5　AD624 單晶儀表放大器

3. 改良的訊差放大器

　　圖 4.1 的訊差放大器，在使用上須 $R_1/R_2 = R_3/R_4$（如此才能抑制共模電壓增益），因此改變增益須同時改變兩個電阻。圖 4.6 為另一種訊差放大器電

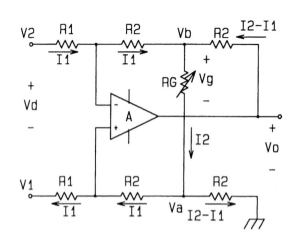

圖 4.6　另一種訊差放大器電路

路，改變增益僅須改變一個電阻即可。電路的工作原理為：

$$I_1 = \frac{V_d}{2 \times R_1}$$

各元件的電流值如圖上所標示。

$$V_A = V_1 + I_1 \times (R_1 + R_2)$$

$$V_B = V_2 - I_1 \times (R_1 + R_2)$$

因此　　$$V_g = V_B - V_A = V_d - 2 \times I_1 \times (R_1 + R_2)$$

$$V_g = V_d - \frac{V_d}{R_1} \times (R_1 + R_2) = -\frac{V_d \times R_2}{R_1}$$

$$I_2 = \frac{V_g}{R_g} = -\frac{V_d \times R_2}{R_1 \times R_g}$$

$$V_o = (I_2 - I_1) \times R_2 + V_g + R_2 \times (I_2 - I_1)$$

$$= 2 \times R_2 \times (I_2 - I_1) - V_d \times \frac{R_2}{R_1}$$

$$= 2 \times R_2 \left(-\frac{V_d \times R_2}{R_1 \times R_g} - \frac{V_d}{2 \times R_1} \right) - \frac{V_d \times R_2}{R_1}$$

$$= -2 \times V_d \times \frac{R_2}{R_1} \times \left(\frac{R_2}{R_g} + 1 \right)$$

故　　$$A_v = \frac{V_o}{V_d} = -2 \times \frac{R_2}{R_1} \times \left(\frac{R_2}{R_g} + 1 \right) \tag{4.9}$$

須調整增益，僅須改變 R_g 即可。

4. 訊差式電壓 - 電流轉換器

圖 4.7 為一訊差式電壓 - 電流轉換器，流經負載的電流為：

$$I_L = -\left(\frac{R_2}{R_1} \right) \left(\frac{V_d}{R_s} \right) \tag{4.10}$$

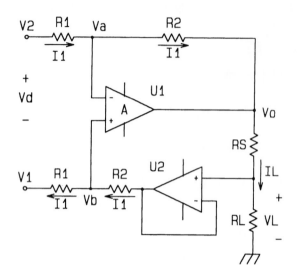

圖 4.7 訊差式電壓 - 電流轉換器

其原理分析如下：

由於 op amp 輸擺入端虛接，故其兩點間電壓為零，且無電流流到 op amp 的輸入端，故

$$I_1 = \frac{V_d}{2 \times R_1}$$

$$V_o = V_2 - I_1 \times (R_1 + R_2)$$

$$V_L = V_1 + I_1 \times (R_1 + R_2)$$

而 R_S 兩端的電壓為 $V_o - V_L$，而 R_S 的電流即為負載的電流 I_L

$$I_L = \frac{V_o - V_L}{R_S} = \frac{V_2 - V_1 - 2 \times I_1 \times (R_1 + R_2)}{R_S}$$

$$= -\frac{V_d \times R_2}{R_S \times R_1}$$

4.3　實驗項目

1.　工作一：減法器

A.　實驗目的：

瞭解減法器之特性。

B.　材料表：

$4.7\,\text{k}\Omega \times 4$，$10\,\text{k}\Omega \times 5$

VR-$20\,\text{k}\Omega \times 2$

TL072$\times 1$，uA741 $\times 1$，LF356 $\times 1$

C.　實驗步驟：

(1) 如圖 4.8 接線，U_1 與 R_1、R_2、R_3、R_4 接成減法器，U_2, U_3 則為電壓隨耦器，VR_1, VR_2 用來調整 V_1 及 V_2 輸入直流電壓。

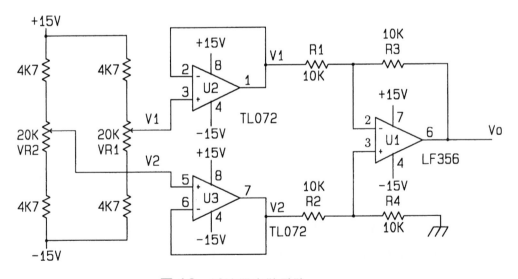

圖 4.8　減法器實驗電路

(2) 調整 VR_1 使 V_1 為 5 V，調整 VR_2 使 V_2 分別為 $5, 4, 3, \cdots, -4, -5$，記錄其輸出於表 4.1 中，並繪出 V_i 對 V_o 之關係圖於圖 4.9 中。

表 4.1 圖 4.15 減法器實驗結果

$V_2 =$	5 V	4 V	3 V	2 V	1 V
$V_1 = 5$ V					
$V_1 = 0$ V					
$V_1 = -5$ V					
$V_2 =$	-1 V	-2 V	-3 V	-4 V	-5 V
$V_1 = 5$ V					
$V_1 = 0$ V					
$V_1 = -5$ V					

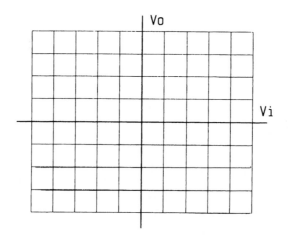

圖 4.9 圖 4.8 V_i 對 V_o 之關係

(3) 如圖 4.10 接線，連結信號產生器於 V2 點，調整訊號為 1 kHz， $10V_{p-p}$ 三角波，利用示波器，觀察 V_2 及 V_o 二者之波形。並將其結果繪於圖 4.11 之中。

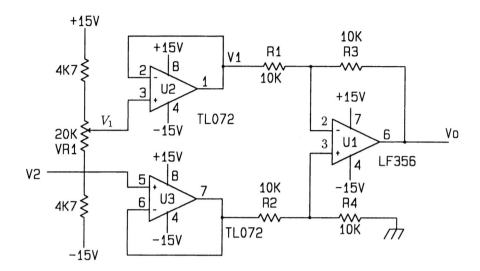

圖 4.10　減法器實驗電路

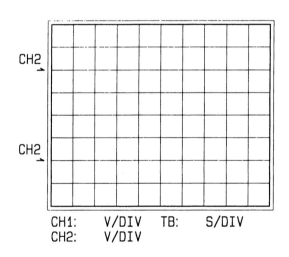

圖 4.11　圖 4.10 輸出波形

(4) 令 V_1 分別為 $+5\,\mathrm{V}$、$0\,\mathrm{V}$、$-5\,\mathrm{V}$，重複(3)之實驗。

(5) 將示波器水平掃描模式切到 $X\text{-}Y$ 模式，並將示波器的輸入耦合開關切到 GND 位置，調整光點於螢幕的中央（原點），然後再選擇輸入耦合模式於 DC 的位置，調整 V_1 之值分別為 $10\,\mathrm{V}, 5\,\mathrm{V}, 0\,\mathrm{V}, -5\,\mathrm{V}, -10\,\mathrm{V}$ 各值，

以觀察其 V_2 對 V_o 之轉移曲線，並記錄於圖 4.12 中。

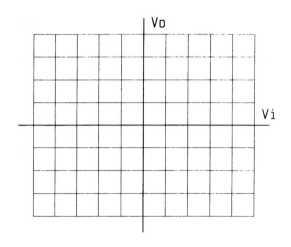

圖 4.12　圖 4.10 轉移曲線

(6) 將 R_3、R_4 之電阻值改為 51 k 重複步驟(5)之測試，並記錄於圖 4.13 中。

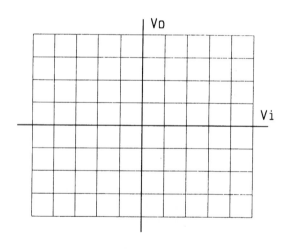

圖 4.13

(7) 如圖 4.14 所示，V_1 加上正弦波 1 kHz，$10V_{p\text{-}p}$ 之正弦波電壓，而 V_2 則接到信號產器的 TTL 輸出，示波器的 CH1 接於 V_1 而 CH2 接於 V_2，選擇以 CH1 作為觸發信號，記錄其波形於圖 4.15 中。

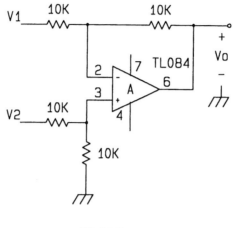

圖 4.14

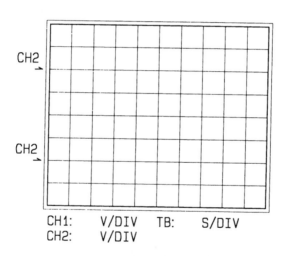

CH1: 　　V/DIV　　TB: 　　S/DIV
CH2: 　　V/DIV

圖 4.15　兩訊號相減的波形

⑻ 再將 CH2 移到 V_o 點，將 V_o 之波形繪於該圖中（由於示波器僅有二組輸入無法同時觀三組波形，因此需分為二次測試。為維持三組波形相位的準確性，需將其中其一通道固定不變，並選擇該通道作為觸發信號）。

⑼ 更改 V_2 為不同之波形及振幅，以測試其相減後的結果。

⑽ 將 V_1、V_2 的訊號對調，重複⑺之實驗，記錄其波形於圖 4.16 中。

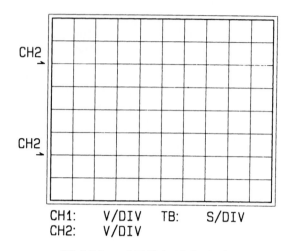

CH1:　　V/DIV　TB:　　S/DIV
CH2:　　V/DIV

圖 4.16 兩訊號相減的波形

2.　工作二：儀表放大器

A.　實驗目的：

瞭解儀表放大器之特性。

B.　材料表：

$47\,\text{k}\Omega \times 5$，$100\,\text{k}\Omega \times 4$，$20\,\text{k}\Omega \times 2$，$10\,\text{k}\Omega \times 1$

$1\,\text{k}\Omega \times 1$，$2.2\,\text{k}\Omega \times 1$，$3.3\,\text{k}\Omega \times 1$，$10\,\text{k}\Omega \times 1$

$\text{VR}20\,\text{k}\Omega \times 2$

$\text{TL}084 \times 1$，$\text{TL}072 \times 1$，$\text{OP}07 \times 1$

C.　實驗步驟：

(1) 如圖 4.17 接線，U_1、U_2、U_3 與周邊的電阻接成儀表放大器，VR_1, VR_2 用來調整 V_1 及 V_2 輸入直流電壓。

(2) 調整 VR_1 使 V_1 為 $1.0\,\text{V}$，調整 VR_2 使 V_2 分別為表 4.2 所示之值，記錄其輸出於表 4.2 中，並繪出 V_i 對 V_o 之關係圖於圖 4.18 中。

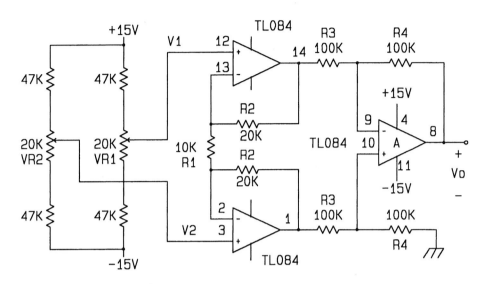

圖 4.17 儀表放大器實驗電路

表 4.2 圖 4.19 減法器實驗結果

	V_2	1 V	0.5 V	0 V	-0.5 V	-1 V
	$V_1 = 5$ V					
V_o	$V_1 = 0$					
	$V_1 = -5$ V					

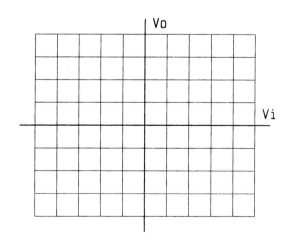

圖 4.18 圖 4.17 V_i 對 V_o 之關係

(3) 連結信號產生器於 V_2 點，調整訊號為 $1\,kHz$， $1.0V_{p\text{-}p}$ 三角波，利用示波器，觀察 V_2 及 V_o 二者之波形。並將其結果繪於圖 4.19 之中。

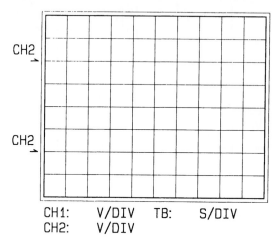

圖 4.19 圖 4.17 輸出波形

(4) 令 V_1 分別為 $+1.0\,V$、$0\,V$、$-1.0\,V$，重複(3)之實驗。

(5) 將示波器水平掃描模式切到 X-Y 模式，並將示波器的輸入耦合開關切到 GND 位置，調整光點於螢幕的中央（原點），然後再選擇輸入耦合模式於 DC 的位置，調整 V_1 之值分別為 $1.0\,V$，$0\,V$，$-1.0\,V$ 各值，以觀察其 V_2 對 V_o 之轉移曲線，並記錄於圖 4.20。

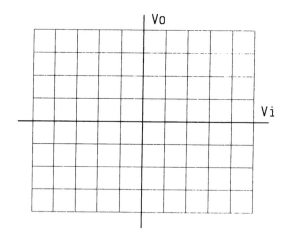

圖 4.20 圖 4.24 轉移曲線

(6) 將 R_1 之電阻值改為其它值，如 $1\,\mathrm{k\Omega}$、$2.2\,\mathrm{k\Omega}$、$3.3\,\mathrm{k\Omega}$、$4.7\,\mathrm{k\Omega}$、$10\,\mathrm{k\Omega}$ 等值，令 V_1 為 $0\,\mathrm{V}$，觀察電路增益，並記錄於表 4.3 中。

表 4.3 R_1 電阻對增益的影響

R_1	1 k	2.2 k	5.1 k	6.8 k	10 k
A_v					

3.　工作三：白金測溫裝置(RTD)溫度轉換器

A.　實驗目的：

白金測溫裝置 (RTD) 溫度轉換器之特性及調整方法。

B.　材料表：

$4.7\,\mathrm{k\Omega} \times 3$，$200\,\mathrm{k\Omega} \times 2$，$100\,\mathrm{k\Omega} \times 1$，$10\,\mathrm{k\Omega} \times 2$，$7.5\,\mathrm{k\Omega} \times 1$

$20\,\mathrm{k\Omega} \times 1$，$3.3\,\mathrm{k\Omega} \times 2$，$200\,\mathrm{k\Omega} \times 2$

$\mathrm{VR}200\,\Omega \times 1(22\ \mathrm{turn})$，$\mathrm{VR}500\,\Omega \times 1(22\ \mathrm{turn})$，$\mathrm{VR}5\,\mathrm{k\Omega} \times 1(22\ \mathrm{turn})$

$10\,\mu\mathrm{F} \times 3$，$0.1\,\mu\mathrm{F} \times 3$

$\mathrm{OP}07 \times 1$，$\mathrm{TL}431 \times 1$，$\mathrm{ICL}7660 \times 1$，

C.　實驗步驟：

(1) 如圖 4.21 接線。

(2) RTD 以 $100\,\Omega/1\%$的電阻取代 (相當於溫度 $0°\mathrm{C}$) ，調整 VR_2 使 V_o 為 $0.00\,\mathrm{V}$。(零點調整)。

(3) RTD 以 $150+27\,\Omega/1\%$的電阻取代 (相當於溫度 $200°\mathrm{C}$)，調整 VR_1 使 V_o 為 $2.00\,\mathrm{V}$。(零點調整)。

(4) 調整步驟(2)、(3)會護相互影響，以上步驟須重複 2～3 次。調整完閉後，此電路輸出 0～$2.00\,\mathrm{V}$ 相當於 0～$200°\mathrm{C}$。將輸出接上一 0～$2.00\,\mathrm{V}$ 的直流電壓表，則可直接讀出 RTD 的溫度。

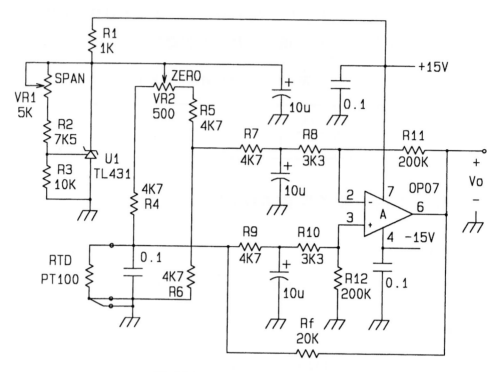

圖 4.21　RTD 溫度轉換電路

(5) RTD 的位置改以其它的電阻值取代，如 100Ω、 110Ω、 120Ω、 130Ω、 140Ω、 150Ω、 160Ω、 170Ω、 180Ω 等值，觀察電路輸出，並記錄於表 4.4 中。

表 4.4　RTD 電阻與溫度實驗結果

RTD	100	110	120	130	140	150	160	170	180
T_{emp}									
V_o									

4.4　電路模擬

本節中將以 Pspice 模擬軟體來分析電路的特性，使電路模型分析的結果與實際電路實驗有一對照。

1.　減法器電路模擬

如圖 4.29 所示，各元件分別在 opamp.slb, source.slb 及 analog.slb，選擇選擇 Time Domain 分析，記錄時間自 0 ms 到 3 ms，最大分析時間間隔為 0.001 ms。圖 4.30 為輸入電壓與輸出電壓模擬結果，輸入電壓分別為峰值 3 V 的正弦波及振幅為三分之一的三次諧波，輸出則類似變壓器激磁電流的波形，電壓增益為 1。

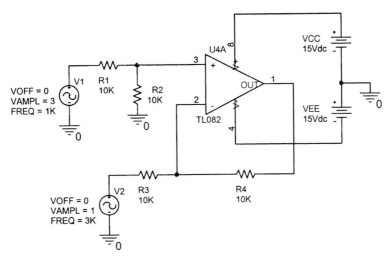

圖 4.22　減法器電路

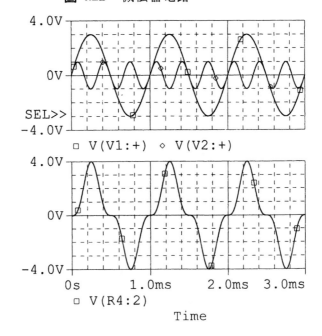

圖 4.23　減法器輸入電壓與輸出電壓

第五章

比較器電路

5.1　實驗目的

1. 瞭解基本電壓比器較電路
2. 瞭解磁滯比較器電路
3. 瞭解窗口比較器
4. 比較器的應用電路

5.2　相關知識

1.　基本比較器

比較器為運算放大器之基本應用，為測試輸入電壓是否大於某一準位之電路。圖 5.1 即為一非反相零電位檢測器。圖中反相輸入端接地，輸入信號接至非反相輸入端。由於放大器為開環路，且開環路增益非常大。故雖在二輸入端僅有一微小電壓差存在，放大器就會被驅動進入飽和狀態，使輸出電壓達到最大值或最小值。

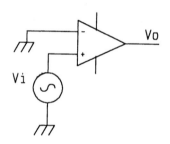

圖 5.1　非反相零電壓比較器

圖 5.2 為零電壓比較器（又稱為零交越檢測器），對正弦波輸入之輸出響應情形。當負半波輸入時，輸出為負飽和電壓，當信號超過零點時，放大器輸出為正飽和電壓。由此可知零位檢測器，可作為波形整形電路，將正弦波輸入，變為方波輸出，或將變化遲緩的波形轉換成方波。

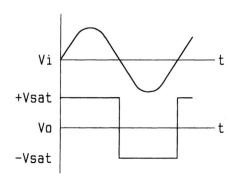

圖 5.2　非反相比較器輸入與輸出之波形

　　若將兩輸入對調，如圖 5.3 所示。則為反相零電壓比較器，當輸入小於零伏時，輸出為正飽和電壓；反之若輸入大於零伏時，則輸出為負飽和電壓。

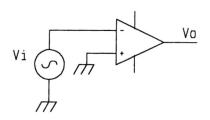

圖 5.3　反相零電壓比較器

　　若將接地端改接到某參考電壓，則可作為電壓比較器，以決定輸入是否大於某設定值，如圖 5.4 所示。

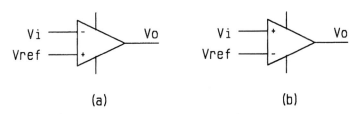

(a)　　　　　　　　　　　　　　　(b)

圖 5.4　電壓比較器 (a) 非反相型 (b) 反相型。

2.　磁滯比較器

　　比較器實際工作時，若雜訊出現在輸入端，如圖 5.5 所示，將使輸出變成閃爍不定的狀態。為消除以上現象，可運用正回授技巧將輸出取部份電壓回授到比較器的輸入端以改善此缺點，此種電路稱為磁滯比較器。

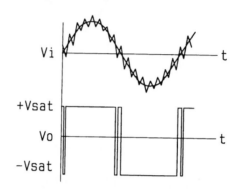

圖 5.5 雜訊對比較器輸出的影響

圖 5.6 為反相磁滯比較器，其工作分析如下：

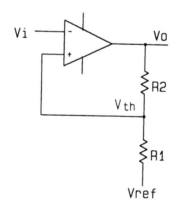

圖 5.6 反相磁滯比較器

假設 V_o 為正的飽和電壓，則利用重疊原理可求得 op amp 的非反相端電壓為：

$$V_{th} = +V_{\text{sat}} \times \left(\frac{R_1}{R_1 + R_2} \right) + V_{\text{ref}} \times \left(\frac{R_2}{R_1 + R_2} \right) \tag{5.1}$$

此時反相輸入端的電壓應小於此值 (若 $V_i > V_{th}$，則輸出應為負飽和電壓)；當 V_i 逐漸增加而使得 $V_i > V_{th}$，由於 op amp 的反相端電壓較高，因此 V_o 將成為負飽和電壓，即 $V_o = -V_{\text{sat}}$。因此非反相輸入端的電壓成為：

$$V_{tl} = -V_{\text{sat}} \times \left(\frac{R_1}{R_1 + R_2} \right) + V_{\text{ref}} \times \left(\frac{R_2}{R_1 + R_2} \right) \qquad (5.2)$$

除非 V_i 電壓再度降到 V_{tl} 之下，否則 V_o 將維持於 $-V_{\text{sat}}$ 之值，其輸入與輸出之關係如圖 5.7 所示。

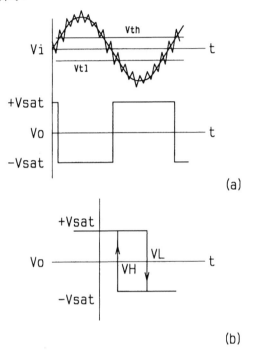

(a)

(b)

圖 5.7　反相磁滯比較器輸入與輸出之波形及轉移曲線

其磁滯電壓為：

$$V_H = V_{th} - V_{tl} = 2 \times V_{\text{sat}} \times \left(\frac{R_1}{R_1 + R_2} \right) \qquad (5.3)$$

而中心電壓為 $V_{\text{ref}} \times \left(\dfrac{R_2}{R_1 + R_2} \right)$。若 $V_{\text{ref}} = 0\,\text{V}$ 則為零電壓反相磁滯比較器。

3.　非反相磁滯比較器

如圖 5.8 所示為非反相磁滯比較器，假設 $+V_{\text{sat}}$ 為正飽和電壓，則 op amp 的非反相輸入端的電壓為：

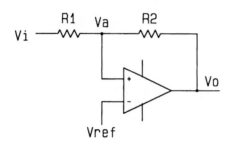

圖 5.8 非反相磁滯比較器

$$V_a = +V_{\text{sat}} \times \left(\frac{R_1}{R_1 + R_2} \right) + V_i \left(\frac{R_2}{R_1 + R_2} \right) \tag{5.4}$$

由於輸出為正飽和電壓，因此，此時的 V_a 應大於 V_{ref}，當輸入電壓逐漸下降至使 $V_a < V_{\text{ref}}$，則輸出將反轉成為負飽和電壓 $-V_{\text{sat}}$，因此可求得轉態時的輸入電壓為：

$$V_{\text{ref}} = +V_{\text{sat}} \times \left(\frac{R_1}{R_1 + R_2} \right) + V_i \times \left(\frac{R_2}{R_1 + R_2} \right)$$

整理可得：

$$V_i = V_{tl} = V_{\text{ref}} \times \left(\frac{R_1 + R_2}{R_2} \right) - V_{\text{sat}} \times \left(\frac{R_1}{R_2} \right) \tag{5.5}$$

此為低態的轉態電壓。

當輸入小於 V_{tl} 後，$V_o = -V_{\text{sat}}$，此時

$$V_a = -V_{\text{sat}} \times \left(\frac{R_1}{R_1 + R_2} \right) + V_i \times \left(\frac{R_2}{R_1 + R_2} \right) \tag{5.6}$$

當 V_i 逐漸上升，使 $V_a > V_{\text{ref}}$，則輸出再度反轉成為正飽和電壓 $(+V_{\text{sat}})$，因此可求得：

$$V_i = V_{th} = V_{\text{ref}} \times \left(\frac{R_1 + R_2}{R_2} \right) + V_{\text{sat}} \times \left(\frac{R_1}{R_2} \right) \tag{5.7}$$

故其磁滯電壓為：

$$V_H = V_{th} - V_{t1} = 2 \times V_{\text{sat}} \left(\frac{R_1}{R_2} \right) \tag{5.8}$$

圖 5.9 為其輸入與輸出之波形。而中心電壓為 $V_{\text{ref}} \times \left(\dfrac{R_1 + R_2}{R_2} \right)$，若令 $V_{\text{ref}} = 0$，則圖 5.8 則成為非反相零電壓磁滯比較器。

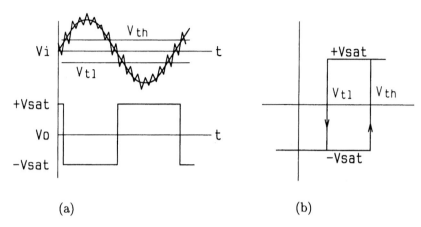

(a)　　　　　　　　　　　　　　　(b)

圖 5.9　非反相磁滯比較器輸入與輸出之波形及轉移曲線

4.　可各別調整磁滯電壓及中心電壓的磁滯比較器

於上節中，調整磁滯電壓時，同時會影響到中心電壓，而於圖 5.10 之電路，則此兩電壓可分別調整。其原理分析如下：

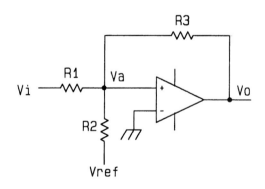

圖 5.10　可單獨調整磁滯及中心電壓之比較器

假設 V_o 為正飽和電壓，則 op amp 的非反相端電壓為：

$$V_a = V_i \times \dfrac{\dfrac{R_2 \times R_3}{R_2 + R_3}}{R_1 + \dfrac{R_2 \times R_3}{R_2 + R_3}} + (+V_{\text{sat}}) \times \dfrac{\dfrac{R_1 + R_2}{R_1 + R_2}}{R_3 + \dfrac{R_1 \times R_2}{R_1 + R_2}}$$

$$+V_{\text{ref}} \times \dfrac{\dfrac{R_1 \times R_3}{R_1 + R_3}}{R_2 + \dfrac{R_1 \times R_3}{R_1 + R_3}} \tag{5.9}$$

$$V_a = \dfrac{V_i \times R_2 \times R_3 + (+V_{\text{sat}})R_1 \times R_2 + V_{\text{ref}} \times R_1 \times R_3}{R_1 \times R_2 + R_2 \times R_3 + R_1 \times R_3} \tag{5.10}$$

此電壓應大於零伏特（若不大於零伏特，則輸出應為負飽和電壓），當 V_i 逐漸下降使得 V_a 稍小於零特，則輸出反相成為 $-V_{\text{sat}}$，因此令 (5.9) 式為零，此時輸入電壓為 V_{tl}，化簡可得：

$$0 = V_{tl} \times R_2 \times R_3 + V_{\text{sat}} \times R_1 \times R_2 + V_{\text{ref}} \times R_1 \times R_3$$

所以　　　$$V_{tl} = -V_{\text{sat}}\left(\dfrac{R_1}{R_3}\right) - V_{\text{ref}}\left(\dfrac{R_1}{R_2}\right) \tag{5.11}$$

轉態後，V_a 的電壓成為

$$V_a = \dfrac{V_i \times R_2 \times R_3 + (-V_{\text{sat}})R_1 \times R_2 + V_{\text{ref}} \times R_1 \times R_3}{R_1 \times R_2 + R_2 \times R_3 + R_1 \times R_3} \tag{5.12}$$

此電壓小於零，因此若要再度轉態成為 $+V_{\text{sat}}$，則需 $V_a >= 0$，我們可令 (5.12) 式為零，以求得 $V_i = V_{th}$ 之值

$$0 = V_{th} \times R_2 \times R_3 - V_{\text{sat}} \times R_1 \times R_2 + V_{\text{ref}} \times R_1 \times R_3$$

所以　　　$$V_{th} = +V_{\text{sat}}\left(\dfrac{R_1}{R_3}\right) - V_{\text{ref}}\left(\dfrac{R_1}{R_2}\right) \tag{5.13}$$

故　　　$$V_H = V_{th} - V_{tl} = 2 \times V_{\text{sat}}\left(\dfrac{R_1}{R_3}\right) \tag{5.14}$$

而中心電壓 V_{ctr} 為

$$V_{ctr} = \left(\dfrac{V_{th} + V_{tl}}{2}\right) = -V_{\text{ref}}\left(\dfrac{R_1}{R_2}\right) \tag{5.15}$$

由 (5.14) 及 (5.15) 式可知，調整 R_3 可調整磁滯電壓大小，而中心電壓則由 R_2 獨立調整。

5.3　實驗項目

1.　工作一：電壓比較器

A.　實驗目的：

瞭解電壓比較器輸出波形及轉移曲線。

B.　材料表：

$4.7\,\mathrm{k\Omega} \times 1$

$\mathrm{VR\text{-}20\,k\Omega} \times 1$

uA741 $\times 1$，LF356 $\times 1$，TL071 $\times 1$，LM339 $\times 1$，LM311 $\times 1$

TL072 $\times 1$

C.　實驗步驟：

(1) 如圖 5.11 接線，U_1 為待測比較器，U_2 則為電壓緩衝器，VR_1 做為設定電壓調整之用。V_i 接到信號產生器的輸出，並調整其波形為三角波

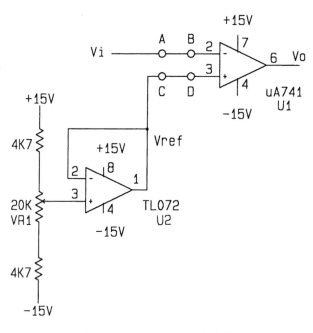

圖 5.11　比較器測試電路

，500 Hz ，$20V_{p-p}$ 之電壓。示波器的 CH1 及 CH2 則分別測試 V_i 及 V_o 的波形 (示波器的 CH1 及 CH2 請勿對調)。

(2) 調整 VR_1 可變電阻使 V_{ref} 電壓分別為 $+5\,V$、$0\,V$、$-5\,V$ 之各值，觀察 V_i 及 V_o 的波形，並將結果繪於圖 5.12。

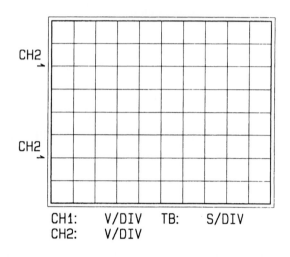

圖 5.12　圖 5.11 反相比較器輸入與輸出之波形

(3) 將示波器掃描模式轉到 X-Y 模式，歸零後觀察其轉移曲線，並將結果繪於圖 5.13 中。

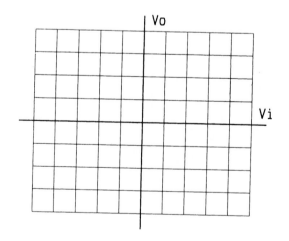

圖 5.13　圖 5.12 反相比較器轉移曲線

(4) 將圖 5.11 的 $A-B$，$C-D$ 接線改為 $A-D$，$B-C$，重複步驟(1)、(2)、(3)之各項測試，並將結果繪於圖 5.14、圖 5.15。

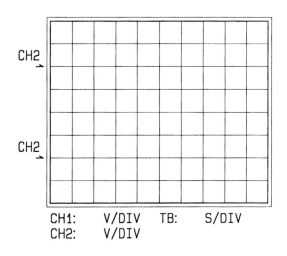

圖 5.14　圖 5.11 非反相比較器輸入與輸出之波形

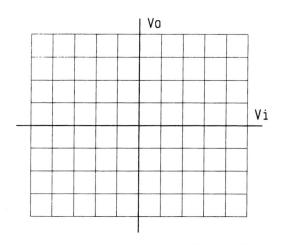

圖 5.15　圖 5.11 非反相比較器轉移曲線

(5) 於圖 5.11 中的線路，將輸入信號頻率提高到 20 kHz，振幅不變，V_{ref} 則調整於 0 V，觀察其輸出波形，並將結果繪於圖 5.16。

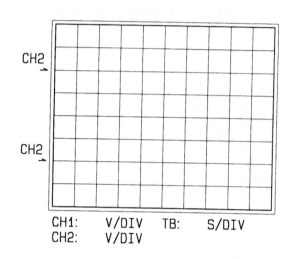

CH1:　　V/DIV　TB:　　S/DIV
CH2:　　V/DIV

圖 5.16　頻率 =20KHz 比較器的輸入與輸出之波形

(6) 將 op amp 改為 LF356 及 TL071，重複步驟(5)之實驗，並將結果繪於圖 5.17、圖 5.18，並比較其輸出波形。

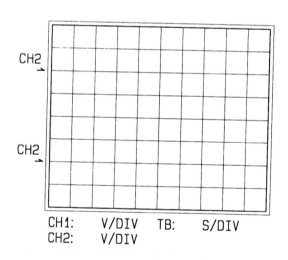

CH1:　　V/DIV　TB:　　S/DIV
CH2:　　V/DIV

圖 5.17　TL071 比較器輸入與輸出之波形

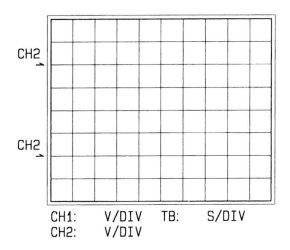

圖 5.18 TL071 比較器轉移曲線

(7) 將待測改為專用比較器如 LM339，LM311 等，其接線如圖 5.19、圖 5.20 所示，重複以上之實驗，並比較其輸出波形。

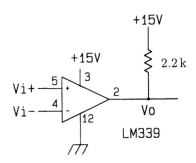

圖 5.19 LM339 比較器

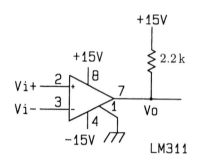

圖 5.20　LM311 比較器

2.　工作二：非反相磁滯比較器

A.　實驗目的：

瞭解非反相磁滯比較器輸出波形及轉移曲線。

B.　材料表：

4.7 kΩ × 2 ， 1 kΩ × 1 ， 2.2 kΩ × 1， 10 kΩ × 1 ，

51 kΩ × 1 100 kΩ × 1 ， 5.1 kΩ × 1

VR-20 kΩ × 1

TL072 × 1

C.　實驗步驟：

(1) 如圖 5.21 之接線，U_1 為待測比較器，U_2 則為電壓緩衝器，VR_1 做為設定電壓調整之用。V_i 接到信號產生器的輸出，並調整其波形為三角波， 200 Hz， $20V_{p-p}$ 之電壓。示波器的 CH1 及 CH2 則分別測試 V_i 及 V_o 的波形。

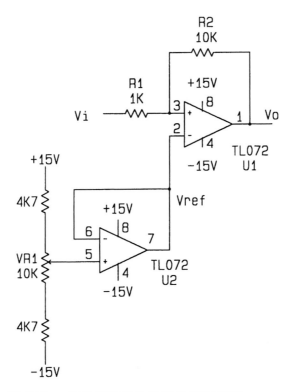

圖 5.21　非反相磁滯比較器的測試電路

(2) 調整 VR_1 使 V_{ref} 電壓分別為 $+5\,\mathrm{V}$、$0\,\mathrm{V}$、$-5\,\mathrm{V}$ 之各值，觀察 V_i 及 V_o 的波形，並將結果繪於圖 5.22 中。

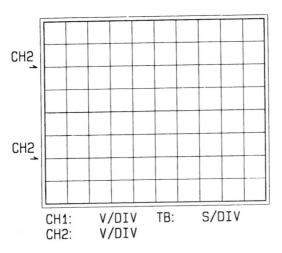

圖 5.22　非反相磁滯比較器輸入與輸出之波形

(3) 將示波器掃描模式轉到 X-Y 模式，歸零後觀察其轉移曲線，並將結果繪於圖 5.23 中。

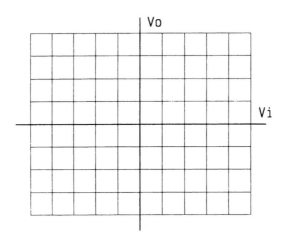

圖 5.23 非反相磁滯比較器轉移曲線

(4) 將 V_{ref} 調整於 $0\,\text{V}$，改變 R_2 之值分別為 $2.2\,\text{k}\Omega, 5.1\,\text{k}\Omega, 10\,\text{k}\Omega, 51\,\text{k}\Omega, 100\,\text{k}\Omega$，觀察 V_i 及 V_o 的波形及轉移曲線，並將結果分別繪於圖 5.24 及圖 5.25 中，請注意磁滯電壓寬度之變化。

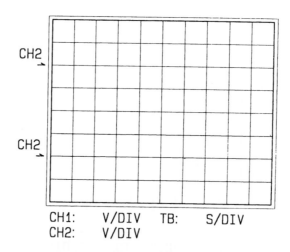

圖 5.24 非反相磁滯比較器輸入與輸出之波形 $(R_2 = 2.2\,\text{k}\Omega)$

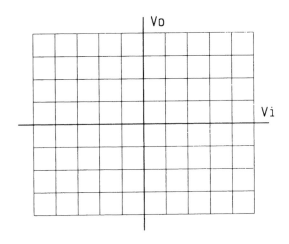

圖 5.25　非反相磁滯比較器轉移曲線 ($R_2 = 2.2 \, \text{k}\Omega$)

(5) 將步驟(4)測試結果與 5.8 式作比較，並將磁滯電壓填於表 5.1 中。

表 5.1　非反相磁滯比較器 R2 對磁滯電壓寬度之變化

R_2	2.2 k	5.1 k	10 k	51 k	100 k
V_{th}					

3.　工作三：反相磁滯比較器

A.　實驗目的：

瞭解反相磁滯比較器輸出波形及轉移曲線。

B.　實驗步驟：

C.　材料表：

4.7 k$\Omega \times 2$，1 k$\Omega \times 1$，2.2 k$\Omega \times 1$，10 k$\Omega \times 1$，

51 k$\Omega \times 1$ 100 k$\Omega \times 1$，5.1 k$\Omega \times 1$

VR-20 k$\Omega \times 1$

　　　　TL072 × 1

D. 實驗步驟：

(1) 如圖 5.26 之接線，U_1 為待測比較器，U_2 則為電壓緩衝器，VR_1 做為設定電壓調整之用。V_i 接到信號產生器的輸出，並調整其波形為三角波，200 Hz，$20V_{p\text{-}p}$ 之電壓。示波器的 CH1 及 CH2 則分別測試 V_i 及 V_o 的波形。

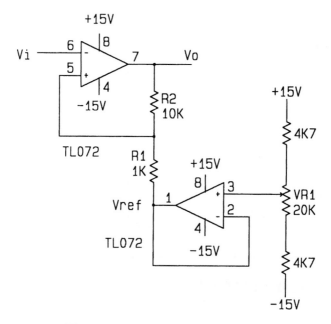

圖 5.26　反相磁滯比較器的測試電路

(2) 調整 VR_1 使 V_{ref} 電壓分別為 +5 V、0 V、−5 V 之各值，觀察 V_i 及 V_o 的波形，並將結果繪於圖 5.27。

(3) 將示波器掃描模式轉到 X-Y 模式，歸零後觀察其轉移曲線，並將結果繪於圖 5.28 中。

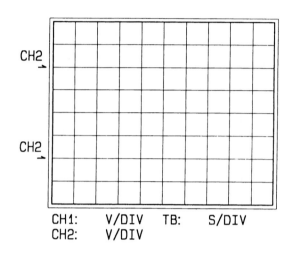

圖 5.27　反相磁滯比較器輸入與輸出之波形

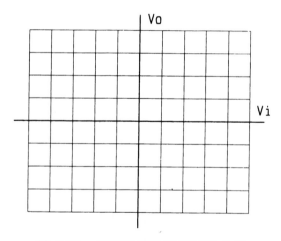

圖 5.28　反相磁滯比較器轉移曲線

(4) 將 V_{ref} 調整於 $0\,\text{V}$，改變 R_2 之值分別為 $2.2\,\text{k}\Omega, 5.1\,\text{k}\Omega, 10\,\text{k}\Omega, 51\,\text{k}\Omega, 100\,\text{k}\Omega$ 觀察 V_i 及 V_o 的波形及轉移曲線，並將結果分別繪於圖 5.29 及圖 5.30 中，請注意磁滯電壓寬度之變化。

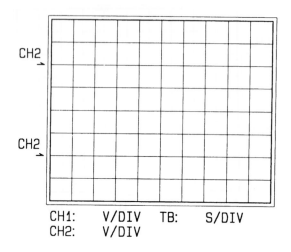

圖 5.29 反相磁滯比較器輸入與輸出之波形 $(R_2 = 2.2\,\mathrm{k\Omega})$

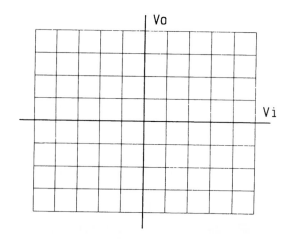

圖 5.30 反相磁滯比較器轉移曲線 $(R_2 = 2.2\,\mathrm{k\Omega})$

(5) 將步驟(4)測試結果與 5.3 式作比較，並將磁滯電壓填於表 5.2 中。

表 5.2 反相磁滯比較器 R2 對磁滯電壓寬度之變化

R_2	2.2 k	5.1 k	10 k	51 k	100 k
V_{th}					

4. 工作四：可各別調整磁滯電壓及中心電壓的比較器

A. 實驗目的：

瞭解可各別調整磁滯電壓及中心電壓的比較器之輸出波形及轉移曲線，及其實際應用電路。

B. 材料表：

$4.7\,\mathrm{k\Omega} \times 3$，$33\,\mathrm{k\Omega} \times 1$，$51\,\mathrm{k\Omega} \times 1$，$10\,\mathrm{k\Omega} \times 2$，

$2.2\,\mathrm{k\Omega} \times 1$　$100\,\mathrm{k\Omega} \times 1$，$220\,\mathrm{k\Omega} \times 1$，$470\,\mathrm{k\Omega} \times 1$

VR-$20\,\mathrm{k\Omega} \times 1$，$IN4004 \times 2$，Relay 12V×1

$TL072 \times 1$，$2SC1815 \times 1$，LED(S2)×1

C. 實驗步驟：

(1) 如圖 5.31 之接線。V_i 接到信號產生器的輸出，並調整其波形為三角波 $500\,\mathrm{Hz}, 20V_{p\text{-}p}$ 之電壓。示波器的 CH1 及 CH2 則分別試試 V_i 及 V_o 的波形。

(2) 調整 VR_1 可變電阻使 V_{ref} 電壓分別為 $+5\,\mathrm{V}$、$0\,\mathrm{V}$、$-5\,\mathrm{V}$ 之各值，觀察 V_i 及 V_o 的波形。並將結果繪於圖 5.32。

(3) 利用 X-Y mode 觀察其轉移曲線，並將結果繪於圖 5.33。

(4) 調整 VR_1 可變電阻使 V_{ref} 電壓為 $0\,\mathrm{V}$，改變 R_3 之電阻分別為 $33\,\mathrm{k\Omega}, 51\,\mathrm{k\Omega}$, $100\,\mathrm{k\Omega}, 220\,\mathrm{k\Omega}, 470\,\mathrm{k\Omega}$ 等不同電阻值，重做(2)(3)之各項測試。並將測試結果分別填入表 5.3 中。

表 5.3　圖 5.31 比較器 R3 對磁滯電壓寬度之變化

R_2	33 k	51 k	100 k	220 k	470 k
V_{th}					

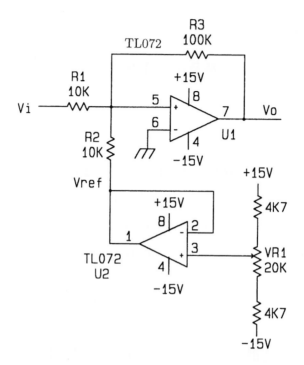

圖 5.31 磁滯電壓及中心電壓可分別調整的比較器

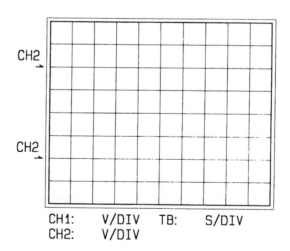

CH1: ____ V/DIV   TB: ____ S/DIV
CH2: ____ V/DIV

圖 5.32 圖 5.31 比較器輸入與輸出之波形

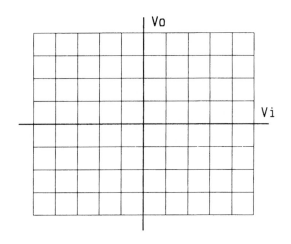

圖 5.33 圖 5.31 比較器轉移曲線

(5) 以 V_{ref} 為參數，利用表 5.3 的結果繪出 R_3/R_1 與 V_H 的關係於圖 5.34。

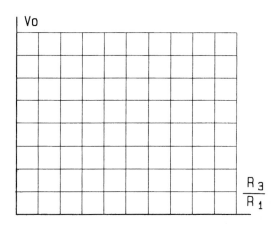

圖 5.34 圖 5.31 比較器 R_3/R_1 與 V_H 的關係

(6) 將 V_{ref} 電壓分別為 $+5\,\mathrm{V}$、$0\,\mathrm{V}$、$-5\,\mathrm{V}$，重複步驟(5)的實驗，並將測試結果同繪於圖 5.34 中。

(7) 於圖 5.31 中，利用 V_o 去推動電晶體及繼電器，以模擬圖 5.21 電池充電控制電路，接線如圖 5.35，觀察其電池開始充電及停止充電之轉態電壓。並繪製轉移曲線於圖 5.36 中。

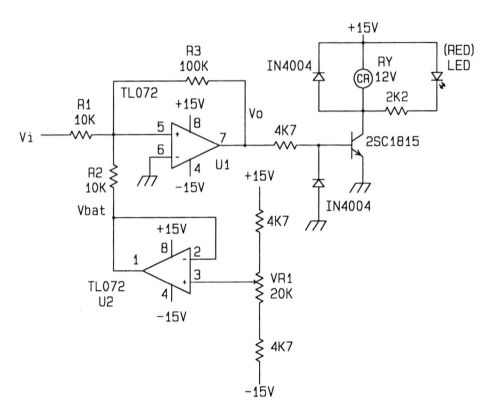

圖 5.35 模擬的電池充電控制器電路 (V_{ref} 相當於電池的電壓)

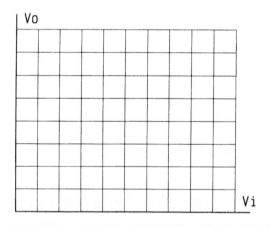

圖 5.36 電池充電控制電路轉移曲線

5.4　電路模擬

　　本節中將以 Pspice 模擬軟體來分析電路的特性，使電路模型分析的結果與實際電路實驗有一對照。

1.　非反相比較器電路模擬

　　如圖 5.37 所示，各元件分別在 opamp.slb, source.slb 及 analog.slb，選擇選擇 Time Domain 分析，記錄時間自 0 ms 到 3 ms，最大分析時間間隔為 0.001 ms。圖 5.38 為輸入電壓與輸出電壓模擬結果，輸入電壓為 10 mV。

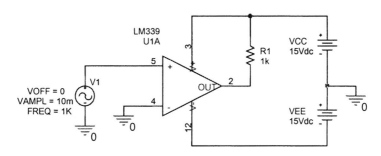

圖 5.37　　非反相比較器

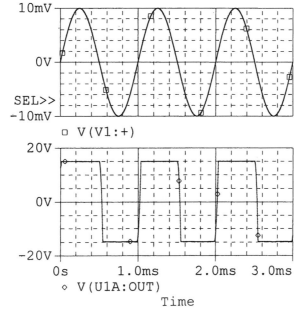

圖 5.38　　非反相比較器輸入電壓與輸出電壓

2. 非反相磁滯比較器電路模擬

如圖 5.39 所示，各元件分別在 opamp.slb, source.slb 及 analog.slb，選擇
選擇 Time Domain 分析，記錄時間自 0 ms 到 3 ms，最大分析時間間隔為
0.001 ms。圖 5.40 為輸入電壓與輸出電壓模擬結果。圖 5.41 非反相磁滯比
較器轉移曲線。

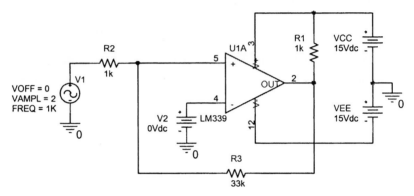

圖 5.39 非反相磁滯比較器

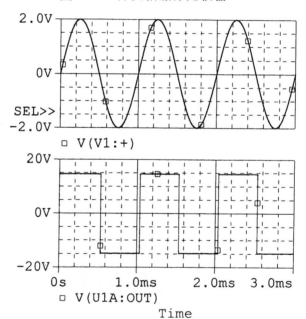

圖 5.40 非反相磁滯比較器輸入電壓與輸出電壓

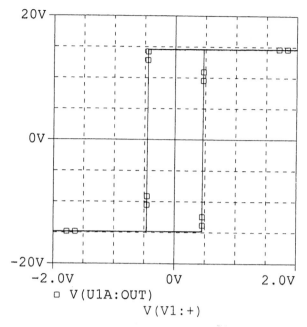

圖 5.41　非反相磁滯比較器轉移曲線

3.　反相磁滯比較器電路模擬

　　如圖 5.42 所示，各元件分別在 opamp.slb, source.slb 及 analog.slb，選擇選擇 Time Domain 分析，記錄時間自 0 ms 到 3 ms，最大分析時間間隔為 0.001 ms。圖 5.43 為輸入電壓與輸出電壓模擬結果。圖 5.44 反相磁滯比較器轉移曲線。

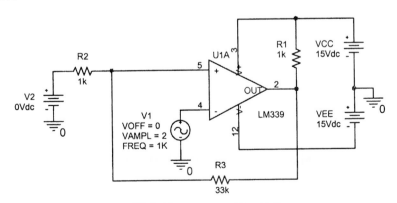

圖 5.42　反相磁滯比較器

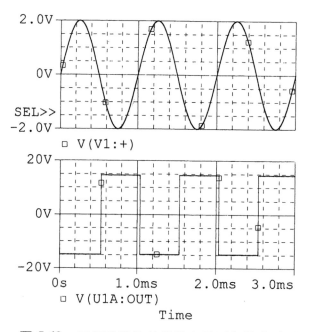

圖 5.43　反相磁滯比較器輸入電壓與輸出電壓

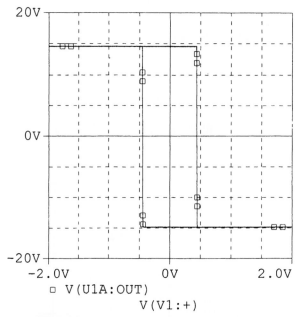

圖 5.44　反相磁滯比較器轉移曲線

4.　可各別調整磁滯電壓及中心電壓的比較器

如圖 5.45 所示，各元件分別在 opamp.slb, source.slb 及 analog.slb，選擇
選擇 Time Domain 分析，記錄時間自 0 ms 到 3 ms，最大分析時間間隔為
0.001 ms。圖 5.46 為輸入電壓與輸出電壓模擬結果。圖 5.47 為可各別調整
磁滯電壓及中心電壓的比較器的轉移曲線。

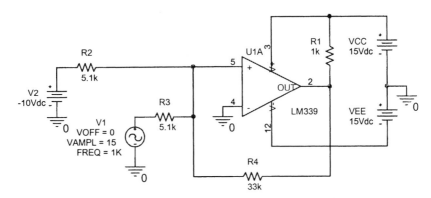

圖 5.45　可各別調整磁滯電壓及中心電壓的比較器

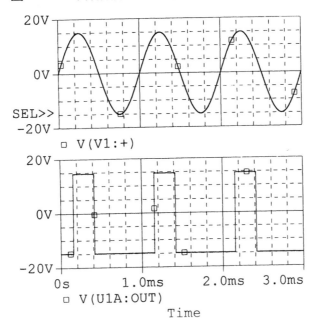

圖 5.46　可各別調整磁滯電壓及中心電壓的比較器輸入電壓與輸出電壓

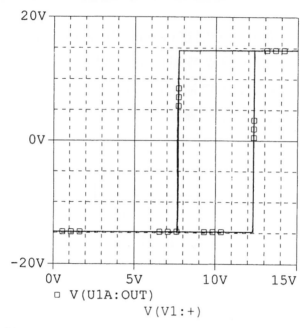

圖 5.47　可各別調整磁滯電壓及中心電壓的比較器的轉移曲線

5.5　問題討論

1. 在工作五中，若 $V_{th} < V_{tl}$，則會有何現象發生？

2. 就比較器反應速度而言，工作一所作的項目那個 IC 的反應速度較快？

3. 在工作四中，若欲設定電池開始啟動充電電壓為 5.5 V，而停止充電電壓為 7.2 V，則 V_{ref} 及 R_3 應調整於多少？

第六章

回授放大器

6.1 實驗目的

1. 瞭解回授作用對放大器特性的影響
2. 瞭解各種回授放大器的分析方法
3. 串一並聯回授放大器(電壓放大器)
4. 串一串型回授放大器(互導放大器)
5. 並一並型回授放大器(互阻放大器)
6. 並一串型回授放大器(電流放大器)

6.2 相關知識

1. 回授放大器的特性

　　將放大器的輸出信號,經過取樣電路把部份輸出回送到輸入端,此種架構稱之為回授。根據送回來的信號與原輸入信號的相位關係,回授可分為正回授與負回授兩種。

　　若回授的信號與輸入信號的相位一致,以致於對放大器的等效輸入有相加的效果,稱為正回授,一般正弦波振盪器就是利用正回授方式以產生正弦波信號。

　　若回授的信號與輸入的信號相位相反,使得放大器等效輸入有相互抵消者,稱之為負回授。負回授除了會使放大器的整體增益減低外,對於其它放大器的特性,如輸入阻抗,輸出阻抗,失真率,頻率響應,及穩定性等,都有相當的改善。因此在實際的放大器電路,均普遍使用負回授的技巧以改善放大器的特性。

A. 增加增益的穩定性

　　圖 6.1 為回授放大器的架構,X_s 為輸入信號,X_o 為輸出信號,β 為輸出取樣電路,$X_o \times \beta$ 則為回授的信號,稱為 X_f,X_i 為 X_s 與 X_f 之差,即實際等效輸入到放大器 A 的輸入信號,由上式可得:

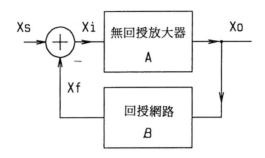

圖 6.1　回授放大器的系統圖

$$X_o = X_i \times A = (X_s - X_f) \times A$$

$$= (X_s - X_o \times \beta) \times A$$

$$X_o + X_o \times \beta \times A = X_s \times A$$

$$\frac{X_o}{X_s} = \frac{A}{1 + A \times \beta} = A_f \qquad (6.1)$$

此處 A_f 稱為回授的電路增益或稱為閉回路增益 (close loop gain)。 $A\beta$ 稱之為回路增益 (loop gain)，而 $(1 + A\beta)$ 稱為回授量。通常 $(1 + A\beta)$ 之值會大於 1，因此有負回授時，閉回路增益均是小於未回授時的增益，然而對放大器增益的穩定性卻大為提高，其分析如下：

我們對有回授的放大器偏微分則

$$\frac{dA_f}{dA} = \frac{d}{dA}\left(\frac{A}{1 + A\beta}\right)$$

$$= \frac{(1 + A\beta) - A(\beta)}{(1 + A\beta)^2} = \frac{1}{(1 + A\beta)^2}$$

若右式的分子及分母同時乘以 A，則

$$\frac{dA_f}{dA} = \frac{A}{1 + A\beta} \cdot \frac{1}{A(1 + A\beta)}$$

$$= \frac{A_f}{A} \frac{1}{(1 + A\beta)}$$

重新安排上式可得.

$$\frac{dA_f}{A_f} = \left(\frac{1}{1+A\beta}\right)\frac{dA}{A} \tag{6.2}$$

上式左方 (dA_f/A_f) 為回授下增益的變化量，而 dA/A 為未回授的增益變化量。此式說明了增益的穩定性提高了 $(1+A\beta)$ 倍，即增益變動減少 $1+A\beta$ 倍。

B. 頻寬的增加

考慮放大器為有限的頻寬，則放大器增益可表示為

$$A(s) = \frac{A_M}{1+\dfrac{S}{\omega_H}} \tag{6.3}$$

式中 A_M 為放大器的中頻增益，而 ω_H 則為放大器的上 3dB 頻率。加上回授後則增益為：

$$A_f(s) = \frac{A(s)}{1+A(s)\beta} = \frac{\dfrac{A_M}{1+\dfrac{s}{\omega_H}}}{1+\beta\left(\dfrac{A_M}{1+\dfrac{s}{\omega_H}}\right)}$$

$$= \frac{A_M}{1+\dfrac{s}{\omega_H}+\beta A_M}$$

$$= \frac{A_M}{(1+A_M\beta)\left(1+\dfrac{s}{\omega_H(1+A_M\beta)}\right)}$$

$$A_f(s) = \frac{A_{Mf}}{1+\dfrac{s}{\omega_H(1+A_M\beta)}}$$

$$= \frac{A_{Mf}}{1+\dfrac{s}{\omega'_H}} \tag{6.4}$$

上式中 $A_{Mf} = \dfrac{A_M}{1+A_M\beta}$ 而 $\omega'_H = \omega_H(1+A_M\beta)$

由 (6.4) 式可看出：新的上 3db 頻寬，增加為 $\omega_H(1+A_M\beta)$

2.　回授放大器的電路判別

回授放大器根據其被放大的信號類別（電壓或電流）及輸出的形式（電壓或電流），可分為四類：

A.　電壓放大器

此種放大器又稱為串‐並型回授放大器，其電路結構如圖 6.2 所示。輸入信號為電壓，輸出信號（取樣信號）亦為電壓信號。此類放大器具有高輸入阻抗及低輸出阻抗。故未回授時的放大器通常以如圖 6.3 之架構表示。加入回授後會使輸入阻抗增加 $(1 + A\beta)$ 倍，輸出阻抗降低 $(1 + A\beta)$ 倍。

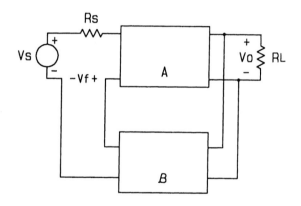

圖 6.2　串‐並型回授放大器結構圖

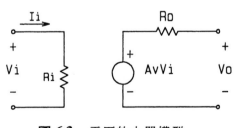

圖 6.3　電壓放大器模型

B.　電流放大器

此種放大器稱為並‐串型回授放大器，其電路結構如圖 6.4 所示，輸入信號為電流，而取樣信號亦為電流。此類放大器需具有低輸入阻抗及高輸出阻抗，故未回授時的放大器通常以如圖 6.5 之架構表示。加入回授後會使輸入阻抗減少 $(1 + A\beta)$ 倍，輸出阻抗增加 $(1 + A\beta)$ 倍。

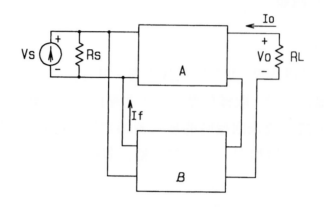

圖 6.4 並 - 串型回授放大器結構圖

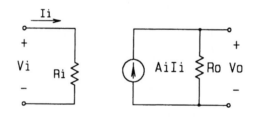

圖 6.5 電流放大器模型

C. 互導放大器

此種放大器又稱為串 - 串型回授放大器，其電路結構如圖 6.6 所示。輸入信號為電壓，而取樣信號為電流。此類放大器需具有高輸入阻抗及高輸出阻抗，故未回授時的放大器通常以如圖 6.7 之架構表示。加入回授後會使輸入阻抗增加 $(1 + A\beta)$ 倍，而輸出阻抗亦增加 $(1 + A\beta)$ 倍。

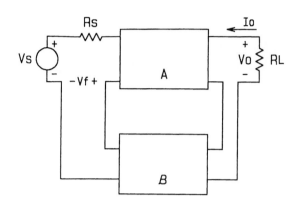

圖 6.6　串 - 串型回授放大器結構圖

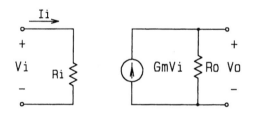

圖 6.7　互導放大器模型

D. 互阻放大器

　　此種放大器又稱為並 - 並型回授放大器，其電路結構如圖 6.8 所示。輸入信號為電流，而取樣信號為電壓。此類放大器需具有低輸入阻抗及低輸出阻抗，故未回授時的放大器通常以如圖 6.9 之架構表示。加入回授後會使輸入阻抗降低 $(1 + A\beta)$ 倍，而輸出阻抗亦降低 $(1 + A\beta)$ 倍。

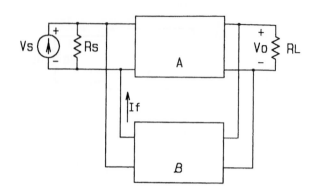

圖 6.8 並 - 並型回授放大器結構圖

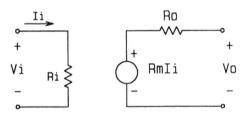

圖 6.9 互阻放大器模型

各種回授放大器的特性整理如表 6.1 所示。

表 6.1 各種回授放大器的特性

電路架構	增益	比較信號	取樣信號	輸入阻抗	輸出阻抗
串 - 並	A_v	V_i	V_o	$R_i(1 + A \times \beta)$	$\dfrac{R_o}{(1 + A \times \beta)}$
並 - 串	A_i	I_i	I_o	$\dfrac{R_i}{(1 + A \times \beta)}$	$R_o(1 + A \times \beta)$
串 - 串	G_m	V_i	I_o	$R_i(1 + A \times \beta)$	$R_o(1 + A \times \beta)$
並 - 並	R_m	I_i	V_o	$\dfrac{R_i}{(1 + A \times \beta)}$	$\dfrac{R_o}{(1 + A \times \beta)}$

　　不同的輸入與取樣，回路的增益亦不同。故分析回授放大器，首先需要對放大器的型式作判定，以免差之毫釐，失之千里。其步驟為：

　　首先找出回授網路，此電路必定是跨於輸入端與輸出端之間，然後其取樣信號及回授方式可判定如下：

(1) 決定取樣方式：

　① 若將輸出電壓 $V_o = 0$，(即輸出回路令其短路) 而致使回授信號消失者，則為電壓取樣。

　② 若將輸出電流 $I_o = 0$，(即輸出回路令其斷路) 而致使回授信號消失者，則為電流取樣。

(2) 決定輸入方式：

　① 若回授信號 X_f 具有以下列型態者，則為電流回授 (並聯回授)。

　　a. 輸入到電晶體的基極。

　　b. 輸入到 FET 的閘極。

　　c. 運算放大器為反相放大器。

　② 若回授信號 X_f 具有以下列型態者，則為電壓回授 (串聯回授)。

　　a. 輸入到電晶体的射極。

　　b. 輸入到 FET 的源極。

　　c. 運算放大器為非反相型，回授信號加於反相端者。

(3) 回授放大器的分析

　回授放大器，其分析步驟如下：

　① 根據回授網路決定該放大器為何種取樣信號？何種回授型式？

　② 求得沒有回授時的等效放大器電路。

　③ 從②之無回授放大器以計算無回授的增益 A_f，輸入阻抗 R_i，輸出阻抗 R_o 等放大器特性。

　④ 計算有回授時的增益 A_f，輸入阻抗 R_{if} 及輸出阻抗 R_{of}。

(4) 放大器的無回授等效電路求法如下：

　① 求輸入電路 (由輸出判定)：

　　a. 若輸出為並聯，則令輸出 $V_o = 0$(即令輸出回路短路到地)。

b.若輸出為串聯，則令輸出 $I_o = 0$（即令輸出回路開路）。

② 求輸出電路（由輸入判定）：

a.若回授信號為電流，則令回授點短路到地。

b.若回授信號為電壓，則令回授點之回路開路。

詳細應用將於下面數節再詳加討論。

3. 串 - 並型回授放大器

如圖 6.10 所示之電路為串並聯回授放大器，其分析如下：

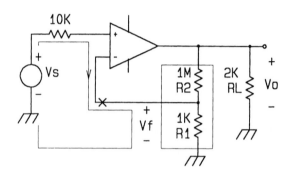

圖 6.10 串 - 並聯回授放大器

A. 輸出經由 R_1 與 R_2 組合的分壓電路回授到輸入回路，取樣電路為虛線所包括之電路，取樣點是與輸出並聯，而回授的信號 X_f 則是

$$X_f = \beta V_o = \frac{R_1}{(R_1 + R_2)} \times V_o$$

X_f 與輸入回路相串聯，故為串 - 並型回授。

B. 假設 op-amp 的等效電路圖 6.11 所示，則沒有回授的等效電路求法如下：

求輸入電路：輸出為並聯，因此令輸出為短路。

求輸出電路：輸入為串聯，故令其為斷路。

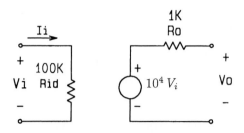

圖 6.11　op amp 的等效電路

故無回授的等效電路如圖 6.12 所示。圖 6.13 則為該電路的小訊號等效電路。

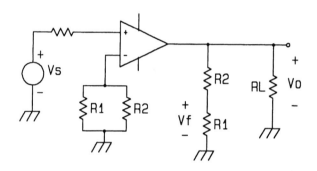

圖 6.12　圖 6.10 無回授的等效電路

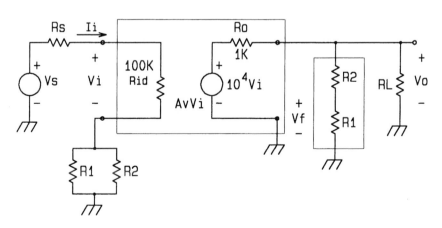

圖 6.13　圖 6.10 無回授的小訊號等效電路

C. 分析無回授時的電路:

假設電路參數如下: $A_v = 10$, $R_{id} = 100\,\text{k}\Omega$, $r_o = 1\,\text{k}\Omega$, $R_L = 2\,\text{k}\Omega$, $R_1 = 1\,\text{k}\Omega$, $R_2 = 1\,\text{M}\Omega$, $R_s = 10\,\text{k}\Omega$,則

$$A_v = \frac{V_o}{V_s} = \frac{R_{id}}{R_s + R_{id} + (R_1 /\!/ R_2)} \times A_v \times \frac{R_L /\!/ (R_1 + R_2)}{r_o + (R_L /\!/ (R_1 + R_2))}$$

$$= \frac{100\,\text{k}}{10\,\text{k} + 100\,\text{k} + (1\,\text{k} /\!/ 1\,\text{M})} \times 10^4 \times \frac{2\,\text{k} /\!/ (1\,\text{k} + 1\,\text{M})}{1\,\text{k} + 2\,\text{k} /\!/ (1\,\text{k} + 1\,\text{M})}$$

$$= 6000$$

$$\beta = \frac{R_1}{R_1 + R_2} = \frac{1\,\text{k}}{1\,\text{k} + 1\,\text{M}} = 0.001$$

$$1 + A\beta = 1 + 6000 \times 0.001 = 7$$

$$R_i = R_s + R_{id} + (R_1 /\!/ R_2)$$

$$= 10\,\text{k} + 100\,\text{k} + (1\,\text{k} /\!/ 1\,\text{M}) = 111\,\text{k}\Omega$$

$$R_o = r_o /\!/ R_L /\!/ (R_1 + R_2)$$

$$= 1\,\text{k} + 2\,\text{k} + (1\,\text{k} + 1\,\text{M}) = 667\,\Omega$$

D. 故有回授的放大器為:

$$A_f = \frac{A}{1 + A\beta} = \frac{6000}{7} = 857\,(\text{V/V})$$

$$R'_{if} = R_i \times (1 + A\beta) = 111\,\text{k} \times 7 = 777\,\text{k}\Omega$$

$$R_{if} = R'_{if} - R_s = 777\,\text{k} - 10\,\text{k} = 767\,\text{k}\Omega$$

$$R'_{of} = \frac{R_o}{(1 + A\beta)} = \frac{667}{7} = 95.3\,\Omega = R_{of} /\!/ R_L$$

$$R_{of} = \frac{1}{\dfrac{1}{R'_{of}} - \dfrac{1}{R_L}} = \frac{1}{\dfrac{1}{95.3} - \dfrac{1}{10\,\text{k}}} = 100\,\Omega$$

4. 串 - 串型回授放大器

如圖 6.14 所示之電路為串 - 串型回授放大器。

A. 輸出電流流經 R_{E3}，其上的壓降為 $R_{E3} \times I_o$，經分壓網路 $(R_1/(R_1 + R_2))$ 回授到輸入電晶體的射極，故電路組態為電流取樣電壓回授型的放大器（串-串型）回授電路。圖中虛線之網路則為回授電路。

$$V_f = I_o\left(R_{E3}/\!/(R_1 + R_2)\right) \times \frac{R_1}{R_1 + R_2}$$

$$\beta = \frac{V_f}{I_o} = \left(100/\!/(100 + 640)\right) \times \frac{100}{100 + 640} = 11.9\,\Omega$$

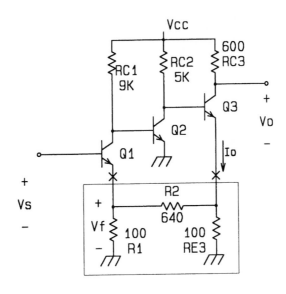

圖 6.14　三級直接耦合放大器

B. 求未回授的電路：

輸入電路：令輸出回路斷路，即令 X_2 點斷路，$I_o = 0$。

輸出電路：令輸入回路斷路。

故可得未回授的等效電路如圖 6.15 所示。

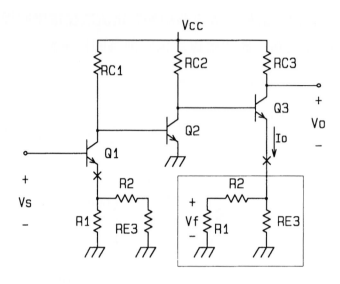

圖 6.15 圖 6.14 無回授的等效電路

C. 分析未回授的電路：

圖中之電路已省略了偏壓電路，假設各電晶體已偏壓於 $I_{C1} = 0.6\,\text{mA}$, $I_{C2} = 1\,\text{mA}$, $I_{C3} = 4\,\text{mA}$，且電晶體 $h_{fe} = 100$, $r_o = 0$，則電路計算如下：

首先計算各電晶體的小信號模型：

$$r_{e1} = \frac{V_T}{I_{C1}} = \frac{25\,\text{mV}}{0.6\,\text{mA}} = 41.6\,\Omega$$

$$r_{e2} = \frac{V_T}{I_{C2}} = \frac{25\,\text{mV}}{1\,\text{mA}} = 25\,\Omega$$

$$r_{e3} = \frac{V_T}{I_{C3}} = \frac{25\,\text{mV}}{4\,\text{mA}} = 6.25\,\Omega$$

將圖 6.15 中的各電晶體以小信號模型取代，如圖 6.16 所示。

故
$$v_{C2} = \left(r_{e3} + \left(R_{E3} /\!/ (R_1 + R_2)\right)\right) \times \frac{I_o}{\alpha}$$

$$\frac{I_o}{v_{C2}} = \frac{\alpha}{r_{e3} + \left(R_{E3} /\!/ (R_1 + R_2)\right)}$$

$$= \frac{\alpha}{6.25 + \left(100 /\!/ (100 + 640)\right)} = 10.6\,\text{mA/V}$$

$$\frac{v_{C2}}{v_{C1}} = \frac{-\left(R_{C2}/\!/(1+\beta)(R_{E3}/\!/(R_1+R_2))\right)}{r_{e2}} \times \alpha$$

$$= -\frac{5\,\text{k}/\!/(1+100)\left(100/\!/(100+640)\right)}{25} \times 0.99 = -129.2\,\text{V/V}$$

$$\frac{v_{C1}}{V_s} = \frac{-R_{C1}/\!/(1+\beta)r_{e2}}{r_{e1}+\left(R_1/\!/(R_2+R_{E3})\right)}$$

$$= -\frac{9\,\text{k}/\!/(1+100)\times25\times\alpha}{41.6+\left(100/\!/(100+640)\right)} = -15.2\,(\text{V/V})$$

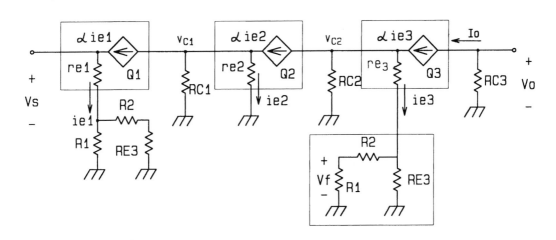

圖 6.16　圖 6.14 無回授的小訊號等效電路

故開回路增益為：

$$A = \frac{I_o}{V_s} = \frac{I_o}{v_{C2}} \times \frac{v_{C2}}{v_{C1}} \times \frac{v_{C1}}{V_s}$$

$$= 10.6 \times (-129.2) \times (-15.2) = 20.8\,(\text{A/V})$$

$$1 + A\beta = 1 + 20.8 \times 11.9 = 248.5$$

$$R_i = (1+\beta) \times \left(r_{e1} + R_1/\!/(R_2+R_{E3})\right)$$

$$= (1+100) \times \left(41.6 + 100/\!/(100+640)\right) = 13.1\,\text{k}\Omega$$

D. 有回授的放大器為

$$A_f = \frac{I_o}{V_s} = G_{mf} = \frac{A}{(1+A\beta)} = \frac{20.8}{249.5} = 83.7\,(\text{mA/V})$$

電壓增益 $\quad \dfrac{V_o}{V_s} = \dfrac{-I_o \times R_L}{V_s}$

$$= (-83.7) \times 600 \times 10^{-3} = -50.2\,(\text{V/V})$$

$$R_{if} = (1+A\beta) \times R_i = 248.5 \times 13.1\,\text{k} = 3.25\,\text{M}\Omega$$

5. 並 - 並型回授放大器

如圖 6.17 電路所示為並 - 並型回授放大器。跨於電路的輸入回路與輸出回路的元件僅有 R_F 而以，故 RF 為回授網路。

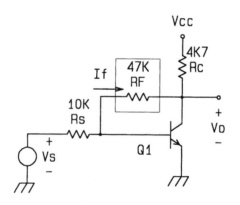

圖 6.17 集極回授放大器

A. R_F 為直接並於輸出端，故當 $V_o = 0$ 時，回授信號亦伴隨消失，故為電壓取樣，同時 R_F 另一端接於電晶體的基極（並聯於輸入端），故回授為電流回授。因此本電路為並 - 並型回授放大器。

B. 求未回授的等效電路

輸入電路：令輸出電壓為零 $(V_o = 0)$，即令輸出短路到地端。

輸出電路：令輸入短路到地端（輸入為電流）。

故可得未回授的等效電路如圖 6.18 所示。

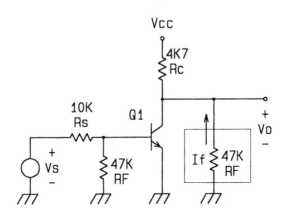

圖 6.18　圖 6.17 無回授的等效電路

C. 分析未回授的電路

假設電晶體的 $\beta = 100$ ，而且信號源未含有直流成份，則直流等效電路
如圖 6.19 所示。偏壓電路分析如下：

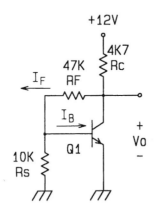

圖 6.19　圖 6.17 直流等效電路

$$V_{CC} = V_{BE} + I_F R_F + (\beta I_B + I_F) R_C$$

$$I_F = I_B + \frac{0.7}{10\,\text{k}} = I_B + 0.07$$

$$12 = 0.7 + (I_B + 0.07) \times 47 + (100 I_B + I_B + 0.07) \times 4.7$$

$$I_B = \frac{12 - 0.7 - 0.07 \times 47 - 0.07 \times 4.7}{47 + 101 \times 4.7} = 15.4\,\mu\text{A}$$

$$I_C = \beta I_B = 100 \times 15.4\,\mu\text{A} = 1.54\,\text{mA}$$

故電晶體的小信號模型可求得如下：

$$g_m = \frac{I_C}{V_T} = \frac{1.54\,\text{mA}}{25\,\text{mV}} = 61.4\,\text{mA/V}$$

$$r_\pi = \frac{\beta}{g_m} = \frac{100}{61.4} = 1.63\,\text{k}\Omega$$

將電晶體模型代入圖 6.18，可得未回授的小信號等效電路如圖 6.20。

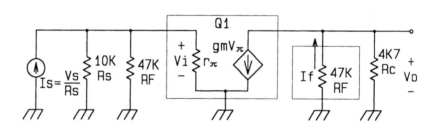

圖 6.20 圖 6.17 無回授的小訊號等效電路

D. 未回授時的電路分析

$$V_o = -I_f R_F$$

$$\beta = \frac{I_f}{V_o} = -\frac{1}{R_F} = -\frac{1}{47\,\text{k}}$$

$$V_o = -g_m(R_C /\!/ R_F) \times v_\pi$$

$$v_\pi = I_s \times (R_s /\!/ R_F /\!/ r_\pi)$$

$$V_o = -g_m(R_C /\!/ R_F) \times (R_s /\!/ R_F /\!/ r_\pi) \times I_s$$

$$A = \frac{V_o}{I_s} = R_m = -g_m(R_C /\!/ R_F) \times (R_s /\!/ R_F /\!/ r_\pi)$$

$$= -61.4 \times (4.7\,\text{k} /\!/ 47\,\text{k}) \times (10\,\text{k} /\!/ 47\,\text{k} /\!/ 1.63\,\text{k}) = -357\,\text{k}$$

$$(1 + A\beta) = 1 + (-357\,\text{k}) \times \left(-\frac{1}{47\,\text{k}}\right) = 8.6$$

$$R_i = R_s /\!/ R_F /\!/ r_\pi = 10\,\text{k} /\!/ 47\,\text{k} /\!/ 1.63\,\text{k} = 1.36\,\text{k}$$

$$R_o = R_C /\!/ R_F = 4.7\,\text{k} /\!/ 47\,\text{k} = 4.27\,\text{k}$$

E. 回授的電路分析

$$A_f = R_{mf} = \frac{V_o}{I_s} = \frac{A}{1 + A\beta} = \frac{-357\,\text{k}}{8.6} = -41.5\,\text{k}\Omega$$

故　　　　電壓增益　$\dfrac{V_o}{V_s} = \dfrac{V_o}{I_s \times R_s}$

$$= -\frac{41.5}{10} = -4.15\,(\text{V/V})$$

含電源阻抗的輸入電阻為：

$$R'_{if} = \frac{R_i}{1 + A\beta} = \frac{1.36\,\text{k}}{8.6} = 158\,\Omega$$

不含電源的輸入電阻為：

$$R_{if} = \frac{1}{\dfrac{1}{R'_{if}} - \dfrac{1}{R_s}} = \frac{1}{\dfrac{1}{158} - \dfrac{1}{10\,\text{k}}} = 160\,\Omega$$

輸出阻抗$R_{of} = \dfrac{R_o}{1 + A\beta} = \dfrac{4.27}{8.6} = 496\,\Omega$

6. 並 - 串型回授放大器

　　如圖 6.21 所示之電路為兩級電晶體放大電路，輸出電流由 R_E 取出，經 R_F 回授到輸入電電晶體的基極，為並 - 串型回授放大器。

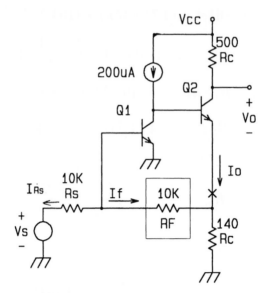

圖 6.21 二級直接耦合放大器

A. 當輸出電流 $I_o = 0$ 時，回授信號消失，故電路為電流取樣（串聯）。而回授的信號乃經由 RF 加到輸入電晶體的基極，故為電流回授（並聯）。

B. 求未回授的等效電路

輸入電路：令輸出 $I_o = 0$，即自 X 點斷路。

輸出電路：令回授電流為零即令 Q_1 的基極短路到地。

故可得等效電路如圖 6.22 所示。

$$I_f = -I_o \frac{R_E}{R_E + R_F}$$

$$\beta = \frac{I_f}{I_o} = -\frac{R_E}{R_E + R_F} = -\frac{140}{140 + 10\,\mathrm{k}}$$

$$= -13.8 \times 10^{-3}$$

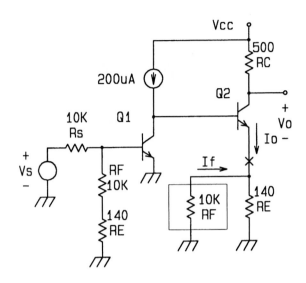

圖 6.22　圖 6.21 無回授的等效電路

C. 分析未回授的電路

第一個電晶體之偏壓使 $I_{C1} = 200\,\mu A$，假設電晶體的 β 值均為 100，則第二個電晶體的工作點分析如下 (參考圖 6.23)：忽略電晶體的基極電流，則

$$I_{RS} = \frac{V_{BE1}}{R_s} = \frac{0.7}{10\,k} = 0.07\,\text{mA} \approx -I_{R_F}$$

$$V_{E2} = 0.7 - I_{R_F} \cdot R_F = 0.7 + 0.07 \times 10 = 1.4\,\text{V}$$

$$I_{E2} = \frac{1.4}{140} = 10\,\text{mA} \approx I_{C2}$$

$$I_{B2} = \frac{I_{E2}}{1+A} = \frac{10}{1+101} = 100\,\mu A$$

$$I_{C1} = 200\,\mu A - 100\,\mu A = 100\,\mu A$$

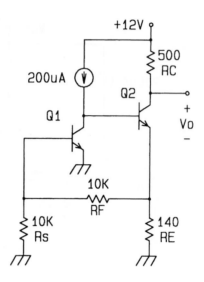

圖 6.23　圖 6.21 直流等效電路

故電晶體的小信號模型為：

$$r_{e1} = \frac{V_T}{I_{C1}} = \frac{25\,\mathrm{mV}}{100\,\mu\mathrm{A}} = 250\,\Omega$$

$$r_{e2} = \frac{V_T}{I_{C2}} = \frac{25}{10} = 2.5\,\Omega$$

將電晶體小信號模型代入圖 6.22 中；結果如圖 6.24 所示。

$$\frac{I_o}{v_{c1}} = \frac{\alpha}{r_{e2} + (R_E /\!/ R_F)} = \frac{\alpha}{2.5 + (140 /\!/ 10\,\mathrm{k})}$$

$$= 7.12 \times 10^{-3}$$

$$\frac{v_{c1}}{v_{b1}} = \frac{-(1+\beta)\Big(r_{e2} + (R_E /\!/ R_F)\Big)}{r_{e1}}$$

$$= \frac{-(1+100)\Big(2.5 + (140 /\!/ 10\,\mathrm{k})\Big)}{250} = -56.8\,\mathrm{V/V}$$

$$R_i = \frac{v_{b1}}{I_s} = (1+\beta)r_{e1} /\!/ (R_E + R_F) /\!/ R_S$$

$$= (1+100)250 /\!/ (140 + 10\,\mathrm{k}) /\!/ 10\,\mathrm{k} = 4.2\,\mathrm{k}$$

$$A = \frac{I_o}{I_s} = \frac{I_o}{v_{c1}} \times \frac{v_{c1}}{v_{b1}} \times \frac{v_{b1}}{I_s}$$

$$= 7.12 \times 10^{-3} \times (-56.8) \times 4.2\,\text{k} = -1670\,\text{A/A}$$

$$1 + A\beta = 1 + (-1670) \times (-13.8 \times 10^{-3}) = 24.43$$

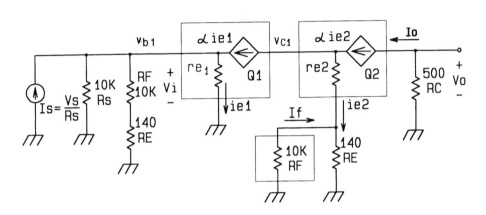

圖 6.24　圖 6.21 無回授的小訊號等效電路

D. 有回授時

$$A_f = A_I = \frac{A}{1 + A\beta} = \frac{-1670}{24.43} = -68.4\,\text{A/A}$$

$$\frac{V_o}{V_s} = -\frac{I_o}{I_s} \times \frac{R_L}{R_s} = +68.4 \times \frac{500}{10\,\text{k}} = 3.42\,\text{V/V}$$

$$R'_{if} = \frac{R_i}{1 + A\beta} = \frac{4.2\,\text{k}}{24.43} = 172\,\Omega = R_{if}\,/\!/\,R_s$$

未包含電源阻抗的輸入電阻為

$$R_{if} = \frac{1}{\dfrac{1}{R'_{if}} - \dfrac{1}{R_s}} = \frac{1}{\dfrac{1}{172} - \dfrac{1}{10\,\text{k}}} = 175\,\Omega$$

6.3　實驗項目

1.　工作一：串－並聯回授放大器

A.　實驗目的：

瞭解串-並型回授放大器的特性。

B.　材料表：

LF356 × 1，TL071 × 1，LM741 × 1

1 kΩ × 2，100 kΩ × 2，10 kΩ × 2，1 MΩ × 2，2 kΩ × 1

33 kΩ × 1，330 kΩ × 1，5.1 kΩ × 1，22 MΩ × 1，2 kΩ × 1

C.　實驗步驟：

(1) 如圖 6.25 之接線，為了易於模擬 op amp 的差動電阻，我們選用 FET 輸入型的 op amp，以利用其近於無限大的差動電阻特性。利用外加電阻 (R_i) 來模擬實際的 op amp 的差動電阻特性。

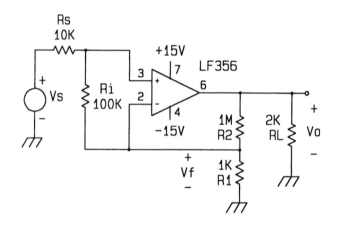

圖 6.25　非反相放大器

(2) 輸入加入 1 Hz，$0.1V_p$ 的正弦波信號，觀察並記錄輸入與輸出波形於圖 6.26 中。並將輸出電壓大小填入表 6.2 中。

表 6.2　R_i 對增益 (A_v) 的特性

$R_1 = 1\,$k, $R_2 = 100\,$k, $R_L = 10\,$k			
$R_i =$	33 k	100 k	330 k	1 M
V_s				
V_o				
A_v				

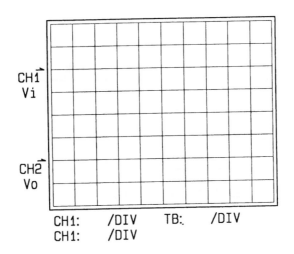

圖 6.26　圖 6.25 的輸入與輸出波形

⑶ 取將 $R_2 = 100\,\text{k}\Omega$，而 R_i 改用不同的電阻值，如 $R_i = 33\,\text{k}\Omega,\ 100\,\text{k}\Omega,$ $330\,\text{k}\Omega,\ 1\,\text{M}\Omega$ 等值，重新觀察輸出電壓的變化，並將結果記錄於表 6.2 中。

⑷ 將 R_i 改回原來 $100\,\text{k}\Omega$ 之值，$R_2 = 10\,\text{k}\Omega$，R_1 則選用不同的電阻，如 $1\,\text{k}\Omega,\ 3.3\,\text{k}\Omega,\ 5\,\text{k}\Omega,\ 10\,\text{k}\Omega$ 等值，重新觀察輸出電壓的變化，並將結果記錄於表 6.3 中。

表 6.3　R_1 對增益 (A_v) 的特性

$R_i = 100\,\text{k},\ R_2 = 10\,\text{k},\ R_L = 10\,\text{k}$				
$R_1 =$	1 k	3.3 k	5 k	10 k
V_s				
V_o				
A_v				

⑸ 將 R_i 改回原來 $100\,\text{k}\Omega$ 之值，$R_1 = 1\,\text{k}\Omega$，R_2 則選用不同的電阻，如 $5\,\text{k}\Omega,\ 10\,\text{k}\Omega,\ 22\,\text{k}\Omega,\ 100\,\text{k}\Omega$ 等值，重新觀察輸出電壓的變化，並將結果記錄於表 6.4 中。

表 6.4 R_2 對增益 (A_v) 的特性

$R_i = 100\,\mathrm{k},\ R_1 = 1\,\mathrm{k},\ R_L = 10\,\mathrm{k}$				
$R_2 =$	5 k	10 k	22 k	100 k
V_s				
V_o				
A_v				

(6) 取 $R_i = 100\,\mathrm{k\Omega},\ R_1 = 1\,\mathrm{k\Omega},\ R_2 = 10\,\mathrm{k\Omega}$，$R_L$ 則選用不同的電阻，如 $R_L = 2\,\mathrm{k\Omega},\ 5\,\mathrm{k\Omega},\ 10\,\mathrm{k\Omega},\ 22\,\mathrm{k\Omega}$ 等值，觀察輸出電壓的變化，並將結果記錄於表 6.5 中。

表 6.5 R_L 對增益 (A_v) 的特性

$R_1 = 1\,\mathrm{k},\ R_2 = 10\,\mathrm{k},\ R_i = 100\,\mathrm{k}$				
$R_L =$	2 k	5 k	10 k	22 k
V_s				
V_o				
A_v				

(6) 利用前面分析的方式，比較實驗與分析結果之差異 (各實驗情形擇一驗證即可) 假設 op amp 的模型如圖 6.27 所示。

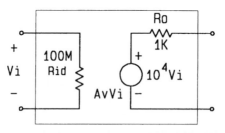

圖 6.27 圖 6.25 op amp 的小訊號等效電路

(7) op amp 改用 TL071 及 LM741，$R_i = 100\,\mathrm{k\Omega},\ R_f = 100\,\mathrm{k\Omega},\ R_L = 2\,\mathrm{k}$，重複步驟(1)之實驗，並討論其差異性發生之原因。

2.　工作二：串－串型回授放大器

A.　實驗目的：

瞭解串－串型回授放大器的特性（電流輸出型）

B.　材料表：

C1815×1

$10\,\text{k}\Omega \times 2$，$3.3\,\text{k}\Omega \times 1$，$1\,\text{k}\Omega \times 1$，$15\,\text{k}\Omega \times 1$，$100\,\text{k}\Omega \times 1$

$10\,\mu\text{F} \times 2$

C.　實驗步驟：

(1) 如圖 6.28 的基本電晶體放大器，其射極電阻用來檢測 I_o 以回授到輸入回路，故電路可視為串－串回授。

(2) 令 $V_s = 0$，測量各點的直流電壓及 I_C 電流（直流值），並計算電晶體的模型。

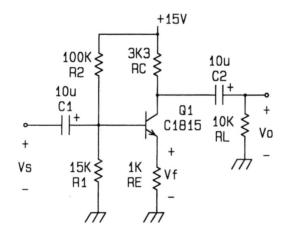

圖 6.28　串－串型回授放大器（射極電阻回授）

(3) 令 $V_s = 1\,\text{kHz}$，$0.2V_{p-p}$ 之正弦波，觀察 V_s，V_o 及 i_o 的波形並將結果記錄於圖 6.29 中。

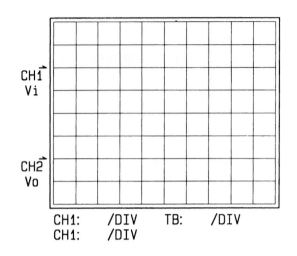

圖 6.29 圖 6.28 的輸入與輸出波形

⑷ 將 R_L 改為 $5.1\,\mathrm{k\Omega}$，重複⑶之步驟，並將結果記錄於圖 6.30 中，並比較其差異。

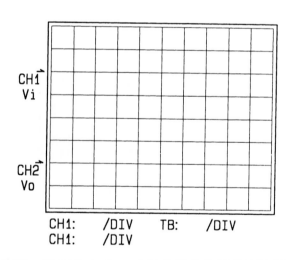

圖 6.30 圖 6.28 中 $R_L = 5.1\,\mathrm{k\Omega}$ 的輸入與輸出波形

⑸ 利用回授分析方式，以計算其 I_o 及 V_o，並與實驗結果作比較。（無回授的等效電路如圖 6.31 所示，電晶體參數請依步驟⑵之計算值代入）。

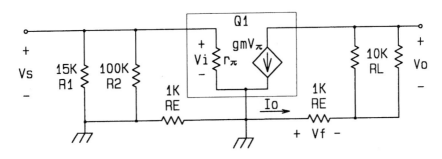

圖 6.31 圖 6.28 的小訊號等效電路

3. 工作三：並 – 並型回授放大器

A. 實驗目的：

瞭解回授電阻對並 - 並型回授放大器增益的影響

B. 材料表：

C1815×1

$4.7\,\mathrm{k}\Omega \times 1$，$47\,\mathrm{k}\Omega \times 1$，$10\,\mathrm{k}\Omega \times 2$

$33\,\mathrm{k}\Omega \times 1$，$68\,\mathrm{k}\Omega \times 1$，$82\,\mathrm{k}\Omega \times 1$，$100\,\mathrm{k}\Omega \times 1$

C. 實驗步驟：

(1) 如圖 6.32 之接線，R_F 由輸出回授到輸入端，同時並提供電晶體的偏壓。

(2) 測量電晶體 V_B，及 V_C 電壓，並計算 I_C 及求電晶體的小信號模型。

(3) V_s 加入 $1\,\mathrm{kHz}$，$0.2V_{p\text{-}p}$ 的正弦波電壓，觀察 V_s 及 V_o 之波形，並將結果記錄於圖 6.33 中。若輸出有失真（截波）出現，則減小輸入信號。

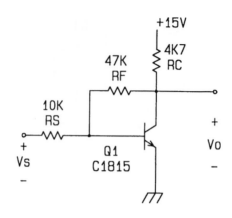

圖 6.32 並 - 並型回授放大器（集極電阻回授）

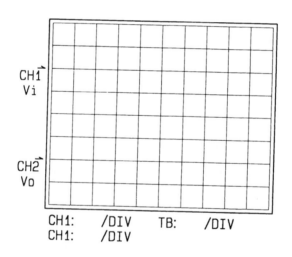

圖 6.33 圖 6.32 的輸入與輸出波形

⑷ 改變不同的 R_F 值，觀察 RF 對輸出電壓的影響，並計算其增益，然後將測試結果記錄於表 6.6。

⑸ 利用電晶體的小信號模型，分析本電路以比較兩者之間的差異。

表 6.6　圖 6.32 中 RF 對增益 (A_v) 的特性

$R_1 = 1\,\mathrm{k}$, $R_2 = 100\,\mathrm{k}$, $R_L = 10\,\mathrm{k}$			
$R_F =$	$33\,\mathrm{k}$	$47\,\mathrm{k}$	$68\,\mathrm{k}$	$82\,\mathrm{k}$
V_s				
V_o				
A_v				

4.　工作四：並 - 串型回授放大器

A.　實驗目的：

瞭解回授電阻對並 - 串型回授放大器增益的影響

B.　材料表：

C1815×1

$4.7\,\mathrm{k\Omega} \times 1$，$15\,\mathrm{k\Omega} \times 1$，$10\,\mathrm{k\Omega} \times 2$

$620\,\Omega \times 1$，$1.2\,\mathrm{k\Omega} \times 1$，$100\,\mathrm{k\Omega} \times 1$

$1\,\mathrm{k\Omega} \times 2$，$1.5\,\mathrm{k\Omega} \times 1$，$2.2\,\mathrm{k\Omega} \times 1$，$3.3\,\mathrm{k\Omega} \times 1$

$47\,\mu\mathrm{F} \times 2$

C.　實驗步驟：

(1) 如圖 6.34 之接線，此電路為兩級直結放大器，輸出電流由 R_{E2} 取出經 R_F 回授到 Q_1 的基極 (交流回授)。

(2) 測量電晶體各點的電壓，並計算電晶體的偏壓電流，依據求得的資料以計算晶體的小信號模型。

(3) 輸入端加入 $1\,\mathrm{kHZ}$，$0.1V_p$ 的正弦波，觀察輸入，輸出及 V_{E2} 的電壓，並將結果記錄於圖 6.35 中。

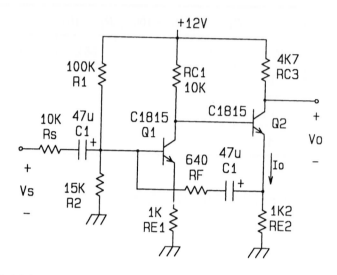

圖 6.34 並 - 串型回授放大器（二級直接耦合放大器）

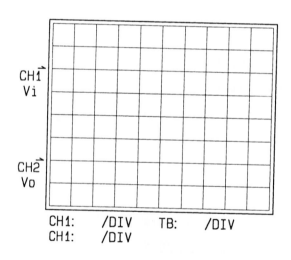

圖 6.35 圖 6.34 的輸入與輸出波形

(4) 將 R_F 改用不同的電阻值，以觀察輸出電壓的變化，並將結果記錄於表 6.7 中，（若輸出振幅太大以致於波形失真，可酌量減小輸入信號大小）。

表 6.7　圖 6.34 中 RF 對增益 (A_v) 的特性

$R_1 = 1\,\text{k},\ R_2 = 100\,\text{k},\ R_L = 10\,\text{k}$				
$R_F =$	1.0 k	1.5 k	2.2 k	3.3 k
V_s				
V_o				
A_v				

(5) 將電晶體代入由圖 6.34 中以求取的小信號等效電路，並分析本電路，然後將分析結果與實驗測試值作比較。

6.4　電路模擬

本節中將以 Pspice 模擬軟體來分析電路的特性，使電路模型分析的結果與實際電路實驗有一對照

1.　串 - 並型回授放大器電路模擬

如圖 6.36 所示，各元件分別在 opamp.slb, source.slb 及 analog.slb，選擇選擇 Time Domain 分析，記錄時間自 0 ms 到 3 ms，最大分析時間間隔為

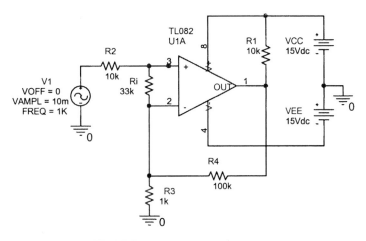

圖 6.36　串 - 並型回授放大器

0.001 ms。圖 6.37 為串 - 並型回授放大器輸入電壓與輸出電壓模擬結果，電壓增益為 101 V/V。

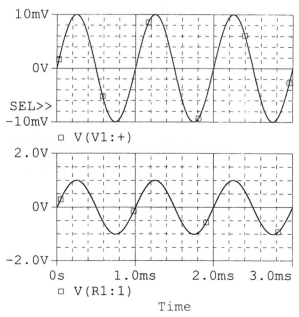

圖 6.37 串 - 並型回授放大器輸入電壓與輸出電壓

2. 串 - 串型回授放大器電路模擬

如圖 6.38 所示，各元件分別在 jbipolar.slb, source.slb 及 analog.slb，選擇選擇 Time Domain 分析，記錄時間自 0 ms 到 3 ms，最大分析時間間隔為

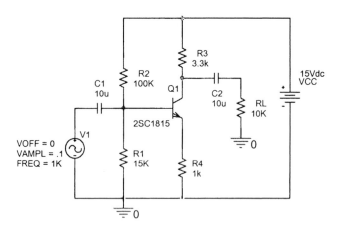

圖 6.38 串 - 串型回授放大器

0.001 ms。圖 6.39 為串 - 串型回授放大器輸入電壓與輸出電壓模擬結果，電壓增益為 2.5 V/V。

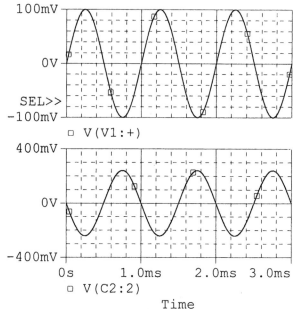

圖 6.39　串 - 串型回授放大器輸入電壓與輸出電壓

3.　並 - 並型回授放大器電路模擬

　　如圖 6.40 所示，各元件分別在 jbipolar.slb, source.slb 及 analog.slb，選擇選擇 Time Domain 分析，記錄時間自 0 ms 到 3 ms，最大分析時間間隔為 0.001 ms。圖 6.41 為並 - 並型回授放大器輸入電壓與輸出電壓模擬結果，電壓增益為 4.2 V/V。

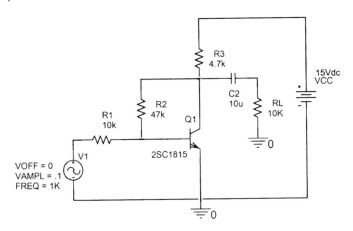

圖 6.40　並 - 並型回授放大器

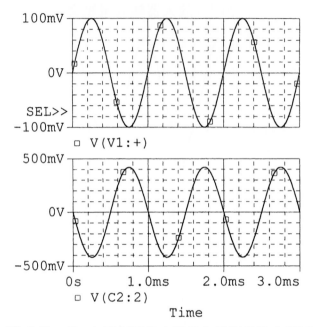

圖 6.41 並 - 並型回授放大器輸入電壓與輸出電壓

4. 並 - 串型回授放大器電路模擬

如圖 6.42 所示，各元件分別在 jbipolar.slb, source.slb 及 analog.slb，選擇選擇 Time Domain 分析，記錄時間自 0 ms 到 3 ms，最大分析時間間隔為 0.001 ms。圖 6.43 為並 - 串型回授放大器輸入電壓與輸出電壓模擬結果，電壓增益為 5.6 V/V。

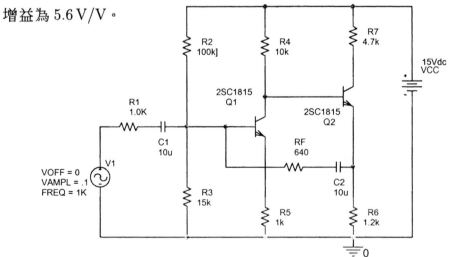

圖 6.42 並 - 串型回授放大器

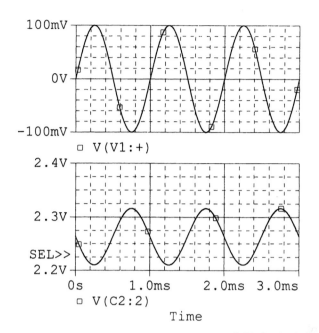

圖 6.43　並 - 串型回授放大器輸入電壓與輸出電壓

第 七 章

音 頻 放 大 器

7.1　實驗目的

1. 音頻放大器的特性
2. RIAA 及 NAB 等化器
3. 音質控制電路
4. 功率放大器
5. 散熱

7.2　相關知識

　　音頻即指人耳可聽聞的頻率，其頻率範圍為 20 Hz～20 kHz, 故音頻放大器主要就是用來放大此一頻域信號的放大器。圖 7.1 為常見音響系統的方塊圖，其訊號流程可依訊號準位大小而區分三階段(1)等化級(2)前置放大級(3)功率放大級。

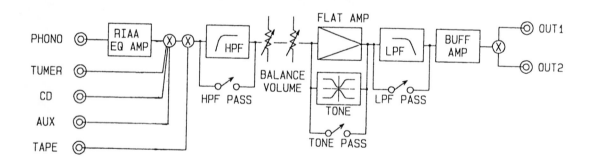

圖 7.1　音響系統前置放大器的方塊圖

一、等化級

　　由於錄音媒體的頻率特性及各種聲音能量的頻率分配之差異，例如唱片或是錄音磁帶，其高頻特性較差，且聲音在高頻的能量較小。若將聲音直接錄製在唱片或磁帶上，則高頻信號的準位會相較低頻信號為低，因此為了改

善錄音的特性，特別將原音信號給予強調的處理，即將低頻信號做部份抑制
，而高頻則加強。在放音時再還原為原音。

故將原來抑制的信號和加強的信號，依相反的特性還原回原始信號，此
種電路稱為等化放大器 (EQ amp)。其特性曲線最常見的為唱盤的 RIAA 等化
曲線及錄放音頭的 NAB 曲線。此種放大器處理的電壓準位在零點幾毫伏到
數毫伏之間，且具有 20～40 dB 的增益。

二、前置放大器

此部份的功能將各種輸入音源，經選擇開關擇一輸入，除了將信號準位
提昇 20～50 db 外，亦包含音質控制及響度補償電路以滿足個人不同的聆聽
習慣。同時加入高低通濾波器以濾除某些不要的頻率。其輸出經音量調整可
變電阻後，送到後級功率放大器。

三、功率放大器

由前置放大器輸出信號可能已達零點幾到數伏特之間，然而由於輸出阻
抗過高，無法直接驅動阻抗相當低的喇叭負載 (通常為 4～8 Ω)，因此加入後
級功率放大器，以改善輸出阻抗。同時此一級電路一般又具有 20～50 db 的
增益，以提供更大的輸出功率。

1.　音頻放大器應具備的條件

音頻放大器主要講求高傳真度，是故音頻放大器應具有：

A. 良好的頻率響應，在 20 Hz～20 kHz 之間，需具有平坦的增益特性，但
等化器及音質控制電路，主要設計對頻率有不同特性，則又另當別論。

B. 訊號雜訊比要高，此項參數又稱為 S/N 比 (Signal to Noise Ratio) 即

$$S/N(\text{db}) = 20 \times \log\left(\frac{V_{o,\max}}{V_n}\right) \tag{7.1}$$

$V_{o,\max}$：放大器最大不失真輸出。

V_n：放大器的雜音輸出。

C. 失真要低，此失真包括有振幅失真，互調失真，相位失真，頻率失真等
。

(1) 振幅失真

將正弦波信號輸入到放大器，由於放大器的輸入與輸出特性的非線性關係，造成輸出波形並非為單純的正弦波，此失真為振幅失真，又稱非線性失真。

(2) 互調失真

放大器在處理一個包含複雜頻率的訊號時，各頻率間互相調制而產生與原有頻率不同的成份叫互調失真。

(3) 相位失真

訊號由放大器的輸入到輸出端需要一段短暫的時間，因此造成訊號的相位移。由於高低頻訊號間的相位移不同而造成相位失真。

(4) 頻率失真

放大器對同樣大小的輸入訊號，各種不同頻率範圍的輸出電壓振幅不同，此現象稱為頻率失真。

2. RIAA均衡放大器（等化器）

電磁唱頭的輸出電壓大小是與唱針相對運動的速度快慢成正比，其單位為 mV-cm/sec。意即唱針運動速度為 1 cm/sec 時輸出電壓為多少 mV。因此在同一單位長度之中所刻錄的兩個不同頻率但等振幅的音槽，唱針走過這兩段路徑的時間是一樣的。

必然的，低頻時唱針相對移動速度較緩則輸出較低。低頻若要獲得與高頻同等輸出大小，則唱片上所刻錄的低頻振幅要大許多。如此一來音槽之間隔必須加大，但是如此又會使唱片每一面的撥放時間減少。

另外為了提高訊號雜音比，避免高頻雜音干擾，又需要將訊號中的高音提昇。因此美國唱片工業協會 (RIAA) 制定唱頭在錄音時，信號須經過如圖 7.2 等化曲線處理後才錄音的。在放音時需以相反的頻率特性予補償回原來信號，如圖 7.3 所示。

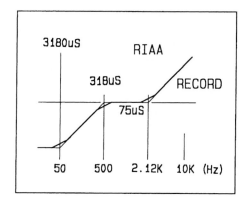

圖 7.2　RIAA 錄音等化曲線

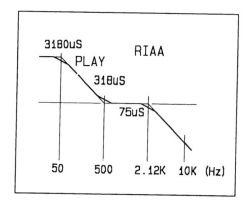

圖 7.3　RIAA 放音等化曲線

表 7.1 為 RIAA 的等化曲線在各頻率相對於 1KHz 時的電壓增益。

表 7.1 RIAA 的等化曲線在各頻率相對於 1KHz 時的電壓增益

Hz	Av	Hz	Av
20 Hz	19.96	4 k	−6.54
30 Hz	18.61	5 k	−8.23
50 Hz	16.96	6 k	−9.62
70 Hz	15.31	7 k	−10.85
100	13.11	8 k	−11.91
200	8.22	9 k	−12.85
300	5.53	10 k	−13.75
400	3.81	11 k	−14.55
700	1.23	12 k	−15.28
1 k	0	13 k	−15.95
2 k	−2.61	14 k	−16.64
3 k	−4.76	15 k	−17.71

圖 7.4 為 RIAA 等化器的電路方塊圖，利用回授電路的阻抗特性以獲得所需的頻率響應特性。各個折斷點的頻率則由 R_1, C_1, R_2, C_2 來決定。即：

$$R_1 \times C_1 = 75 \, \text{uS} \tag{7.2}$$

$$R_1 \times C_2 = 318 \, \text{uS} \tag{7.3}$$

$$R_2 \times C_1 = 3180 \, \text{uS} \tag{7.4}$$

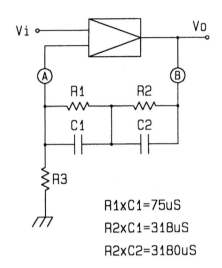

圖 7.4 RIAA 等化器的電路方塊圖

而在 $1\,\mathrm{kHz}$ 時，$X_{c1} > R_1$, $X_{c2} < R_2$, $R_1 < R_2$ 之條件下，以決定各元件值。R_3 則用來決定在中心頻率 $1\,\mathrm{kHz}$ 的電壓增益。各頻率下回授電路的等效電路如圖 7.5 所示，其增益概略計算如下：

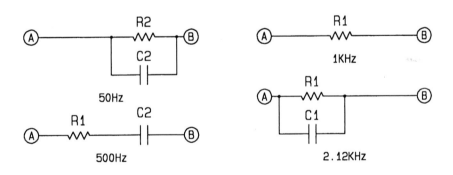

圖 7.5 各頻率下 RIAA 回授電路的等效電路

於 $1\,\mathrm{kHz}$ 時：

$$A_v = 1 + \frac{R_1}{R_3} \tag{7.5}$$

此為 RIAA 等化曲線的 $0\,\mathrm{dB}$ 值。

於 $50\,\mathrm{Hz}$ 時：

$$A_v = 1 + \frac{(R_2 /\!/ X_{c2})}{R_3}$$

於 500 Hz 時：

$$A_v = 1 + \frac{(R_1 + X_{c2})}{R_3}$$

於 2.12 kHz 時：

$$A_v = 1 + \frac{(R_1 /\!/ X_{c1})}{R_3}$$

　　圖 7.6 為 RIAA 等化器，輸入級使用 FET 的差動放大電路。圖 7.7 則為電晶體二級直接耦合方式的 RIAA 等化器。圖 7.8 為使用 op amp 的 RIAA 等化器。其時間常數為：

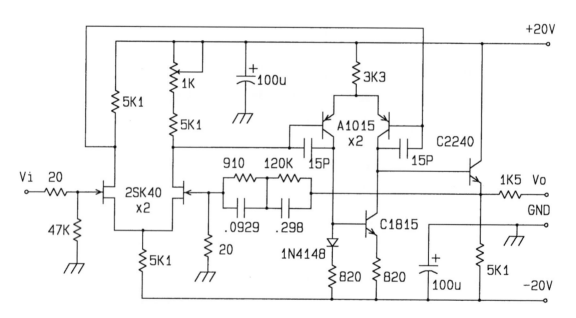

圖 7.6 輸入級使用 FET 的 RIAA 等化器

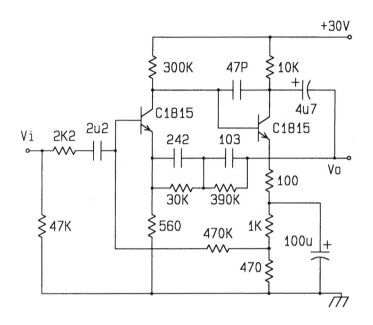

圖 **7.7** 電晶體二級直接耦合的 RIAA 等化器

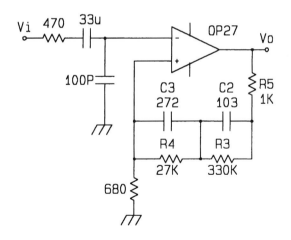

圖 **7.8** 使用 op amp 的 RIAA 等化器

$$T_1 = 75\,\text{uS} = R_4 \times C_3 \tag{7.6}$$

$$T_2 = 318\,\text{uS} = (C_2 + C_3) \times (R_4 /\!/ R_3) \tag{7.7}$$

$$T_3 = 3180\,\text{uS} = R_3 \times C_2 \tag{7.8}$$

其中 C_2 為最大電容器假定為 $0.01\,\mu\text{F}$，則

$$R_3 = \frac{3180 \times 10}{0.01 \times 10} = 318 \times 10^3 \cong 330\,\text{k}\Omega$$

$$R_3 /\!/ R_4 = \frac{T_2 - T_1}{C_2} = 24.3\,\text{k}\Omega$$

故　　　$R_4 = 26\,\text{k}\Omega \approx 27\,\text{k}\Omega$

$$C_3 = \frac{75 \times 10^{-6}}{26 \times 10^3} = 2880\,\text{pF} \approx 2700\,\text{pf}$$

R_5 係防止於高頻時阻抗變低之用。

圖 7.9 為使用聲頻專用 op amp 的等化器。而表 7.2 為常見的聲頻用低雜音 op amp。

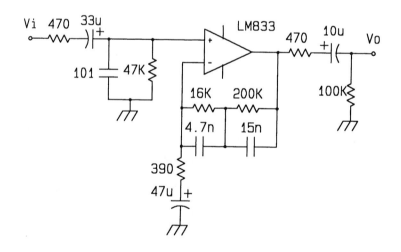

圖 7.9　使用聲頻專用 IC LM833 的等化器

表 7.2　常見的聲頻用低雜音 op amp

品　　名	型　　式	輸入偏移 偏移 (mV)	轉動率 (V/uS)	增益頻寬 (MHz)	雜音電壓 $(\mathrm{nV}/\sqrt{\mathrm{Hz}})$
LM833	DUAL	0.3	7	15	4.5
LM837	QUAD	0.3	10	25	4.5
LM838	DUAL				
NE5532A	DUAL	0.5	9	10	5
NE5534A	SINGLE		13		3.5
MJN4558	DUAL	0.5	1	3	$2.5\mu V_{\mathrm{rms}}$
MJN4559	DUAL		2	4	
MJN4562	DUAL	0.5			$0.6 V_{p\text{-}p}$
MJN2041	DUAL	0.3	3	7	$0.48\mu V_{\mathrm{rms}}$
MJN2041	DUAL		6	14	$0.4\mu V_{\mathrm{rms}}$
μPC4570	DUAL	0.3	7	15	4.5
μPC4572	DUAL		6	16	4
μPC4574	QUAD			14	5

3.　功率放大器

　　圖 7.10 為功率放大器的方塊圖。輸入來自前置放大器的輸出，而輸出則用來推動喇叭負載。

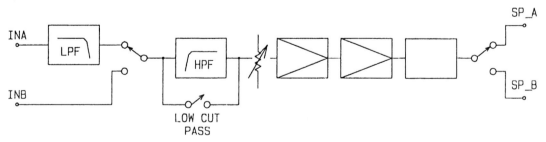

圖 7.10　功率放大器的方塊圖

功率放大器的輸出級常以輸出電晶體的集極電流波形加以區分為

A. A 類放大器

A 類放大器的輸出級電晶體在輸出信號的全部週期內均導通，即導通角度為 360 度。

B. B 類放大器

B 類放大器的輸出是偏壓在無電壓下，因此輸出電晶體只在輸入正弦波的半週內導通，即導 180 度。（負半週由另一個電晶體負責，兩者何併構成完整的一個週期）。

C. AB 類放大器

AB 類放大器的輸出電晶體給予適當順向偏壓，使其在無訊號時有些許的靜態電流，因此電晶體的導通時間較 180 度稍長，但小於 360 度。和 B 類放大器類似，AB 類放大器也有另一個電晶體以負責另外半週的放大。

D. C 類放大器

C 類放大器的電晶體基極給予適度的反向偏壓，因此導通的時間較 180 度短。此種電路僅出現在射頻電路的發射級及倍頻電路，通常集極負載為一 LC 的諧振電路。圖 7.11 為各種形式放大器的集極電流。

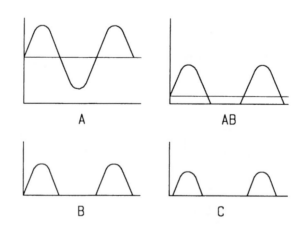

圖 7.11 各種形式放大器的集極電流

A. *A* 類放大器

　　圖 7.12 為利用電流源偏壓的 A 類放大器，電路相當於射極隨耦器。其偏壓電流 I 需大於最大負載電流 I_L，以維持輸出電晶體 Q_1 能作 A 類放大，其轉換特性如圖 7.13 所示。

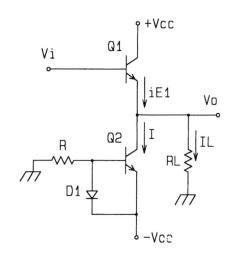

圖 7.12　利用電流源偏壓的 *A* 類放大器

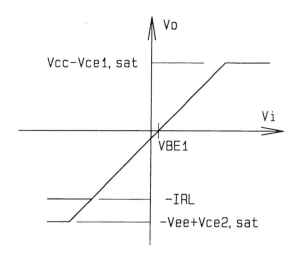

圖 7.13　*A* 類放大器轉換特性

最大輸出電壓由 Q_1 飽和決定：

$$V_{o,\max} = V_{CC} - V_{ce1,\text{sat}}$$

最低電壓則由 Q_2 飽和決定：

$$V_{o,\min} = -V_{CC} + V_{ce2,\text{sat}}$$

而偏壓電流 I：

$$I \geqq \frac{|-V_{CC} + V_{ce2,\text{sat}}|}{R_L} \tag{7.9}$$

若忽略電晶體的飽和電壓，則最大輸出電壓峰值近於 V_{cc}。假設輸出為正弦波，則平均負載功率為：

$$P_o = \frac{V_o^2}{2 \times R_L} = \frac{V_{CC}^2}{2 \times R_L} \tag{7.10}$$

而輸入功率為：

$$P_{\text{in}} = 2 \times V_{CC} \times I = \frac{2 \times V_{CC}^2}{R_L} \tag{7.11}$$

故理論上最大效率為：

$$\eta_{\max} = \frac{P_o}{P_{\text{in}}} = \frac{\dfrac{V_{CC}^2}{2 \times R_L}}{\dfrac{2 \times V_{CC}^2}{R_L}} = \frac{1}{4} = 25\% \tag{7.12}$$

實際上的輸出效率則約在 5～10%而已。

B. B 類放大器

圖 7.14 所示為 B 類放大器，而圖 7.15 則為其轉移曲線。當輸入信號小於電晶體的切入電壓時 ($\pm 0.5\,\text{V}$)，兩電晶體 Q_1 及 Q_2 均截止，故此時不會有輸出，因此此種放大器在近於零伏特輸入時會產生零交越失真。其原理如圖 7.16 所示。

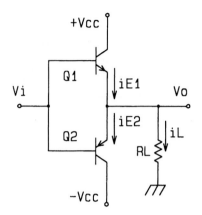

圖 7.14 *B* 類放大器

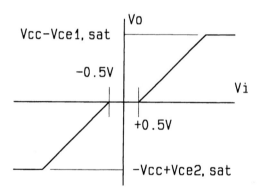

圖 7.15 *B* 類放大器轉移曲線

由於 *B* 類放大器無靜態電流,因此其效率比 A 類放大器來的高。若忽略電晶體的飽和電壓 $V_{ce,\text{sat}}$,最大輸出平均功率為:

$$P_o = \frac{V_o^2}{2 \times R_L} = \frac{V_{CC}^2}{2 \times R_L} \tag{7.13}$$

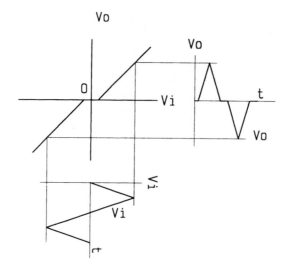

圖 7.16 B 類放大器的零交越失真

而由每個電源汲取電流為：

$$I = \frac{V_{CC}}{\pi \times R_L}, \quad P_{i1} = \frac{V_{CC}^2}{\pi \times R_L}$$

故總輸入功率：

$$P_{in} = \frac{2 \times V_{CC}^2}{\pi \times R_L} \tag{7.14}$$

效率為：

$$\eta_{max} = \frac{P_o}{P_{in}} \times 100\% = \frac{\dfrac{V_{CC}^2}{2 \times R_L}}{\dfrac{2 \times V_{CC}^2}{\pi \times R_L}} \times 100\%$$

$$= \frac{\pi}{4} \times 100\% = 78.5\% \tag{7.15}$$

功率電晶體的平均功率為：

$$P_D = P_{in} - P_o$$

此功率由兩電晶體分擔，故每個功率電晶體的功率額定為：

$$P_D = \left(\frac{2 \times V_o \times V_{CC}}{\pi R_L} - \frac{V_o^2}{2 \times R_L} \right) \times \frac{1}{2} \tag{7.16}$$

將 P_D 對 V_o 微分以求得電晶體最大功率損失：

$$\frac{dP_D}{dV_o} = \left(\frac{2 \times V_{CC}}{\pi \times R_L} - \frac{2 \times V_o}{2 \times R_L} \right) \times \frac{1}{2} = 0$$

$$V_o = \frac{2}{\pi} \times V_{CC}$$

將此式代入 (7.16) 式以求得。

$$P_{D,\max} = \frac{2 \times V_{CC}^2}{\pi^2 \times R_L} \tag{7.17}$$

圖 7.17 為正弦波輸出時，B 類放大器的功率晶體的功率損失。

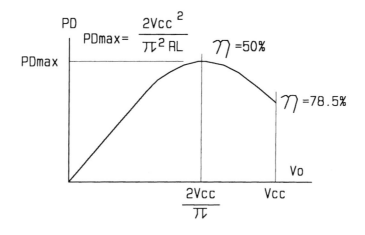

圖 7.17　正弦波輸出時 B 類放大器的功率晶體損失

C. AB 類放大器

將 B 類放大器加以適度的順向偏壓，則為 AB 類放大器，如圖 7.18 所示。

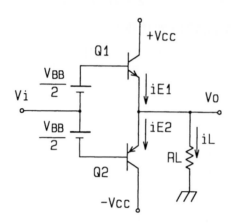

圖 7.18 *AB* 類放大器

　　圖 7.19 則為 *AB* 類放大器的轉移曲線。在輸出電流大時，Q_1、Q_2 都改使用達靈頓電晶體，因偏壓電路的電壓需相對提高，即需串聯較多的二極體，如圖 7.20 所示。

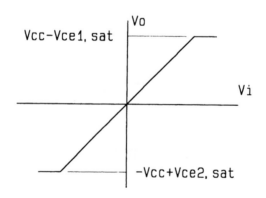

圖 7.19 *AB* 類放大器的轉移曲線

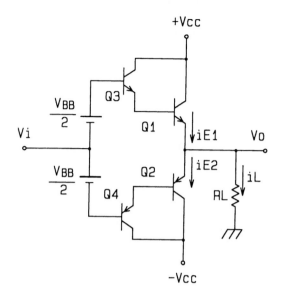

圖 7.20 *AB* 類放大器達靈頓電晶體輸出級的偏壓電路

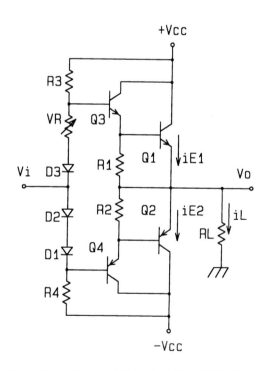

圖 7.21 實際的 *AB* 類放大器偏壓電路

如圖 7.21 所示即為達靈頓電晶體輸出級的偏壓電路。圖中的半可調可變電阻用來調整輸出功率電晶體的靜態電流，此電流值約為 $10 \sim 50 \, mA$ 左右。圖 7.22 則為使用電晶體偏壓的 AB 類輸出級，虛線內的電路一般稱為 V_{BE} 倍增器。

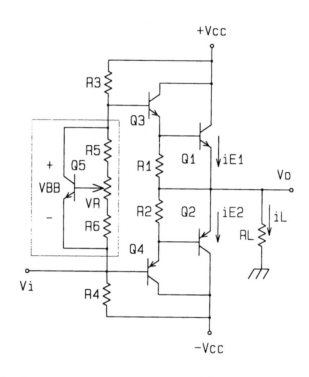

圖 7.22 電晶體偏壓的 AB 類輸出級 (VBE 倍增器)

由於 PNP 型的功率電晶體較少，因此將輸出電晶體改用一個小功率的 PNP 電晶體配合一大功率 NPN 電晶體取代，此種輸出結構，則稱為半對稱達靈頓電路。如圖 7.23 所示 (參考上冊第十三章)。

如圖 7.24 所示為 AB 類放大器。由於有靜態偏壓電流，因此能消除零交越失真，並且由於效率高 (與 B 類放大器接近)，故為目前最廣泛使用的電路架構。

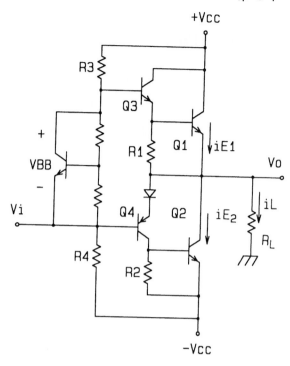

圖 7.23　半對稱達靈頓 *AB* 類放大器

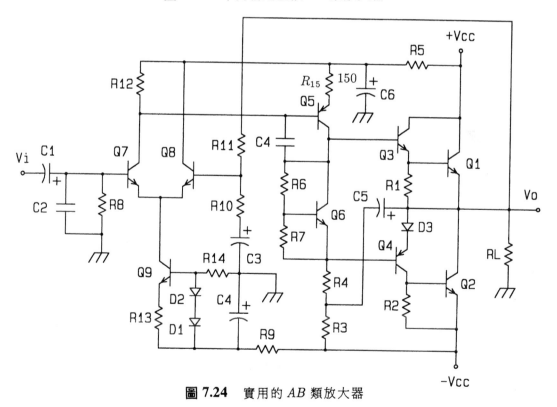

圖 7.24　實用的 *AB* 類放大器

D. 功率電晶體功率額定的安裝

功率電晶體的功率額定和其溫度有絕對的關係，通常廠商提供的電晶體額定功率乃是指 25°C 度時的額定，若溫度升高則需減低其額定。

假設環境周圍溫度為 $T_a°C$，功率最大額定為 $P_{D,\,max}$，接而溫度為 $T_j°C$，則熱阻抗 θ_{ja} 為：

$$\theta_{ja} = \frac{T_{j,\,max} - T_a}{P_{D,\,max}} \tag{7.18}$$

或 $$P_{D,\,max} = \frac{T_{j,\,max} - T_a}{\theta_{ja}} \tag{7.19}$$

此式亦表示：當電晶體周圍溫度上升時，額定功率相對減低，如圖 7.25 所示。因此功率電晶體在使用時，通常會固定在散熱片上以減低其熱阻抗。其熱傳導過程的電路圖模型如圖 7.26 所示。（P_D 相當於電流，θ 相當於電阻，T 相當於電壓）。

$$T_j - T_a = P_D \times (\theta_{jc} + \theta_{cs} + \theta_{sa}) \tag{7.20}$$

式中　θ_{jc}：接面到電晶體外殼的熱阻抗

θ_{cs}：外殼到散熱片的熱阻抗

θ_{sa}：散熱片到空氣的熱阻抗

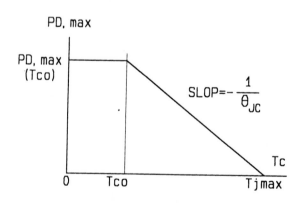

圖 7.25　溫度電晶體額定功率減低曲線

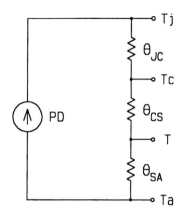

圖 7.26 熱傳導過程的電路模型

【例 7.1】

某功率電晶體具有 $T_{j,\max} = 175°C$，於 $T_c \leq 25°C$ 時 $P_{D,\max} = 125\,W$，$\theta_{jc} = 1.25°C/W$。該電晶體安裝於散熱片上，$\theta_{cs} = 0.6°C/W$。若此元件消耗功率為 $50\,W$，則散熱片的熱阻抗為多少？外殼溫度又為多少？

解： 熱傳導等效電路如圖 7.27 所示：

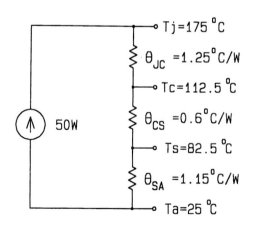

圖 7.27 熱傳導等效電路

$$P_D = \frac{T_{j,\max} - T_a}{\theta_{jc} + \theta_{cs} + \theta_{sa}}$$

$$\theta_{sa} = \frac{T_{j,\max} - T_a}{P_D} - \theta_{jc} - \theta_{cs}$$

$$= \frac{175°\text{C} - 25°\text{C/W}}{50\,\text{W}} - 0.6°\text{C/W} - 1.25°\text{C/W}$$

$$= 1.15°\text{C/W}$$

而外殼溫度為：

$$T_c = P_D \times (\theta_{cs} + \theta_{sa}) + T_a$$

$$= 50 \times (0.6 + 1.15) + 25 = 112.5°\text{C}$$

功率電晶體安裝於散熱片如圖 7.28 所示，在外殼與絕緣片及絕緣片與散熱器之間，應塗上散熱矽油，以降低兩者之間的熱阻。

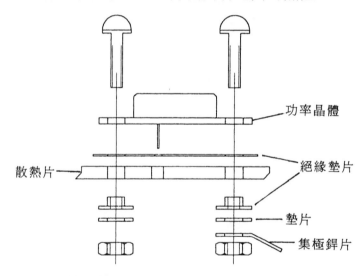

功率晶體

絕緣墊片

散熱片

墊片

集極銲片

圖 7.28 功率電晶體散熱片安裝

4. 常見的功率放大器電路

圖 7.29 為變壓器耦和的推挽式功率放大器 (push-pull power Amplifier) 電晶體 Q_1、Q_2 由偏壓電路 R_1、R_2 偏壓於 AB 類。輸入變壓器除了作信號耦

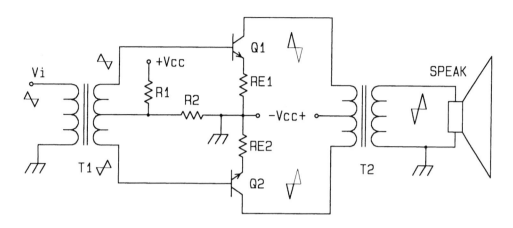

圖 7.29 變壓器耦和的推挽式功率放大器

合外,亦並作分相功能,提供兩相位相差 180 度的信號給 Q_1 及 Q_2。

Q_1 負責放大正半週,而 Q_2 負責負半週。輸出信號經輸出變壓器 T_2 耦和到喇叭負載,同時亦作阻抗匹配之用。

由於受到變壓器頻率響應特性的限制,高頻及低頻均不佳,且因變壓器體積較大,近來已很少使用。

圖 7.30 為 OTL(Output Transformer Less) 功率放大器,喇叭利用電容器耦合交流的音頻訊號並阻隔 V_o 的直流電壓。雖然 C_4 之電容器已經相當大 ($1000\,\mu\text{F}$ 以上),然而由於負載電阻較小 (喇叭阻抗為 $2\sim16\,\Omega$) 因此低頻響應較差。

圖 7.31 為 OCL(Output Capacitor Less) 功率放大器,電源使用雙電源,電路正常工作時,輸出 V_o 的直流電壓接近於零,因此不再使用輸出電容器,低頻響應良好。

唯若電路發生故障,常會使輸出端出現大的直流電壓而燒毀喇叭。因此通常需要在輸出端加上喇叭保護電路,以檢知輸出端的直流電壓。當輸出端直流電壓過大時 ($1\sim2\,\text{V}$ 之間) 將喇叭切離輸出端。

圖 7.32 為實際的半互補式 OCL 功率放大器。Q_1、Q_2 為差動放大器,由 Q_3 的電流源偏壓,靜態電流約為 $0.5\,\text{mA}$。Q_4 為主要電壓放大級,由 Q5 的定電流源予偏壓,靜態電流約 $3\,\text{mA}$。C_3 作為防止震盪之用而,R_7、Q_{10}、V_R

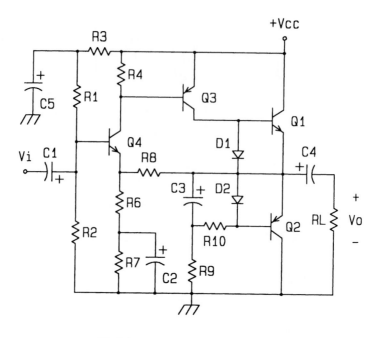

圖 7.30 OTL 功率放大器

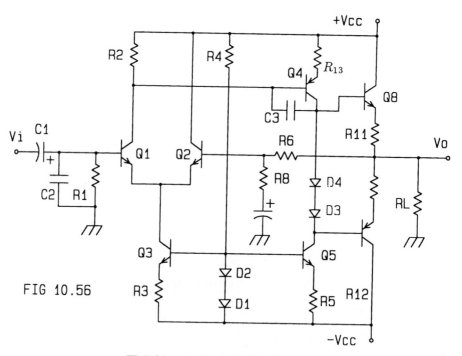

FIG 10.56

圖 7.31 OCL 功率放大器

等則為 V_{BE} 倍增器提供輸出級的 AB 類偏壓。 Q_6 與 Q_8 及 Q_7 與 Q_9 則構成達靈頓對，輸出電壓經 R_6、 R_8 及 C_4 回授到差動級，電路增益為 $(1 + R_6/R_8)$ 倍。

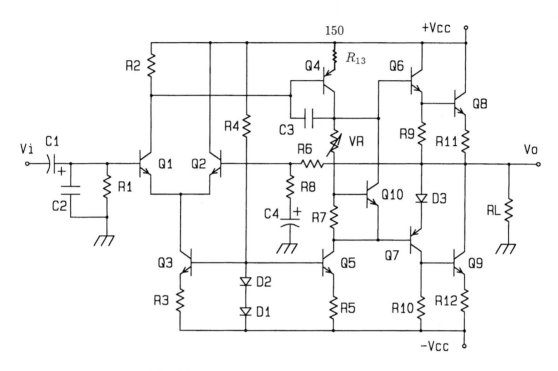

圖 7.32 實際的半互補式 OCL 功率放大器

圖 7.33 則為全對稱互補型 OCL 功率放大器，圖 7.34 為 IC 型功率放大器，最大輸出功率為 0.3 W， LM386 此 IC 包裝於 8 pin 的 DIP 封裝內。圖 7.35 為使用 LM380 IC 型功率放大器，最大輸出功率為 1 W。圖 7.36 為使用 LM1875 的 OCL 功率大器， $V_{cc} = 25\,\text{V}$ 時，在 $4 \sim 8\,\Omega$ 負載下，最大輸出功率 20 W。若電源為 30 V，則可達 30 W 輸出。 LM1875 此 IC 為 TO-220 的包裝。由於輸出功率較大，使用時此顆 IC 須安裝於散熱片上。

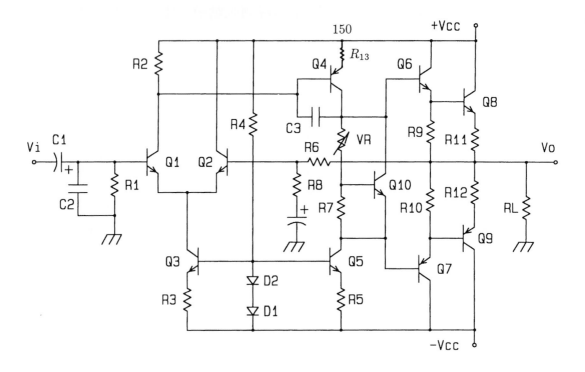

圖 7.33 全對稱互補型 OCL 功率放大器

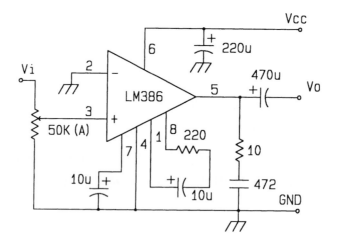

圖 7.34 IC 型功率放大器 (LM386)

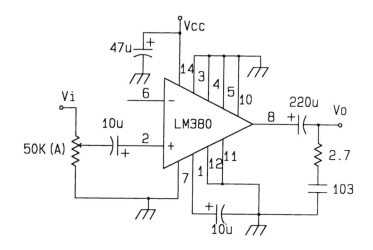

圖 7.35　IC 型功率放大器 (LM380)

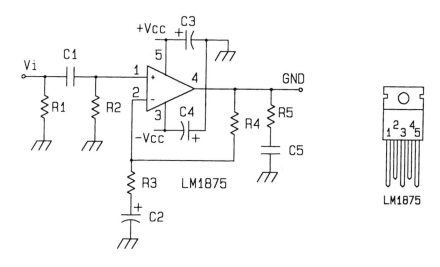

圖 7.36　LM1875 OCL 功率大器

　　圖 7.37 為橋式功率放大器 (BTL) 的方塊圖，此種電路能在較低的電源電壓下，提供較大的功率輸出。最大輸出功率約為 *AB* 類的四倍。

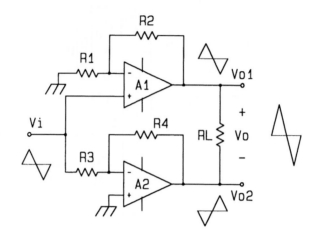

圖 7.37 橋式功率放大器 (BTL) 的方塊圖

7.3 實驗項目

1. 工作一：RIAA及NAB等化器

A. 實驗目的：

了解 RIAA 及 NAB 的頻率響應

B. 材料表：

OP27 × 1

820 kΩ × 1， 8.2 kΩ × 1， 47 kΩ × 2，1 kΩ × 1

470 Ω × 1， 220 kΩ × 1， 15 kΩ × 2

0.0047 μF×1， 0.015 μF×1， 0.033 μF×1， 47 μF×1

0.1 μF×1， 100 pF×1， 33 μF×1

C. 實驗步驟：

(1) 如圖 7.38 之接線。

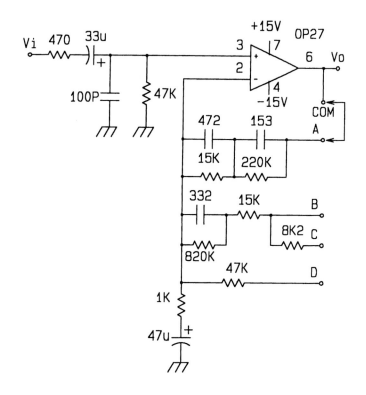

圖 7.38　RIAA 與 NAB 等化器

(2) 輸入 1 kHz，10 mV 之正弦波信號，記錄輸出波形於圖 7.39。

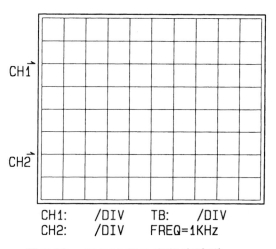

圖 7.39　圖 7.38 輸入與輸出波形

(3) 將信號產生器的頻率自 20 Hz 逐漸調高，記錄其輸出振幅於表 7.3 中。

表 7.3　圖 7.38 頻率響應特性 (COM-A)

FREQ(Hz)	30	100	300	1 k	3 k	10 k	30 k
V_o							
A_v							

(4) 根據表 7.3 的結果，於半對數低上繪於其頻率響應曲線於圖 7.40。

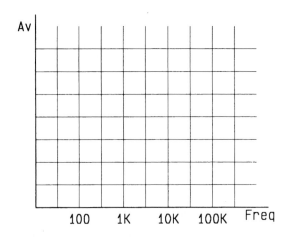

圖 7.40　圖 7.38 頻率響應曲線 (COM-A)

(5) 將跳線改到 (b) 點，重複步驟(3)、(4)之實驗，並分別將結果紀錄於表 7.4 及圖 7.41 中。

表 7.4　圖 7.38 頻率響應特性 (COM-B)

FREQ(Hz)	30	100	300	1 k	3 k	10 k	30 k
V_o							
A_v							

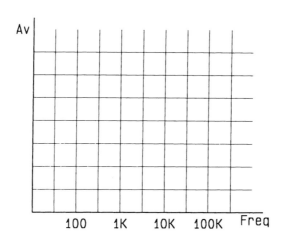

圖 7.41　圖 7.38 頻率響應曲線 (COM-B)

(6) 將跳線分別改到 (c) 點及 (d) 點，重複(3)、(4)之實驗並將結果紀錄於圖
7.42 及圖 7.43 與表 7.5 及表 7.6 中。

表 7.5　圖 7.38 頻率響應特性 (COM-C)

FREQ(Hz)	30	100	300	1 k	3 k	10 k	30 k
V_o							
A_v							

表 7.6　圖 7.38 頻率響應特性 (COM-D)

FREQ(Hz)	30	100	300	1 k	3 k	10 k	30 k
V_o							
A_v							

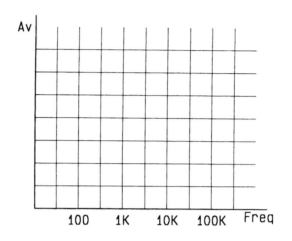

圖 7.42 圖 7.38 頻率響應曲線 (COM-C)

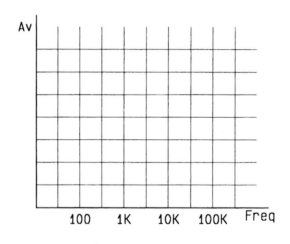

圖 7.43 圖 7.38 頻率響應曲線 (COM-D)

2. 工作二：功率放大器

A. 實驗目的：

了解功率放大器的特性及散熱片之安裝

B. 材料表：

2N3055×1，MJ2955×1，2SC1384×2，2SA684×2，2SC1815×3
1N4148×5，10uH×1

$47\,\mathrm{k\Omega} \times 2$，$3.3\,\mathrm{k\Omega} \times 1$，$820\,\Omega \times 2$，$22\,\Omega \times 1$，$1\,\mathrm{k\Omega} \times 1$

$150\,\Omega \times 3$，$0.5\,\Omega/5\mathrm{W} \times 2$，$10\,\Omega \times 2$，$220\,\Omega \times 1$，$1\,\Omega \times 1$，$1\,\mathrm{M\Omega} \times 1$

VR-$100\,\mathrm{k\Omega}$(A) $\times 1$，VR-$200\,\Omega \times 1$

$100\,\mathrm{pF} \times 2$，$50\,\mathrm{pF} \times 1$，$0.0047\,\mu\mathrm{F} \times 1$

LM386$\times 1$，$10\,\mu\mathrm{F} \times 1$，$220\,\mu\mathrm{F} \times 1$，$470\,\mu\mathrm{F} \times 2$

LM1875$\times 1$，$100\,\mu\mathrm{F} \times 1$，$2.2\,\mu\mathrm{F} \times 1$，$0.22\,\mu\mathrm{F} \times 1$

C. 實驗步驟：

(1) 如圖 7.44 之接線，輸出負載改以 $8\,\Omega/25\,\mathrm{W}$ 電阻取代，$200\,\Omega$ 的半可調電阻先調為 $0\,\Omega$，+Vcc/-Vcc 電壓分別為+25V/-25V，逐漸調整 $200\,\Omega$ 的半可調電阻使 2N3055 的靜態電流為 10mA(在 $0.5\,\Omega/5\mathrm{W}$ 的直流電壓約為 5mV)。

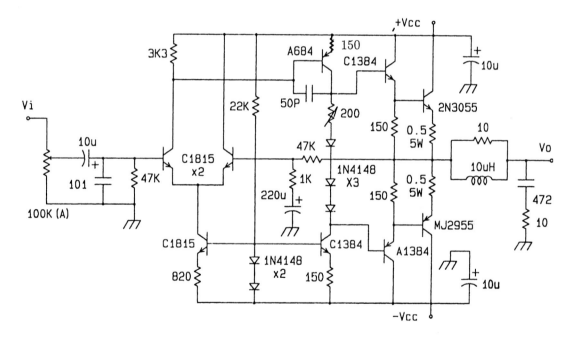

圖 7.44　OCL 功率放大器

(2) 輸入 $0.1\,\mathrm{V}$, $1\,\mathrm{kHz}$ 的正弦波，觀察其輸入與輸出波形，並將結果繪於圖 7.45 中。

(3) 頻率自 $20\,\mathrm{Hz} \sim 20\,\mathrm{kHz}$，記錄輸出電壓於表 7.7 中，並繪出頻率響應曲線於圖 7.46 中。

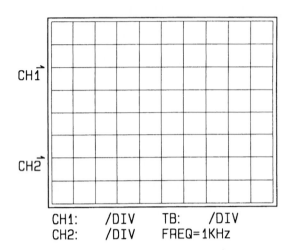

CH1:   /DIV   TB: /DIV
CH2:   /DIV   FREQ=1KHz

圖 7.45　圖 7.44 輸入與輸出波形

表 7.7　功率放大器頻率響應特性

FREQ	10	30	100	300	1 k	3 k	10 k	30 k
V_o								
A_v								

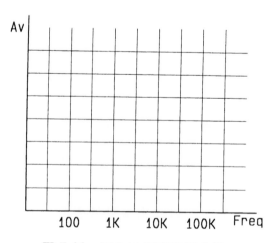

圖 7.46　圖 7.44 頻率響應曲線

(4) 輸入 100 Hz 的方波觀察輸出波形並將結果紀錄於圖 7.47 中。

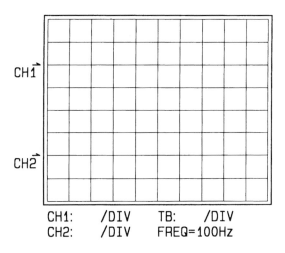

CH1: /DIV TB: /DIV
CH2: /DIV FREQ=100Hz

圖 7.47 圖 7.44 100 Hz 方波響應

(5) 將輸入頻率改為 10 kHz，重作(4)之實驗，並將結果紀錄於圖 7.48 中。

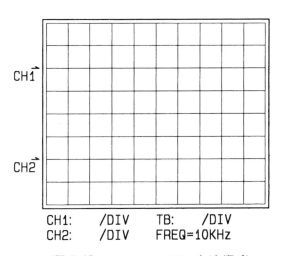

CH1: /DIV TB: /DIV
CH2: /DIV FREQ=10KHz

圖 7.48 圖 7.44 10 kHz 方波響應

(6) 輸入仍為方波 10 kHz，將輸入電壓調大，直到輸出最大不飽和電壓。
計算放大器的轉換率 $S_R = dV_o/dt$。

(7) 如圖 7.49 所示電路，重複以上之實驗。
(小輸出的功率放大器亦常使用 LM380 或 LM386 作為聲頻放大器)

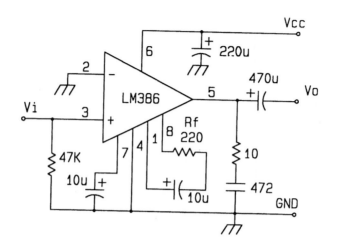

圖 7.49 LM386 功率放大器

(8) 將電路改成圖 7.50，重複以上實驗。

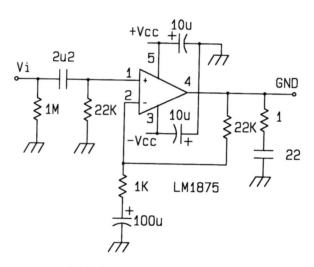

圖 7.50 LM1875 功率放大器

（註：LM1875 為 TO220 包裝，僅五隻接腳，使用上與 OP 放大器相同，唯因功率較大，對於散熱問題需特別考慮）。

3. 工作三：橋式功率放大器

A. 實驗目的：

了解橋式功率放大器的輸出特性

B. 材料表：

TA7240AP×1，AT2450BP×1

$1\,\mu F \times 2$，$47\,\mu F \times 2$，$100\,\mu F \times 4$，$1000\,\mu F \times 3$，$0.22\,\mu F \times 2$

820PF×1，$0.1\,\mu F \times 2$，$220\,\mu F \times 2$，$0.15\,\mu F \times 3$

$1\,k\Omega \times 2$，$20\,\Omega \times 2$，$750\,\Omega \times 2$

$30\,k\Omega \times 1$，$20\,\Omega \times 2$，$750\,\Omega \times 2$

C. 實驗步驟：

(1) 如圖 7.51 接線，IC 外形及接腳如圖 7.52 所示。

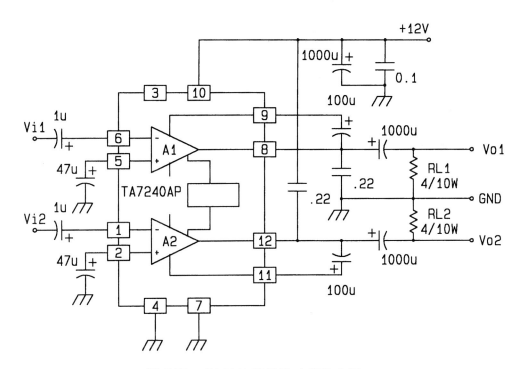

圖 7.51 TA7240 雙聲道功率放大器

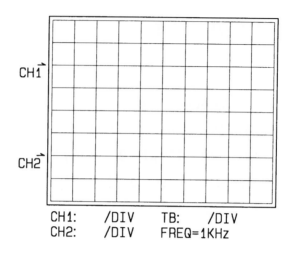

圖 **7.52**　TA7240 外形及接腳圖

(2) 兩輸入 V_{i1}、V_{i2} 同時輸入 $0.1\,\mathrm{V}, 1\,\mathrm{kHz}$ 的正弦波。

(3) 觀察兩輸出波形，並將結果記錄於圖 7.53 中（作為立體放大器）。

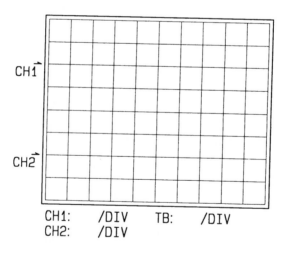

圖 **7.53**　TA7240 輸入與輸出波形

(4) 將輸出增加值到開始失真為止，記錄其最大輸出電壓，以求其最大輸出功率。

(5) 將電路改為橋式接法，如圖 7.54 所示，輸入仍為 0.1 V, 1 kHz 正弦波，
觀察兩輸出波形 (特別注意其相位)。

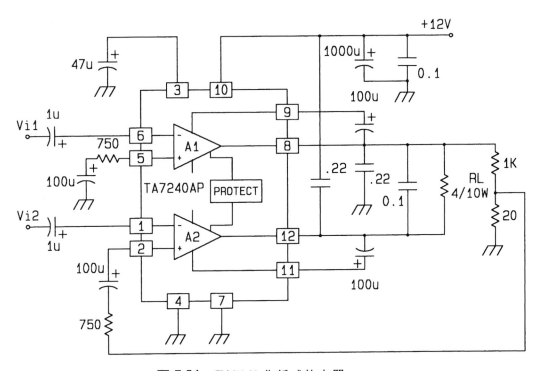

圖 7.54　TA7240 作橋式放大器

(6) 逐漸調大輸入信號，直到輸出開始失真為止，測量負載兩端電壓以計算
最大輸出功率，並與(4)之結果相比較。

(7) 橋式放大器亦可改用 TA7250BP 或 TA7251BP，其電路如圖 7.55 所示。
IC 外形及接腳如圖 7.56 所示。

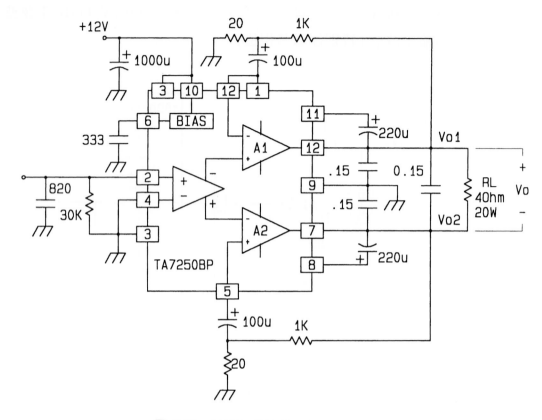

圖 7.55 TA7250BP 橋式放大器

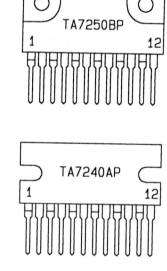

圖 7.56 TA7250BP 外形及接腳圖

7.4　電路模擬

本節中將以 Pspice 模擬軟體來分析電路的特性，使電路模型分析的結果與實際電路實驗有一對照

1.　RIAA 等化器電路模擬

如圖 7.57 所示，各元件分別在 opamp.slb, source.slb 及 analog.slb，選擇選擇 AC Sweep/Noise 分析，頻率自 10 Hz 到 100 KHz，每 Decade 分析點數為 10 點。圖 7.58 為 RIAA 等化器頻率響應模擬結果。

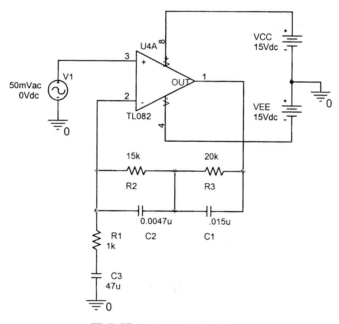

圖 7.57　RIAA 等化器

2.　OCL 功率放大器電路模擬

如圖 7.59 所示，各元件分別在 jbipolar.slb, pwrbjt.slb, source.slb 及 analog.slb，選擇 Time Domain 分析，記錄時間自 0 ms 到 3 ms，最大分析時間間隔為 0.001 ms。圖 7.60 為輸入電壓 (上圖) 與輸出電壓 (下圖) 模擬結果，電壓增益為 48 V/V。

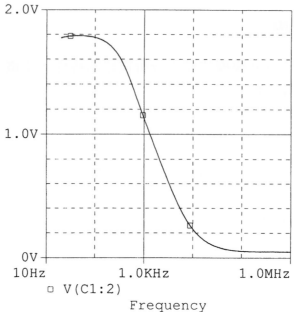

圖 7.58 RIAA 等化器頻率響應

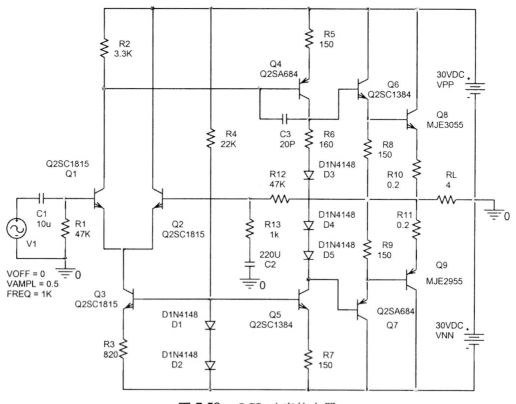

圖 7.59 OCL 功率放大器

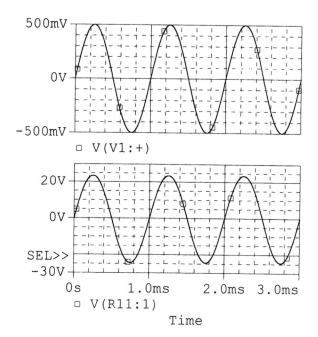

圖 7.60　OCL 功率放大器輸入電壓與輸出電壓

第八章

主動式濾波器

8.1 實驗目的

1. 認識各種濾波器的分類及特性
2. 濾波器的轉移函數
3. 熟悉主動式濾波電路

8.2 相關知識

濾波器是一種具有信號頻率選擇特性的電路，依使用元件可分為：

(1) 被動式濾波器，即僅使用 R、L、C 等被動元件。

(2) 主動式濾波器，利用 op amp 配合電阻、電容作成。

(3) 交換式濾波器，利用數位電路及積體電路技術直接作在單一晶片上。

1. 濾波的型式及規格

濾波器又以頻率傳輸特性可分為 (a) 低通濾波器 (Low Pass Filter，LPF)，(b) 高通濾波器 (High Pass Filter，HPF)，(c) 帶通濾波器 (Band Pass Filter，BPF)，(d) 帶拒濾波器 (Band Rejection Filter，BRF) 及 (e) 全通濾波器 (All Pass Filter，APF)。全通濾波器又稱為移相器，圖 8.1 為各種濾波器的理想傳輸特性。

實際的濾波器傳輸特性並不可能像圖 8.1 之垂直下降，以低通濾波器為例，實際上的傳輸特性如圖 8.2 所示。因此，濾波器的特性是由四種參數來表示：

通帶邊緣：ω_p

通帶傳輸所允許最大變動，$A_{\max}$

阻絕帶邊緣：ω_s

最小的阻絕帶衰減，$A_{\min}$

圖 8.3 則為帶通濾波器的實際傳輸特性。

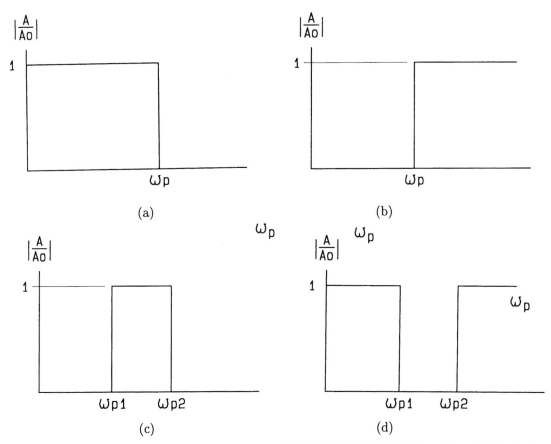

圖 8.1　各種濾波器的理想傳輸特性 (a) 低通濾波器 (b) 高通濾波器 (c) 帶通濾波器 (d) 帶拒濾波器

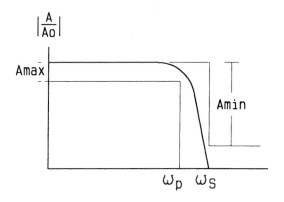

圖 8.2　低通濾波器實際的傳輸特性

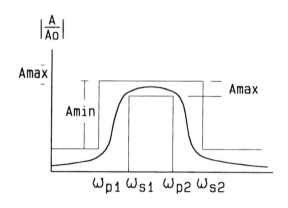

圖 8.3 帶通濾波器的實際傳輸特性

濾波器的轉移函數可以兩個多項式比來表示：

$$T(s) = \frac{a_M S^M + a_{M-1} S^{M-1} + \cdots\cdots + a_0}{S^N + b_{N-1} S^{N-1} + \cdots\cdots + b_0} \tag{8.1}$$

為了讓濾波器電路穩定，分子的階數需小於或等於分母的階數，且各係數為實數。若將分子、分母作多項式因式分解可得：

$$T(s) = \frac{a_M (S - Z_1)(S - Z_2) \cdots\cdots (S - Z_M)}{(S - P_1)(S - P_2) \cdots\cdots (S - P_N)} \tag{8.2}$$

式中 $Z_1, Z_2, \cdots, Z_M$ 稱為**轉移函數零點**，而 $P_1, P_2, \cdots, P_N$ 稱為**轉移函數極點**。用來設計濾波器的方法以巴特沃斯近式法 (Butterworth Approximation)、柴比雪夫近式法 (Chebyshev Approximation) 最為常用。

A. 巴特沃斯濾波器

巴特沃斯濾波器的轉移函數為：

$$|T(j\omega)| = \frac{1}{\sqrt{1 + \epsilon \left(\dfrac{\omega}{\omega_p} \right)^{2N}}} \tag{8.3}$$

在 $\omega = \omega_p$ 時，

$$|T(j\omega)| = \frac{1}{1+\epsilon^2} \tag{8.4}$$

而　$A_{\max} = 20 \log \sqrt{1+\epsilon^2}$ $\tag{8.5}$

或　$\epsilon = \sqrt{10^{A_{\max}/10} - 1}$ $\tag{8.6}$

在阻絕帶 $\omega = \omega_s$ 時的衰減為：

$$A(\omega_s) = -20 \log \frac{1}{\sqrt{1 + \epsilon^2 \left(\dfrac{\omega_s}{\omega_p}\right)^{2N}}}$$

$$= 10 \log \left(1 + \epsilon^2 \left(\frac{\omega_s}{\omega_p}\right)^{2N}\right) \tag{8.7}$$

圖 8.4 為巴特沃斯濾波器的振幅響應。圖 8.5 則為不同階數，$\varepsilon = 1$ 時的衰減特性。更常用的巴特沃斯濾波器的轉移函數為：

$$T(s) = \frac{k\omega_0^N}{(S-P_0)(S-P_1)(S-P_2)\cdots(S-P_N)} \tag{8.8}$$

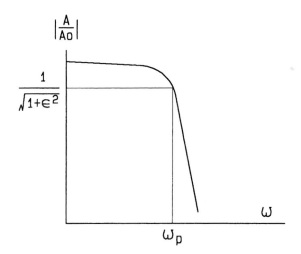

圖 8.4　巴特沃斯濾波器的振幅響應

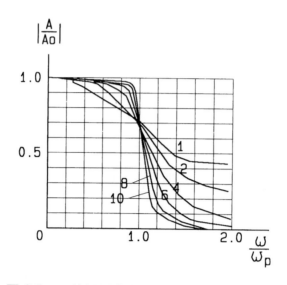

圖 8.5 巴特沃斯濾波器 $\epsilon = 1$ 時的衰減特性

B. 柴比雪夫濾波器

圖 8.6 為柴比雪夫低通濾波器的傳輸特性，和巴特沃斯相較，其在通帶內的衰減會有漣波出現，但衰減特性則較佳，即同樣的傳輸特性，柴比雪夫濾波器會有較少的階數。

N 階的柴比雪夫濾波器，其轉移函數為：

$$|T(j\omega)| = \left.\frac{1}{\sqrt{1 + \epsilon^2 \cos^2\left[N \cos^{-1}\left(\dfrac{\omega}{\omega_p}\right)\right]}}\right|_{\omega \le \omega_p} \tag{8.9}$$

且

$$|T(j\omega)| = \left.\frac{1}{\sqrt{1 + \epsilon^2 \cosh^2\left[N \cosh^{-1}\left(\dfrac{\omega}{\omega_p}\right)\right]}}\right|_{\omega > \omega_p} \tag{8.10}$$

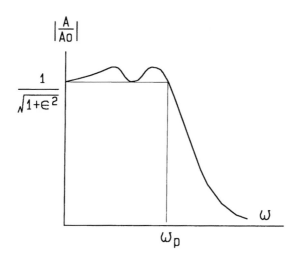

圖 **8.6**　柴比雪夫濾波器的傳輸特性

在 $\omega = \omega_p$ 時，

$$|T(j\omega)| = \frac{1}{\sqrt{1 + \varepsilon^2}} \tag{8.11}$$

在通帶漣波的振幅為：

$$A_{\max} = 10 \log(1 + \varepsilon^2) \tag{8.12}$$

或　　　$$\varepsilon = \sqrt{10^{A_{\max}/10} - 1} \tag{8.13}$$

在 $\omega = \omega_s$ 時的衰減為：

$$A(\omega_s) = 10 \log \left[1 + \varepsilon^2 \cosh^2 \left(N \cosh^{-1} \left(\frac{\omega_s}{\omega_p} \right) \right) \right] \tag{8.14}$$

柴比雪夫濾波器通常亦表為：

$$|T(s)| = \frac{k\omega_P^N}{\varepsilon 2^{N-1}(S - P_1)(S - P_2)(S - P_3) \cdots (S - P_N)} \tag{8.15}$$

2.　濾波器架構

　　濾波器轉移函數的極點或零點，若階數為偶數，則必以共軛根的形式出現，若為奇數，則必是成對的共軛根加上一單極點形式，因此架構濾波器的

"元件" 以一階及兩階的基本濾波器來組成。例如一個 5 階的巴特沃斯濾波器，可以兩個二階的濾波器和一個一階的濾波器相串而成。

一般一階的轉移函數為：

$$T(s) = \frac{a_1 S + a_0}{S + \omega_0} \tag{8.16}$$

圖 8.7 為一階低通濾波器的波得圖。圖 8.8 為使用被動元件的實際電路，圖 8.9 則為主動式的一階低通濾波電路。

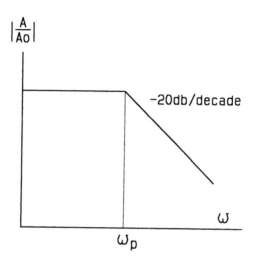

圖 8.7 一階低通濾波器的波得圖

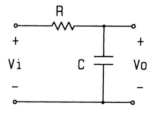

圖 8.8 使用被動元件一階低通濾波器

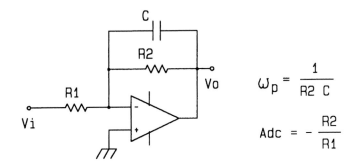

圖 8.9　主動式的一階一階低通濾波器

而二階的轉移函數為：

$$T(s) = \frac{a_2 S^2 + a_1 S + a_0}{S^2 + \left(\dfrac{\omega_0}{Q}\right)S + \omega_0^2} \tag{8.17}$$

而極點　$P_1, P_2 = -\dfrac{\omega_0}{2Q} \pm j\omega\sqrt{1 - \left(\dfrac{1}{4Q^2}\right)}$ 　(8.18)

分子的係數決定了濾波器的型式，如 LPF，HPF... 等等。

A. 二階低通濾波器

二階低通濾波器的轉移函數為：

$$T(s) = \frac{a_0 \omega_0^2}{S^2 + \dfrac{\omega_0}{Q} \cdot S + \omega_0^2} \tag{8.19}$$

而頻率響應曲線如圖 8.10 所示，圖 8.11 為沙倫一戚低通濾波器 (Sallen-key LPF)，衰減特性為 $-12\,\text{dB/oct}$，電路各元件選擇如下：

$$R_0 = R_1 = R_2 ; \quad C_0 = C_1 = C_2$$

$$A = 1 + \frac{R_4}{R_3}$$

$$f_L = \frac{1}{2\pi R_0 \times C_0}$$

圖 8.12 為使用電模擬器的低通濾波器，其轉移函數為：

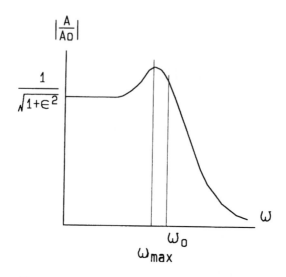

圖 8.10 二階低通濾波器頻率響應曲線

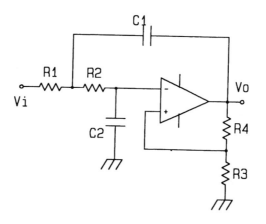

圖 8.11 沙倫 - 戚低通濾波器 (Sallen-key LPF)

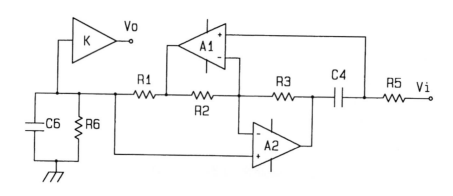

圖 8.12 使用電模擬器的低通濾波器

$$|T(s)| = \frac{\dfrac{kR_2}{C_4C_6R_1R_3R_5}}{S^2 + S\dfrac{1}{C_6R_6} + \dfrac{R_2}{C_4C_6R_1R_3R_5}} \qquad (8.20)$$

即 $\qquad \omega_0 = \sqrt{\dfrac{R_2}{C_4C_6R_1R_3R_5}}$

$\dfrac{1}{C_6R_6} = \dfrac{\omega_0}{Q}$

圖 8.13 為多重回授型低通濾波器，轉移函數為：

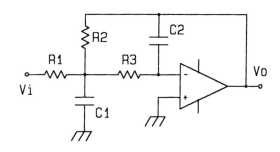

圖 8.13 多重回授型低通濾波器

$$|T(s)| = \frac{\dfrac{1}{R_1R_3C_1C_2}}{S^2 + \dfrac{S}{C_1}\left(\dfrac{1}{R_1} + \dfrac{1}{R_2} + \dfrac{1}{R_3}\right) + \dfrac{1}{R_2R_3C_1C_2}} \qquad (8.21)$$

即 $\qquad \omega_0 = \sqrt{\dfrac{1}{R_2R_3C_1C_2}}$

$\dfrac{\omega_o}{Q} = \dfrac{1}{C_1R_{eq}}$

$R_{eq} = R_1 /\!/ R_2 /\!/ R_3$

B. 二階高通濾波器

二階高通濾波器的轉移函數為：

$$T(s) = \frac{a_2 S^2}{S^2 + \dfrac{\omega_0}{Q} S + \omega_0^2} \tag{8.22}$$

圖 8.14 為其頻率響應曲線。

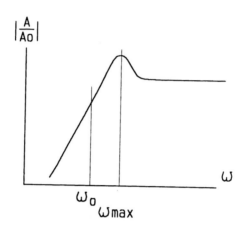

圖 8.14 二階高通濾波器頻率響應曲線

圖 8.15 為沙倫 - 戚高通濾波器，轉移函數為：

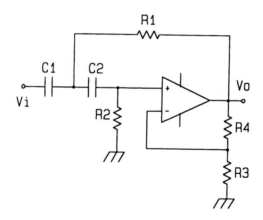

圖 8.15 沙倫 - 戚高通濾波器

$$T(s) = \frac{k S^2}{S^2 + S\left[\dfrac{1}{R_2 C_1} + \dfrac{1}{R_2 C_2} + \dfrac{(1-k)}{R_1 C_1}\right] + \dfrac{1}{R_1 R_2 C_1 C_2}} \tag{8.23}$$

即　$\omega_o = \sqrt{\dfrac{1}{R_1 R_2 C_1 C_2}}$

$\dfrac{\omega_0}{Q} = \dfrac{1}{R_2 C_1} + \dfrac{1}{R_2 C_2} + \dfrac{(1-k)}{R_1 C_1}$

$K = \left(\dfrac{R_4}{R_3} + 1\right)$

若選定 $C = C_1 = C_2$; $K = 1$

則　　$R_f = \dfrac{1}{\omega_0 C}$

$\dfrac{\omega_0}{Q} = \dfrac{2}{R_2 C}$

$R_2 = 2 R_f Q , \quad R_1 = \dfrac{R_f}{2Q}$

圖 8.16 為使用電感模擬器的高通濾波器，其轉移函數為：

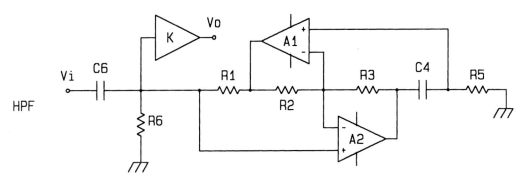

圖 8.16　使用電感模擬器的高通濾波器

$$T(s) = \dfrac{kS^2}{S^2 + S\dfrac{1}{R_6 C_6} + \dfrac{R_2}{C_4 C_6 R_1 R_3 R_5}} \tag{8.24}$$

即　　$\omega_0 = \sqrt{\dfrac{R_2}{C_4 C_6 R_1 R_3 R_5}}$

$\dfrac{\omega_0}{Q} = \dfrac{1}{R_6 C_6}$

圖 8.17 為多重回援型高通濾波器，其轉移函數為：

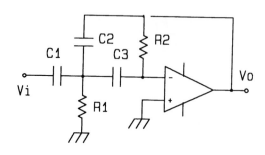

圖 8.17　多重回授型高通濾波器

$$T(s) = \frac{-\left(\dfrac{C_1}{C_2}\right)S^2}{S^2 + S\left(\dfrac{1}{R_2}\right)\left(\dfrac{C_1}{C_2 C_3} + \dfrac{1}{C_2} + \dfrac{1}{C_3}\right) + \dfrac{1}{R_1 R_2 C_2 C_3}} \tag{8.25}$$

即　　　$\omega_0 = \sqrt{\dfrac{1}{R_1 R_2 C_2 C_3}}$

$\dfrac{\omega_0}{Q} = \dfrac{1}{R_2}\left(\dfrac{C_1}{C_2 C_3} + \dfrac{1}{C_2} + \dfrac{1}{C_3}\right)$

若令　　$C_1 = C_2 = C_3 = C$

$R_f = \dfrac{1}{\omega_0 C}$

$\dfrac{\omega_0}{Q} = \dfrac{1}{R_2} \cdot \dfrac{3}{C}$

$R_2 = 3Q \times R_f, \ R_1 = \dfrac{R_f}{3Q}$

C. 二階的帶通濾波器

二階的帶通濾波器其轉移函數為：

$$T(s) = \frac{a_1 S}{S^2 + S\dfrac{\omega_0}{Q} + \omega_0^2} \tag{8.26}$$

其頻率響應曲線如圖 8.18 所示。

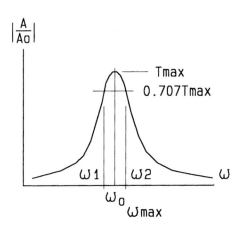

圖 8.18　二階的帶通濾波器頻率響應曲線

圖 8.19 為沙倫－戚帶通濾波器，其轉移函數為

$$T(s) = \cfrac{\cfrac{KS}{R_1 C_1}}{S^2 + \left(\cfrac{1}{R_1 C_1} + \cfrac{1}{R_3 C_2} + \cfrac{1}{R_3 C_1} + \cfrac{1-k}{R_2 C_1}\right)S + \cfrac{R_1 + R_2}{R_1 R_2 R_3 C_1 C_2}} \tag{8.27}$$

即　$\omega_0 = \sqrt{\dfrac{R_1 + R_2}{R_1 R_2 R_3 C_1 C_2}} = \sqrt{\dfrac{1}{(R_1 /\!/ R_2) R_3 C_1 C_2}}$

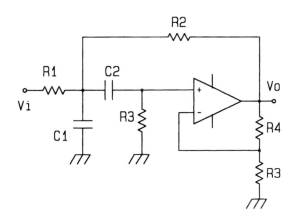

圖 8.19　沙倫-戚帶通濾波器

$$\frac{\omega_0}{Q} = \frac{1}{R_1 C_1} + \frac{1}{R_3 C_2} + \frac{1}{R_3 C_1} + \frac{1-K}{R_2 C_1}$$

式中 $K = 1 + \dfrac{R_4}{R_3}$

若選擇 $K = 1$, $\quad C_1 = C_2 = C$

則 $\quad \omega_0 = \dfrac{1}{C\sqrt{(R_1 /\!/ R_2) \cdot R_3}}$

$$\frac{\omega_0}{Q} = \frac{1}{C}\left[\frac{1}{R_1} + \frac{2}{R_3}\right]$$

圖 8.20 為使用電感模擬器的帶通濾波器，其轉移函數為：

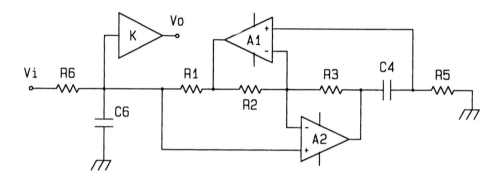

圖 8.20 　使用電感模擬器的帶通濾波器

$$T(s) = \frac{\dfrac{K_s}{C_6 R_6}}{S^2 + S\dfrac{1}{R_6 C_6} + \dfrac{R_2}{C_4 C_6 R_1 R_3 R_5}} \tag{8.28}$$

即 $\quad \omega_0 = \sqrt{\dfrac{R_2}{C_4 C_6 R_1 R_3 R_5}}$

$$\frac{\omega_0}{Q} = \frac{1}{R_6 C_6}$$

K 為中心頻率增益。

圖 8.21 為使用多重回授的帶通濾波器，其轉移函數為：

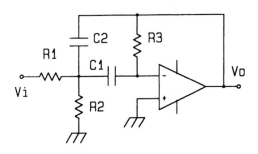

圖 8.21　使用多重回授的帶通濾波器

$$T(s) = \frac{-\dfrac{S(R_1 + R_2)}{R_1 C_2 R_2}}{S^2 + S\left(\dfrac{1}{R_3}\right)\left(\dfrac{1}{C_1} + \dfrac{1}{C_2}\right) + \dfrac{R_1 + R_2}{R_1 R_2 C_1 C_2 R_3}} \tag{8.29}$$

式中
$$\omega_0 = \sqrt{\frac{R_1 + R_2}{R_1 R_2 R_3 C_1 C_2}} = \sqrt{\frac{1}{(R_1 /\!/ R_2) R_3 C_1 C_2}}$$

$$\frac{\omega_o}{Q} = \frac{1}{R_3}\left(\frac{1}{C_1} + \frac{1}{C_2}\right)$$

若選擇 $C_1 = C_2 = C$，　$R_3 = 2R_1$

$$\frac{\omega_o}{Q} = \frac{2}{R_3 C} = \frac{1}{R_1 C}$$

$$R_2 = \frac{R_1}{2Q^2 - 1}$$

D. 二階的帶拒濾波器

二階的帶拒濾波器其轉移函數為：

$$T(s) = \frac{a_2(S^2 + \omega_n)^2}{S^2 + \dfrac{\omega_0}{Q}S + \omega_o^2} \tag{8.30}$$

其頻率響應因 ω_n 與 ω_0 之間的關係而有三種不同的特性曲線：

(1) $\omega_n = \omega_o$，如圖 8.22 所示即一般的帶拒濾波器特性曲線。圖 8.23 為利用 *RC-op* 諧振器構成的帶拒濾波器，其轉移曲線為：

$$T(s) = \frac{K\left[S^2 + \dfrac{R_2}{C_4 C_6 R_1 R_3 R_5}\right]}{S^2 + S\dfrac{1}{R_6 C_6} + \dfrac{R_2}{C_4 C_6 R_1 R_3 R_5}} \tag{8.31}$$

$$\omega_o = \sqrt{\frac{R_2}{C_4 C_6 R_1 R_3 R_5}}$$

$$\frac{\omega_0}{Q} = \frac{1}{R_6 C_6} \tag{8.32}$$

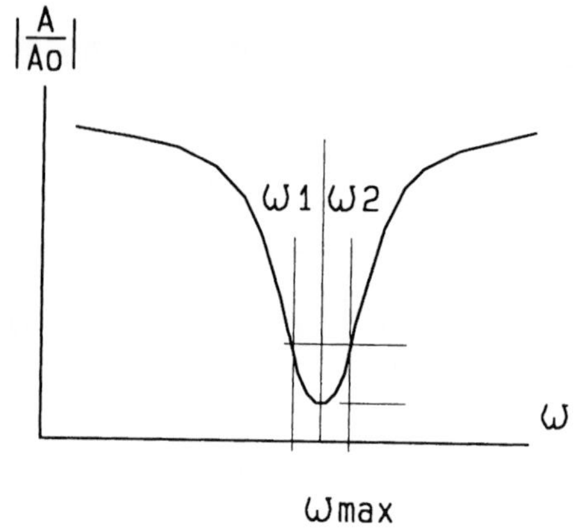

圖 8.22 二階帶拒濾波器特性曲線

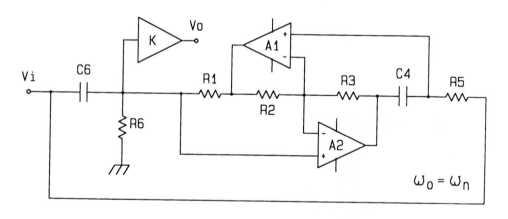

圖 8.23 利用電感模擬器構成的帶拒濾波器

(2) $\omega_n \geqq \omega_0$ ，如圖 8.24 所示為其轉移曲線，此種帶拒濾波器稱為低通帶拒濾波器。圖 8.25 為實際的低通帶拒濾波器，其轉移函數為：

$$T(s) = \frac{S^2 + \left(\dfrac{R_2}{C_4 C_{61} R_1 R_3 R_5}\right)}{S^2 + S\dfrac{1}{R_6 C_6} + \dfrac{R_2}{C_4(C_{61} + C_{62})R_1 R_3 R_5}} \times K\frac{C_{61}}{C} \qquad (8.33)$$

其中 $\omega_n = \sqrt{\dfrac{R_2}{C_4 C_{61} R_1 R_3 R_5}}$

$$\omega_o = \sqrt{\frac{R_2}{C_4(C_{61} + C_{62})R_1 R_3 R_5}}$$

$$\frac{\omega_o}{Q} = \frac{1}{R_6 C_6}, \quad Q = R_6\sqrt{\frac{R_2}{R_1 R_3 R_5}\frac{C_6}{C_4}}$$

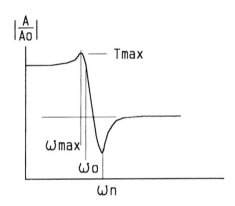

圖 8.24　低通帶拒濾波器頻率響應曲線

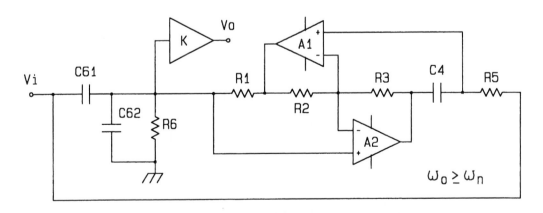

圖 8.25　利用電感模擬器構成的低通帶拒濾波器

$$C_{61} + C_{62} = C_6 = C$$

$$C_{61} = C \left(\frac{\omega_o}{\omega_n} \right)^2, \quad C_{62} = C - C_{61}$$

(3) $\omega_n \leqq \omega_0$ 時，其轉移曲線如圖 8.26 所示，此種帶拒濾波器稱為高通帶拒濾波器。圖 10.27 為使用 *RC-op* 諧振器架構的高通帶拒濾波器，其轉移函數為：

$$T(s) = \frac{K \left(S^2 + \dfrac{R_2}{C_4 C_6 R_1 R_3 R_{51}} \right)}{S^2 + S \dfrac{1}{R_6 C_6} + \dfrac{R_2}{C_4 C_6 R_1 R_3 R_5}} \tag{8.34}$$

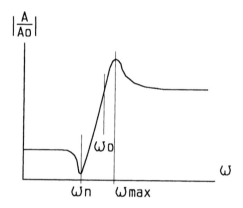

圖 8.26 高通帶拒濾波器頻率響應曲線

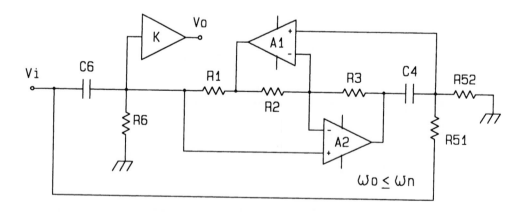

圖 8.27 利用電感模擬器構成的高通帶拒濾波器

即　　　$\omega_n = \sqrt{\dfrac{R_2}{C_4 C_6 R_1 R_3 R_{51}}}$

$\omega_o = \sqrt{\dfrac{R_2}{C_4 C_6 R_1 R_3} \dfrac{1}{R_5}}$

$\dfrac{\omega_o}{Q} = \dfrac{1}{R_6 C_6}, \quad Q = R_6 \sqrt{\dfrac{C_6}{C_4} \dfrac{R_2}{R_1 R_3 R_5}}$

其中　　　$R_{51} /\!/ R_{52} = R_5$

$R_{51} = R_5 \left(\dfrac{\omega_o}{\omega_n}\right)^2$

$R_{52} = \dfrac{R_5}{1 - \left(\dfrac{\omega_n}{\omega_o}\right)^2}$

圖 8.28 為雙 T 型帶拒濾波器，若 $R_1 = R_2 = 2R_3 = R$，而 $C_1 = C_2 = C_3/2 = C$，則轉移函數則為：

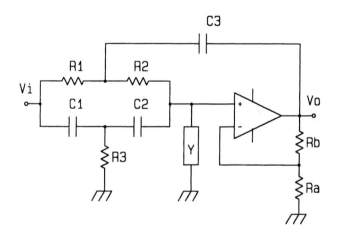

圖 8.28　雙 T 型帶拒濾波器

$$T(s) = \dfrac{A_v \left(S^2 + \dfrac{1}{R^2 C^2}\right)}{S^2 + \dfrac{2}{RC}(2 - A_v)S + \dfrac{1}{R^2 C^2}} \tag{8.35}$$

即 $\quad \omega_o = \dfrac{1}{RC}$

$$\dfrac{\omega_o}{Q} = \dfrac{2}{RC}(2 - A_v)$$

$$Q = \dfrac{1}{2(2 - A_v)}$$

$$A_v = 1 + \dfrac{R_6}{R_5}$$

且 A_V 需小於 2。

於 Y 處並上電阻或電容可造成不同的 ω_n 及 ω_p。

(1) 若 Y 為電阻 R_4，則 $\omega_p > \omega_z$，為高通－帶拒濾波器。

(2) 若 Y 為電容器 C_4，則 $\omega_z > \omega_p$，為低通－帶拒濾波器。

圖 8.29 所示為多重回授型帶拒濾波器，與帶通濾波器相較，除了省略 R_3 及加上 R_3、R_4 外，架構是一樣的。

若選擇 $\quad C_1 = C_2 = C$

則 $\quad R_2 = \dfrac{2Q}{\omega_o C}, \quad R_1 = \dfrac{R_2}{4Q^2}$

而 $\quad R_4 = 2Q^2 R_3$

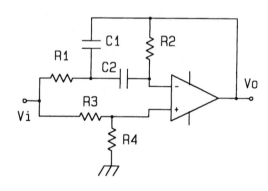

圖 8.29 多重回授型帶拒濾波器

E. 二階的全通濾波器

二階的全通濾波器的轉移函數為：

$$T(s) = \frac{S^2 - S\left(\dfrac{\omega_o}{Q}\right) + \omega_o^2}{S^2 + S\left(\dfrac{\omega_o}{Q}\right) + \omega_o^2} \tag{8.36}$$

其轉移曲線如圖 8.30 所示。

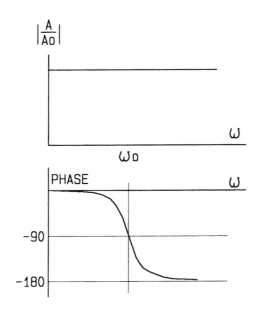

圖 8.30 全通濾波器頻率響應曲線

圖 8.31 為使用 *RC-op* 諧振器所架構的全通濾波器，轉移函數為：

$$T(s) = \frac{S^2 - \dfrac{1}{R_6 C_6}\dfrac{R_b}{R_a} + \dfrac{R_2}{C_4 C_6 R_1 R_3 R_5}}{S^2 + S\dfrac{1}{C_6 R_6} + \dfrac{R_2}{C_4 C_6 R_1 R_3 R_5}} \tag{8.37}$$

即 $\qquad \omega_z = \omega_o = \sqrt{\dfrac{R_2}{C_4 R_6 R_1 R_3 R_5}}$

$\qquad Q_z = Q\left(\dfrac{R_a}{R_b}\right)$

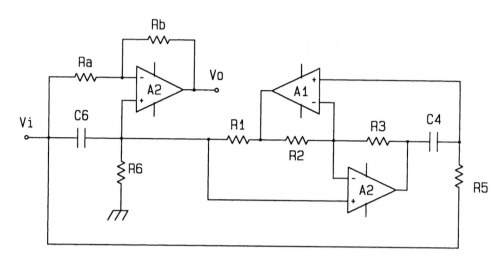

圖 **8.31** 使用電感模擬器構成的全通濾波器

3. 狀態變數濾波器

考慮高通濾波器的轉移函數：

$$\frac{V_{hp}}{V_i} = T(s) = \frac{kS^2}{S^2 + S\left(\dfrac{\omega_o}{Q}\right) + \omega_o^2} \tag{8.38}$$

將上式交叉相乘再同除以 S^2 得：

$$V_{hp} + \frac{1}{Q}\left(\frac{\omega_o}{S}\right)V_{hp} + \left(\frac{\omega_o}{S}\right)^2 V_{hp} = kV_i \tag{8.39}$$

故將 V_{hp} 經過時間常數為 $1/\omega$ 之積分器可得到左方第二項，同樣若再經過一個同樣的積分器，則可得到第三項，如圖 8.32 所示。

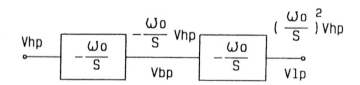

圖 **8.32** 狀態變數濾波器方塊圖

重新整理 8.38 式得：

$$V_{hp} = kV_i - \frac{1}{Q}\frac{\omega_o}{S}V_{hp} - \left(\frac{\omega_o}{S}\right)^2 V_{hp} \tag{8.40}$$

在圖 8.32 中，第一個積分器的輸出信號 $\left(-\dfrac{\omega_o}{S}\right)V_{hp}$ ，則是帶通濾波器的輸出，即：

$$\frac{V_{hp}}{V_i}\left(-\frac{\omega_o}{S}\right) = \frac{-k\,\omega_o\,S}{S^2 + S\left(\dfrac{\omega_o}{Q}\right) + \omega_o^2} = T_{BP}(s)$$

同理，第二個積分器的輸出為：

$$\frac{\left(\dfrac{\omega_o}{S}\right)^2 V_{hp}}{V_i} = \frac{k\omega_o^2}{S^2 + S\left(\dfrac{\omega_o}{Q}\right) + \omega_o^2} = T_{LP}(s)$$

此即為低通濾波器。

此式亦說明高通率波器的輸出可由如圖 8.33 之加法器來獲得。故此種電路可從不同的輸出點同時取得低通、高通、帶通等三種輸出。

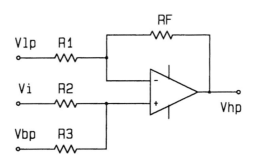

圖 8.33 產生高通濾波器輸出的加法器

圖 8.34 則是利用此原理作成的濾波器。

藉由 LPF、BPF、HPF 的加權，此電路可用來合成其它如帶拒、全通濾波器如圖 8.35 其輸出為：

$$V_o = -\left(\frac{R_F}{R_H}V_{hp} + \frac{R_F}{R_B}V_{bp} + \frac{R_F}{R_L}V_{lp}\right)$$

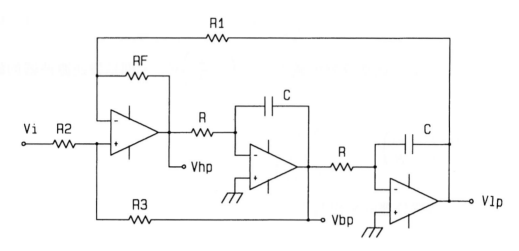

圖 8.34 另一類的狀態變數濾波器

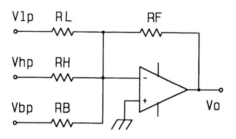

圖 8.35 產生其它通濾波器輸出的加法器

$$= -V_i \left(\frac{R_F}{R_H} T_{MP}(s) + \frac{R_F}{R_B} T_{BP}(s) + \frac{R_F}{R_L} T_{LP}(s) \right)$$

故　　　$$\frac{V_o}{V_i} = -K \frac{\left(\dfrac{R_F}{R_H} \right) S^2 + S \left(\dfrac{R_F}{R_B} \right) \omega_o + \left(\dfrac{R_F}{R_L} \right) \cdot \omega_o^2}{S^2 + S \left(\dfrac{\omega_o}{Q} \right) + \omega_o^2}$$　　　(8.41)

圖 8.36 為另一類狀態變數濾波器。

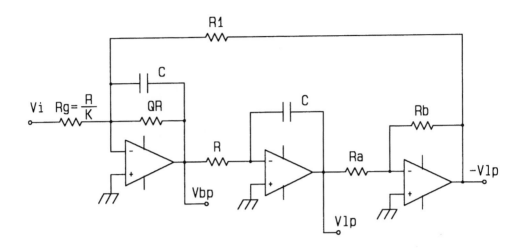

圖 8.36 另一類狀態變數濾波器

8.3 實驗項目

1. 工作一：二階低通濾波器

A. 實驗目的：

瞭解低通濾波器的傳輸特性

B. 材料表：

LF356×1

$4.7\,k\Omega \times 2$， $470\,k\Omega \times 2$

$1000\,pF\times 2$， $3300\,pF\times 2$， $0.01\,\mu F\times 2$， $0.033\,\mu F\times 2$

$0.1\,\mu F\times 2$， $0.33\,\mu F\times 2$

C. 實驗步驟：

(1) 如圖 8.37 之接線。

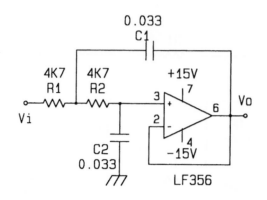

圖 8.37 二階低通濾波器

(2) 輸入 $10V_{p\text{-}p}$ 的正弦波，頻率自 30 Hz 逐漸調高至 50 kHz，記錄輸出電壓於表 8.1 中。

表 8.1 二階低通濾波器輸出電壓

FREQ(Hz)	30	100	300	1 k	3 k	10 k	30 k
V_o							

(3) 以半對數紙繪出頻率響應曲線（水平軸為頻率，垂直軸為增益）於圖 8.38 中。

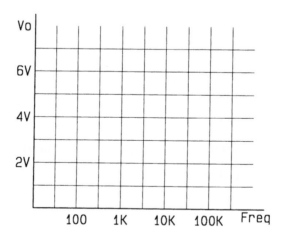

圖 8.38 圖 8.37 的頻率響應曲線

(4) 將函數波形產生器設定於頻率掃描方式，頻率自 100 Hz 掃描到 10 kHz，振幅仍維持於 $10V_{p-p}$，觀察輸出響應（利用函數波形產生器的掃頻輸出 (sweep out) 作為示波器的同步信號，才能觀測到穩定波形）。

(5) 求出濾波器的截止頻率（即輸出降到低頻輸出時 0.707 倍的頻率）。

(6) 改以輸入方波波形，振幅仍維持於 $10V_{p-p}$，頻率分別為 100 Hz，1 kHz 及 10 kHz，將其輸入及輸出波形分別記錄於圖 8.39、8.40 及 8.41 中。

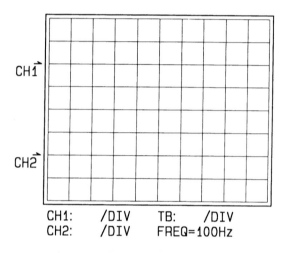

圖 8.39　方波經二階低通濾波器的輸出波形 (freq=100 Hz)

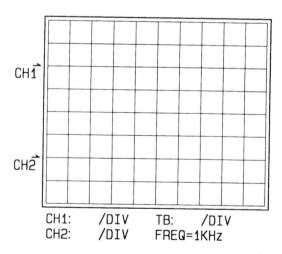

圖 8.40　方波經二階低通濾波器的輸出波形 (freq=1 kHz)

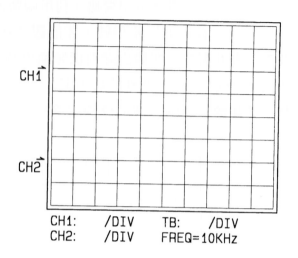

CH1: ___/DIV   TB: ___/DIV
CH2: ___/DIV   FREQ=10KHz

圖 8.41　方波經二階低通濾波器的輸出波形 (freq=10 kHz)

(7) $R_1 = R_2 = 4.7\,\text{k}\Omega$，改變不同的電容值，觀察截止頻率的變化，並記錄 $-3\,\text{db}$ 頻率於表 8.2。例如：

表 8.2　二階低通濾波器的 $-3\,\text{db}$ 頻率

C	102	332	103	333	104	334
$R = 4.7\,\text{k}$						
$R = 470\,\text{k}$						

(a) $C_1 = C_2 = 1000\,\text{pF}$

(b) $C_1 = C_2 = 3300\,\text{pF}$

(c) $C_1 = C_2 = 0.01\,\mu\text{F}$

(d) $C_1 = C_2 = 0.033\,\mu\text{F}$

(e) $C_1 = C_2 = 0.1\,\mu\text{F}$

(f) $C_1 = C_2 = 0.33\,\mu\text{F}$

(8) 將電阻改為 $470\,\text{k}\Omega$，觀察截止頻率的變化，並記錄 $-3\,\text{db}$ 頻率於表 8.2。

2. 工作二：二階高通濾波器

A. 實驗目的：

瞭解高通濾波器的傳輸特性

B. 材料表：

LF356×1

4.7 kΩ × 2，470 kΩ × 2

1000pF ×2，3300 pF×2，0.01 μF×2，0.033 μF×2

0.1 μF×2，0.33 μF×2

C. 實驗步驟：

(1) 如圖 8.42 的接線。

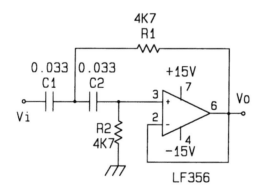

圖 8.42　二階高通濾波器

(2) 輸入 $10V_{p\text{-}p}$ 的正弦波，頻率自 30 Hz 逐漸調高至 50 kHz，記錄輸出電壓於表 8.3 中。

表 8.3　二階高通濾波器輸出電壓

FREQ	30	100	300	1 k	3 k	10 k	30 k
V_o							

⑶ 以半對數紙繪出頻率響應曲線（水平軸為頻率，垂直軸為增益）於圖 8.43 中。

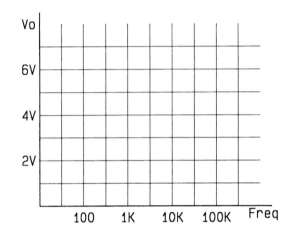

圖 8.43 圖 8.42 的頻率響應曲線

⑷ 將函數波形產生器設定於頻率掃描方式，頻率自 100 Hz 掃描到 10 kHz，振幅仍維持於 $10V_{p-p}$，觀察輸出響應（利用函數波形產生器的掃頻輸出（sweep out）作為示波器的同步信號，才能觀測到穩定波形）。

⑸ 求出濾波器的截止頻率（即輸出降到高頻輸出時 0.707 倍的頻率）。

⑹ 改以輸入方波波形，振幅仍維持於 $10V_{p-p}$，頻率分別為 100 Hz, 1 kHz 及 10 kHz，將其輸入及輸出波形分別記錄於圖 8.44、 8.45 及 8.46 中。

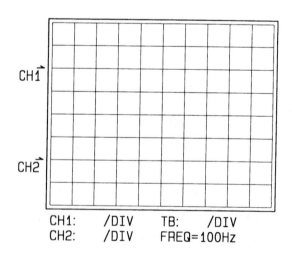

圖 8.44 方波經二階高通濾波器的輸出波形 (freq=100 Hz)

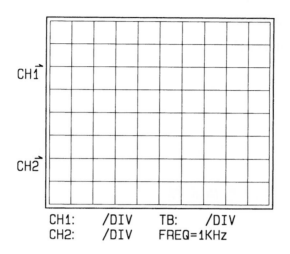

CH1

CH2

CH1:　　/DIV　　TB:　　/DIV
CH2:　　/DIV　　FREQ=1KHz

圖 8.45　方波經二階高通濾波器的輸出波形 (freq=1 kHz)

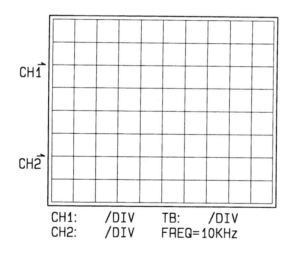

CH1

CH2

CH1:　　/DIV　　TB:　　/DIV
CH2:　　/DIV　　FREQ=10KHz

圖 8.46　方波經二階高通濾波器的輸出波形 (freq=10 kHz)

(7) $R_1 = R_2 = 4.7 \,\mathrm{k}\Omega$，改變不同的電容值，觀察截止頻率的變化，並記錄 $-3\,\mathrm{db}$ 頻率於表 8.4。例如：

表 8.4　二階高通濾波器的 $-3\,\mathrm{db}$ 頻率

C	102	332	103	333	104	334
$R = 4.7\,\mathrm{k}$						
$R = 470\,\mathrm{k}$						

(a)$C_1 = C_2 = 1000\,\mathrm{pF}$

(b)$C_1 = C_2 = 3300\,\mathrm{pF}$

(c)$C_1 = C_2 = 0.01\,\mu\mathrm{F}$

(d)$C_1 = C_2 = 0.033\,\mu\mathrm{F}$

(e)$C_1 = C_2 = 0.1\,\mu\mathrm{F}$

(f)$C_1 = C_2 = 0.33\,\mu\mathrm{F}$

(8) 將電阻改為 $470\,\mathrm{k\Omega}$，觀察截止頻率的變化，並記錄 $-3\,\mathrm{db}$ 頻率於表 8.4。

3. 工作三：二階帶通濾波器

A. 實驗目的：

瞭解帶通濾波器的傳輸特性

B. 材料表：

LF356×1

$4.7\,\mathrm{k\Omega} \times 2$，$470\,\mathrm{k\Omega} \times 2$，$750\,\Omega \times 1$，$47\,\Omega \times 1$

$1000\,\mathrm{pF} \times 2$，$3300\,\mathrm{pF} \times 2$，$0.01\,\mu\mathrm{F} \times 2$，$0.033\,\mu\mathrm{F} \times 2$

$0.1\,\mu\mathrm{F} \times 2$，$0.33\,\mu\mathrm{F} \times 2$

C. 實驗步驟：

(1) 如圖 8.47 的接線。

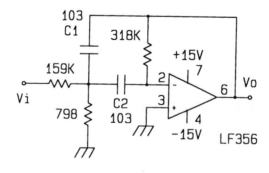

圖 8.47 二階帶通濾波器

⑵ 輸入 $10V_{p\text{-}p}$ 的正弦波,頻率自 30 Hz 逐漸調高至 50 kHz,記錄輸出電壓於表 8.5 中。

表 **8.5**　二階帶通濾波器輸出電壓

FREQ(Hz)	30	100	300	1 k	3 k	10 k	30 k
V_o							
FREQ(Hz)							
V_o							

⑶ 以半對數紙繪出頻率響應曲線(水平軸為頻率,垂直軸為增益)於圖 8.48 中。

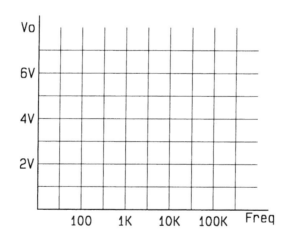

圖 **8.48**　圖 8.54 的頻率響應曲線

⑷ 將函數波形產生器設定於頻率掃描方式,頻率自 100 Hz 掃描到 10 kHz,振幅仍維持於 $10V_{p\text{-}p}$,觀察輸出響應(利用函數波形產生器的掃頻輸出 (sweepout) 作為示波器的同步信號,才能觀測到穩定波形)。

⑸ 求出濾波器的上下截止頻率 f_h, f_l(即輸出降到最高輸出時 0.707 倍的頻率)與中心頻率 fo(輸出最大時的頻率),並計算其 Q 值與頻帶寬。

　　　$B_W = f_h - f_l, \ Q = f_o/B_W$。

⑹ 改以輸入方波波形，振幅仍維持於 $10V_{p-p}$，頻率分別為 $100\,\mathrm{Hz}$，$1\,\mathrm{kHz}$ 及 $10\,\mathrm{kHz}$，將其輸入及輸出波形分別記錄於圖 8.49，圖 8.50 及圖 8.51 中。

⑺ 改變不同的電容值，觀察截止頻率的變化，並記錄 $-3\,\mathrm{db}$ 頻率於表 8.6。例如：

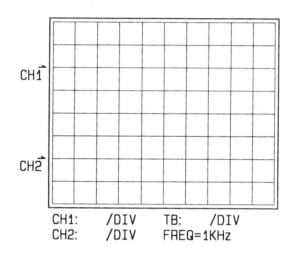

圖 8.49　方波經二階帶通濾波器的輸出波形 (freq=100 Hz)

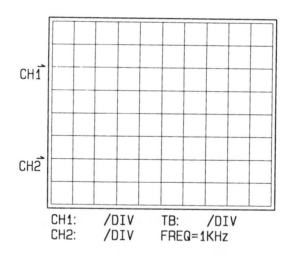

圖 8.50　方波經二階帶通濾波器的輸出波形 (freq=1 kHz)

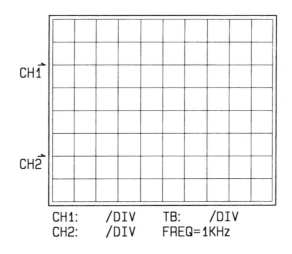

圖 8.51　方波經二階帶通濾波器的輸出波形 (freq=10 kHz)

表 8.6　二階帶通濾波器的 $-3\,\mathrm{db}$ 頻率

C	102	332	103	333	104	334
$R = 4.7\,\mathrm{k}$						

(a)$C_1 = C_2 = 1000\,\mathrm{pF}$

(b)$C_1 = C_2 = 3300\,\mathrm{pF}$

(c)$C_1 = C_2 = 0.01\,\mu\mathrm{F}$

(d)$C_1 = C_2 = 0.033\,\mu\mathrm{F}$

(e)$C_1 = C_2 = 0.1\,\mu\mathrm{F}$

(f)$C_1 = C_2 = 0.33\,\mu\mathrm{F}$

4.　工作四：以高低通二階濾波器合成帶通濾波器

A.　實驗目的：

瞭解帶通濾波器的傳輸特性

B. 材料表：

TL072×1

$82\,\text{k}\Omega \times 2$，$8.2\,\text{k}\Omega \times 2$，$3.3\,\text{k}\Omega \times 2$，$10\,\text{k}\Omega \times 3$

$1000\,\text{pF} \times 2$，$0.047\,\mu\text{F} \times 2$，

C. 實驗步驟：

(1) 如圖 8.52 的接線。

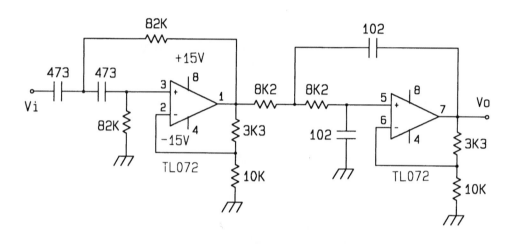

圖 8.52 以高低通二階濾波器合成帶通濾波器

(2) 輸入 $10V_{p\text{-}p}$ 的方波，頻率自 $30\,\text{Hz}$ 逐漸調高至 $50\,\text{kHz}$，記錄輸出電壓於表 8.7 中。

表 8.7 以高低通二階濾波器合成帶通濾波器輸出電壓

FREQ(Hz)	30	100	300	1 k	3 k	10 k	30 k
V_o							
FREQ(Hz)							
V_o							

(3) 以半對數紙繪出頻率響應曲線（水平軸為頻率，垂直軸為增益）於圖 8.53。

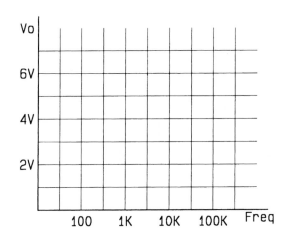

圖 8.53　圖 8.52 的頻率響應曲線

5.　工作五：二階帶拒濾波器

A.　實驗目的：

瞭解帶拒濾波器的傳輸特性

B.　材料表：

TL074×1

$4.7\,k\Omega \times 2$，$470\,k\Omega \times 2$，$2.4\,k\Omega \times 1$，$240\,k\Omega \times 1$

$1000\,pF \times 2$，$3300\,pF \times 2$，$0.01\,\mu F \times 2$，$0.033\,\mu F \times 2$

$0.1\,\mu F \times 2$，$0.33\,\mu F \times 2$，$0.2\,\mu F \times 2$，$0.68\,\mu F \times 2$

$2200\,pF \times 2$，$6800\,pF \times 2$，$0.02\,\mu F \times 2$，$0.068\,\mu F \times 2$

VR-$10\,k\Omega \times 1$

C.　實驗步驟：

(1) 如圖 8.54 的接線，可變電阻調到最大（靠近 V_o 處）。

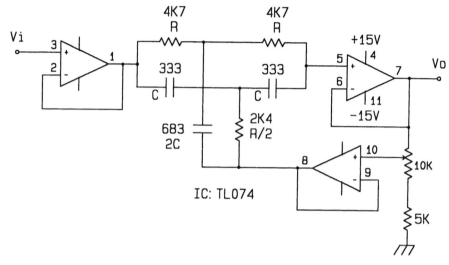

圖 8.54 二階帶拒濾波器

(2) 輸入 $10V_{p-p}$ 的正弦波,頻率自 $30\,Hz$ 逐漸調高至 $50\,kHz$,記錄輸出電壓於表 8.8 中。

表 8.8 二階帶拒濾波器輸出電壓

FREQ(Hz)	30	100	300	1 k	3 k	10 k	30 k
V_o							
FREQ(Hz)							
V_o							

(3) 以半對數紙繪出頻率響應曲線 (水平軸為頻率,垂直軸為增益) 於圖 8.55 中。

(4) 將函數波形產生器設定於頻率掃描方式,頻率自 $100\,Hz$ 掃描到 $10\,kHz$,振幅仍維持於 $10V_{p-p}$,觀察輸出響應 (利用函數波形產生器的掃頻輸出 (sweep out) 作為示波器的同步信號,才能觀測到穩定波形)。

(5) 求出濾波器的上下截止頻率 (即輸出降到高頻輸出時 0.707 倍的頻率) 與

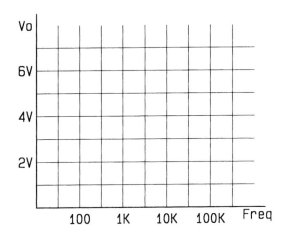

圖 8.55　圖 8.54 的頻率響應曲線

中心頻率 (輸出最小時的頻率)，並計算其 Q 值與頻帶寬 B_W。

$B_W = f_h - f_l,\ Q = f_o/B_W$。

(6) 改以輸入方波波形，振幅仍維持於 $10V_{p\text{-}p}$，頻率分別為 $100\,\text{Hz}$，$1\,\text{kHz}$ 及 $10\,\text{kHz}$，將其輸入及輸出波形分別記錄於圖 8.56，圖 8.57 及圖 8.58 中。

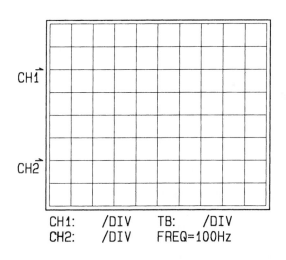

圖 8.56　方波經二階帶拒濾波器的輸出波形 (freq=100 Hz)

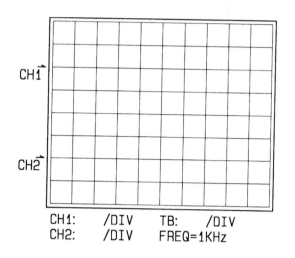

CH1:   /DIV   TB: /DIV
CH2:   /DIV   FREQ=1KHz

圖 8.57 方波經二階帶拒濾波器的輸出波形 (freq=1 kHz)

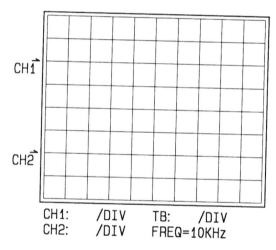

CH1:   /DIV   TB: /DIV
CH2:   /DIV   FREQ=10KHz

圖 8.58 方波經二階帶拒濾波器的輸出波形 (freq=10 kHz)

(7) $R_1 = R_2 = R = 4.7\,\mathrm{k}\Omega,\ R_3 = R/2 = 2.4\,\mathrm{k}\Omega$ ，改變不同的電容值，觀察截止頻率的變化，並記錄 $-3\,\mathrm{db}$ 頻率於表 8.9。例如：

表 **8.9** 二階帶拒濾波器的 $-3\,\mathrm{db}$ 頻率

C	102	332	103	333	104	334
$R = 4.7\,\mathrm{k}$						
$R = 470\,\mathrm{k}$						

(a)$C_1 = C_2 = 1000\,\mathrm{pF}$ $\qquad\qquad$ $C_3 = 2000\,\mathrm{pF}$

(b)$C_1 = C_2 = 3300\,\mathrm{pF}$ $\qquad\qquad$ $C_3 = 6800\,\mathrm{pF}$

(c)$C_1 = C_2 = 0.01\,\mu\mathrm{F}$ $\qquad\qquad$ $C_3 = 0.02\,\mu\mathrm{F}$

(d)$C_1 = C_2 = 0.033\,\mu\mathrm{F}$ $\qquad\quad$ $C_3 = 0.068\,\mu\mathrm{F}$

(e)$C_1 = C_2 = 0.1\,\mu\mathrm{F}$ $\qquad\qquad$ $C_3 = 0.2\,\mu\mathrm{F}$

(f)$C_1 = C_2 = 0.33\,\mu\mathrm{F}$ $\qquad\qquad$ $C_3 = 0.68\,\mu\mathrm{F}$

(8) 輸入方波，振幅仍維持於 $10V_{p\text{-}p}$，頻率則調整為濾波器的中心頻率，調整可變電阻，觀察輸出波形的變化。

(9) 將電阻改為 $470\,\mathrm{k}\Omega$，觀察截止頻率的變化，並記錄 $-3\,\mathrm{db}$ 頻率於表 8.9。

6. 工作六：全通濾波器

A. 實驗目的：

瞭解全通濾波器的傳輸特性

B. 材料表：

CF356×1

$12\,\mathrm{k}\Omega \times 2$，$910\,\Omega \times 1$，$100\,\mathrm{k}\Omega \times 2$，$3\,\mathrm{k}\Omega \times 2\ 51\,\mathrm{k}\Omega \times 1$

$4.7\,\mathrm{k}\Omega \times 1$，$220\,\Omega \times 1$，$18\,\mathrm{k}\Omega \times 2$，$1.8\,\mathrm{k}\Omega \times 2\ 39\,\mathrm{k}\Omega \times 1$

$390\,\Omega \times 1$

$0.01\,\mu\mathrm{F} \times 2$，

C. 實驗步驟：

(1) 如圖 8.59 的接線。

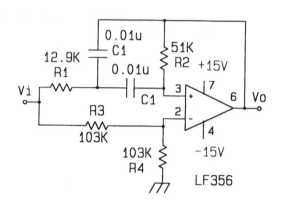

圖 8.59 落後型全通濾波器

(2) 輸入 $10V_{p-p}$ 的正弦波，頻率自 $30\,\text{Hz}$ 逐漸調高至 $50\,\text{kHz}$，記錄輸出電壓及相位於表 8.10 中。

表 8.10 二階落後型全通濾波器輸出電壓

FREQ(Hz)	30	100	300	1 k	3 k	10 k	30 k
V_o							
PHASE							

(3) 以半對數紙繪出頻率響應及相位曲線 (水平軸為頻率，垂直軸為增益及相位) 於圖 8.60 中。

(4) 將 $R_1 = 4.92\,\text{k}\Omega$, $R_2 = 19.7\,\text{k}\Omega$, $R_3 = 39.4\,\text{k}\Omega$，重複(2)，(3)之實驗，並將結果記錄於表 8.11 及圖 8.61 中。

表 8.11 二階超前型全通濾波器輸出電壓

FREQ	30	100	300	1 k	3 k	10 k	30 k
V_o							
PHASE							

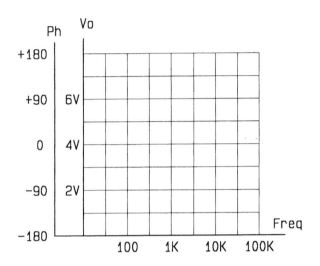

圖 8.60　圖 8.59 的頻率響應曲線

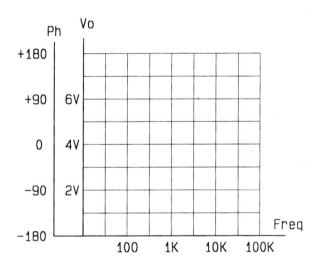

圖 8.61　超前型全通濾波器的頻率響應曲線

⑸ 改以輸入方波波形，振幅仍維持於 $10V_{p\text{-}p}$，頻率分別為 $100\,\text{Hz}, 1\,\text{kHz}$ 及 $10\,\text{kHz}$，觀察輸出波形。並將其輸入及輸出波形分別記錄於圖 8.62，圖 8.63 及圖 8.64 中。

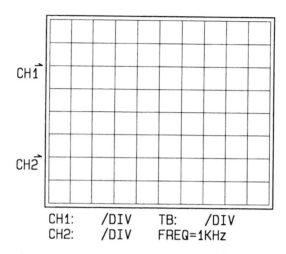

圖 **8.62**　方波經二階全通濾波器的輸出波形 (freq＝100 Hz)

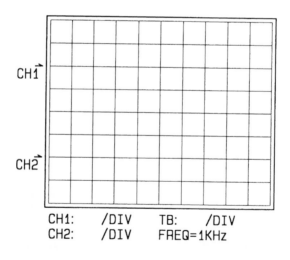

圖 **8.63**　方波經二階全通濾波器的輸出波形 (freq＝1 kHz)

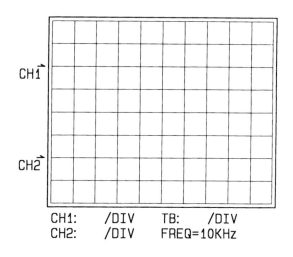

CH1:　　/DIV　　TB:　　/DIV
CH2:　　/DIV　　FREQ=10KHz

圖 8.64　方波經二階全通濾波器的輸出波形 (freq=10 kHz)

7.　工作七：狀態變數濾波器

A.　實驗目的：

瞭解狀態變數濾波器的傳輸特性

B.　材料表：

LF356×1

$12\,\mathrm{k\Omega} \times 2$，$910\,\Omega \times 1$，$100\,\mathrm{k\Omega} \times 2$，$3\,\mathrm{k\Omega} \times 2$　$51\,\mathrm{k\Omega} \times 1$

$4.7\,\mathrm{k\Omega} \times 1$，$220\,\Omega \times 1$，$18\,\mathrm{k\Omega} \times 2$，$1.8\,\mathrm{k\Omega} \times 2$　$39\,\mathrm{k\Omega} \times 1$

$390\,\Omega \times 1$

$0.01\,\mu\mathrm{F} \times 2$，

C.　實驗步驟：

⑴ 如圖 8.65 的接線。

⑵ 輸入 $10V_{p\text{-}p}$ 的正弦波，頻率自 30 Hz 逐漸調高至 50 kHz，記錄輸出電壓及相位於表 8.12 中 $(V_{bp},\ V_{lp},\ V_{hp})$。

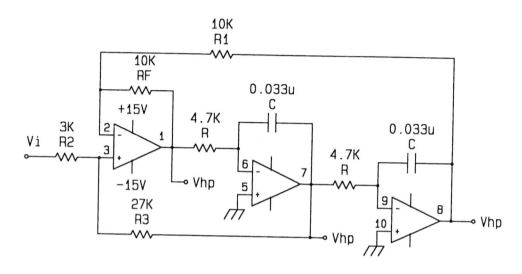

圖 8.65　狀態變數濾波器

表 8.12　狀態變數濾波器輸出電壓

	FREQ(Hz)	30	100	300	1 k	3 k	10 k	30 k
V_{hp}	V_o							
	PHASE							
V_{bp}	V_o							
	PHASE							
V_{lp}	V_o							
	PHASE							

(3) 以半對數紙繪出頻率響應曲線（水平軸為頻率，垂直軸為增益）於圖 8.66(V_{hp})，圖 8.67(V_{bp})，圖 8.68(V_{lp}) 中。

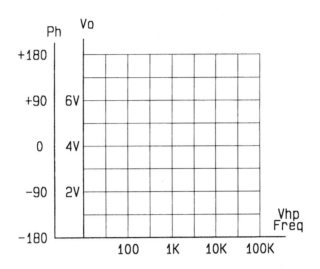

圖 8.66　狀態變數濾波器高通濾波輸出頻率響應曲線

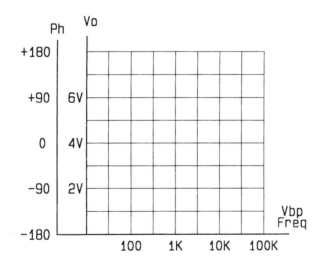

圖 8.67　狀態變數濾波器低通濾波輸出頻率響應曲線

⑷ 將函數波形產生器設定於頻率掃描方式，頻率自 $100\,\text{Hz}$ 掃描到 $10\,\text{kHz}$，振幅仍維持於 $10V_{p\text{-}p}$，觀察輸出響應（利用函數波形產生器的掃頻輸出（sweep out）作為示波器的同步信號，才能觀測到穩定波形）。

⑸ 求出濾波器（V_{bp}）的上下截止頻率（即輸出降到高頻輸出時 0.707 倍的頻

率）與中心頻率（輸出最小時的頻率），並計算其 Q 值與頻帶寬 B_W。

$$B_W = f_h - f_l, \ Q = f_o/B_W。$$

⑹ 改以輸入方波波形，振幅仍維持於 $10V_{p-p}$，頻率分別為 $100\,\mathrm{Hz}, 1\,\mathrm{kHz}$ 及 $10\,\mathrm{kHz}$，將其輸入及輸出波形分別記錄於圖 8.69，圖 8.70 及圖 8.71 中。

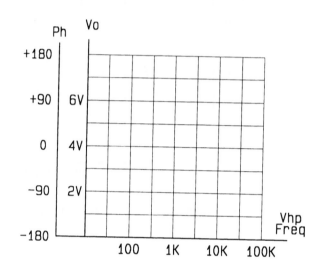

圖 8.68 狀態變數濾波器帶通濾波輸出頻率響應曲線

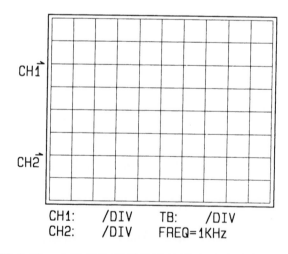

圖 8.69 方波經狀態變數濾波器高通濾波輸出

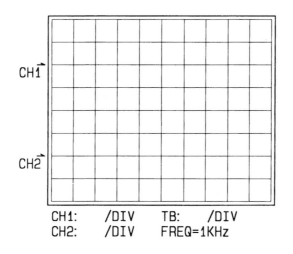

CH1: /DIV TB: /DIV
CH2: /DIV FREQ=1KHz

圖 8.70 方波經狀態變數濾波器低通濾波輸出

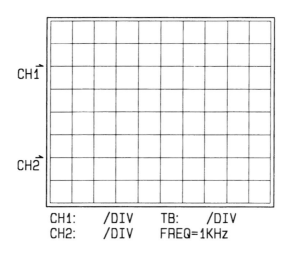

CH1: /DIV TB: /DIV
CH2: /DIV FREQ=1KHz

圖 8.71 方波經狀態變數濾波器帶通濾波輸出

(7) $R = 4.7\,\text{k}\Omega$，改變不同的電容值，觀察截止頻率的變化，並記錄 $-3\,\text{db}$
頻率於表 8.12。例如：

(a)$C_1 = C_2 = 1000\,\text{pF}$

(b)$C_1 = C_2 = 3300\,\text{pF}$

(c)$C_1 = C_2 = 0.01\,\mu\text{F}$

(d)$C_1 = C_2 = 0.033 \, \mu\mathrm{F}$

(e)$C_1 = C_2 = 0.1 \, \mu\mathrm{F}$

(f)$C_1 = C_2 = 0.33 \, \mu\mathrm{F}$

(8) 輸入方波，振幅仍維持於 $10V_{p-p}$，頻率則調整為濾波器的中心頻率，調整可變電阻，觀察輸出波形的變化。

(9) 將電阻改為 $470 \, \mathrm{k\Omega}$，觀察截止頻率的變化。

8.4 電路模擬

本節中將以 Pspice 模擬軟體來分析電路的特性，使電路模型分析的結果與實際電路實驗有一對照。

1. 二階低通濾波器電路模擬

如圖 8.72 所示，各元件分別在 opamp.slb, source.slb 及 analog.slb，選擇選擇 AC Sweep/Noise 分析，頻率自 $10 \, \mathrm{Hz}$ 到 $100 \, \mathrm{KHz}$，每 Decade 分析點數為 10 點。圖 8.73 為二階低通濾波器頻率響應模擬結果， $-3\,\mathrm{db}$ 頻率為 $1 \, \mathrm{KHz}$。

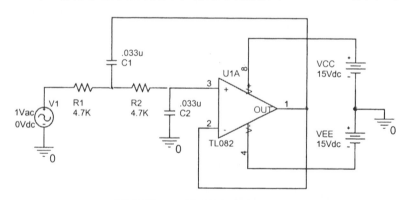

圖 8.72 二階低通濾波器

2. 二階高通濾波器電路模擬

如圖 8.74 所示，各元件分別在 opamp.slb, source.slb 及 analog.slb，選擇選擇 AC Sweep/Noise 分析，頻率自 $1 \, \mathrm{Hz}$ 到 $1000 \, \mathrm{KHz}$，每 Decade 分析點數為 10 點。圖 8.75 為二階高通濾波器頻率響應模擬結果， $-3\mathrm{db}$ 頻率為 $1 \, \mathrm{KHz}$。

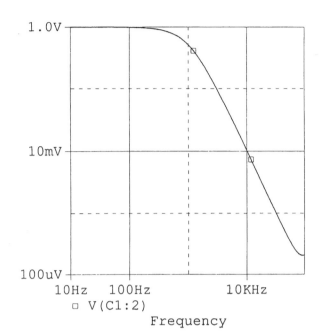

圖 8.73　二階低通濾波器頻率響應

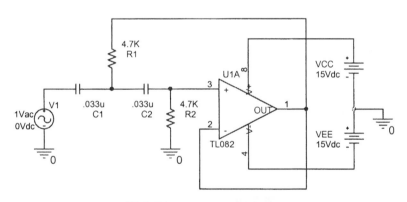

圖 8.74　二階高通濾波器

3.　二階帶通濾波器電路模擬

　　如圖 8.76 所示，各元件分別在 opamp.slb, source.slb 及 analog.slb，選擇選擇 AC Sweep/Noise 分析，頻率自 10 Hz 到 100 KHz，每 Decade 分析點數為10 點。圖 8.77 為二階帶通濾波器頻率響應模擬結果，中心頻率為 1 KHz。

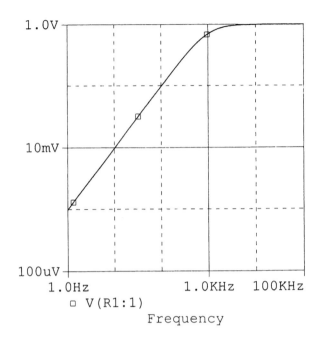

圖 8.75 二階高通濾波器頻率響應

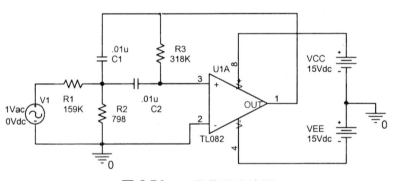

圖 8.76 二階帶通濾波器

4. 以高通及低通濾波器構成的二階帶通濾波器電路模擬

如圖 8.78 所示，各元件分別在 opamp.slb, source.slb 及 analog.slb，選擇選擇 AC Sweep/Noise 分析，頻率自 1 Hz 到 1000 KHz，每 Decade 分析點數為 10 點。圖 8.79 為二階帶通濾波器頻率響應模擬結果，低頻 $-3\,\text{db}$ 頻率為 40 Hz，高頻 $-3\,\text{db}$ 頻率為 2KHz。

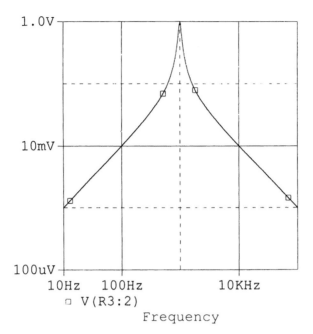

圖 8.77 二階帶通濾波器頻率響應

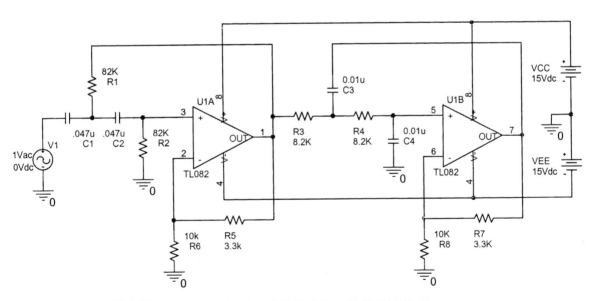

圖 8.78 以高通及低通濾波器構成的二階帶通濾波器

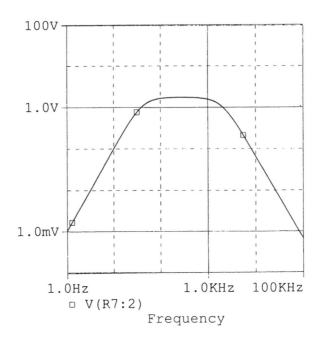

圖 8.79　二階帶通濾波器頻率響應

5.　二階帶拒濾波器電路模擬

如圖 8.80 所示，各元件分別在 opamp.slb, source.slb 及 analog.slb，選擇

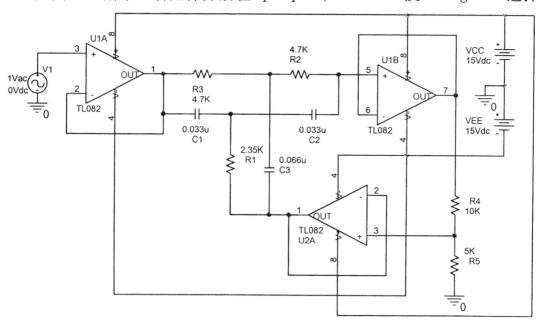

圖 8.80　二階帶拒濾波器

選擇 AC Sweep/Noise 分析，頻率自 10 Hz 到 100 KHz，每 Decade 分析點數為 10 點。圖 8.81 為二階帶拒濾波器頻率響應模擬結果，中心頻率為 1 KHz。

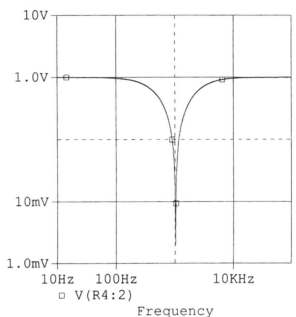

圖 8.81　為二階帶拒濾波器頻率響應

6.　二階全通濾波器電路模擬

如圖 8.82 所示，各元件分別在 opamp.slb, source.slb 及 analog.slb，選擇 選擇 AC Sweep/Noise 分析，頻率自 10 Hz 到 100 KHz，每 Decade 分析點數為 10 點。圖 8.83 為二階全通濾波器頻率響應模擬結果，中心頻率為 800 Hz，在

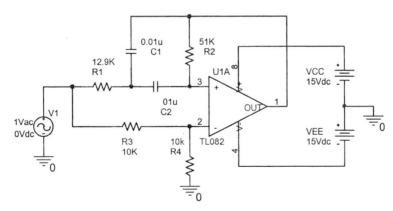

圖 8.82　二階全通濾波器

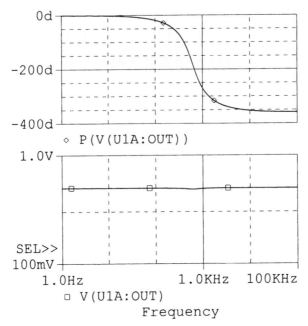

圖 8.83 二階全通濾波器頻率響應

整個頻帶的增益為 1，但在中心頻率兩邊的相位移有 0 到 360 度的相位移。

7. 二階狀態變數濾波器電路模擬

如圖 8.84 所示，各元件分別在 opamp.slb, source.slb 及 analog.slb，選擇選擇 AC Sweep/Noise 分析，頻率自 10 Hz 到 100 KHz，每 Decade 分析點數

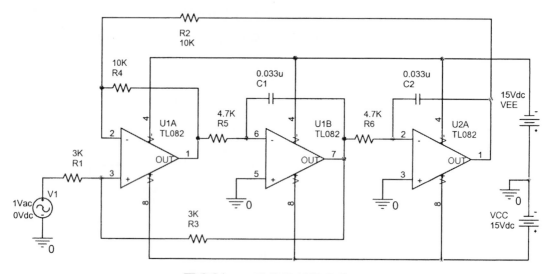

圖 8.84 二階狀態變數濾波器

為 100 點。圖 8.85 為二階狀態變數濾波器頻率響應模擬結果，U1A 輸出為高通濾波器，U1B 輸出為帶通濾波器,U2A 輸出為低通濾波器，中心頻率為1 KHz。

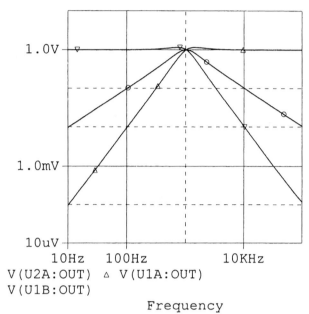

圖 8.85　二階狀態變數濾波器頻率響應

第九章

穩壓電路

9.1 實驗目的

1. 串聯調整器的工作原理
2. 三端子調整器
3. 並聯調整器的工作原理
4. 保護電路
5. 交換式調整器工作原理

9.2 相關知識

　　直流電源供應器的功能，乃是將市電的交流電源轉換成直流電壓，以供給電子設備使用，其架構如圖 9.1 所示。穩壓電路的品質好壞，主要以線調整率 (line Regulation) 與負載調整率 (load Regulation) 來評斷，其定義如下：

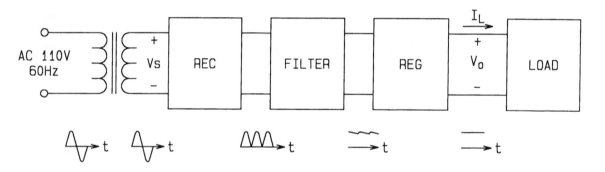

圖 9.1 電源供應器的方塊圖

線調整率：輸入電源電壓變動時，對輸出電壓變化的百分比。

$$線調整率 = \frac{\Delta V_{out}/V_{out}}{\Delta V_s} \times 100\%$$

例如線調整率為 0.1%，表示電源電壓變動 1 V 時，輸出電壓改變 0.1%。

負載調整率：負載電流變動時，輸出電壓變化的百分比。

$$負載調整率 = \frac{\Delta V_{out}/V_{out}}{\Delta I_L} \times 100\%$$

例如負載調整率為 0.1%，表示負載電流變化 1 安培時，輸出電壓變化 0.1%。

穩壓電路可分為線性調整及交換式調整兩種方式，線性調整主要優點為漣波小、電源雜訊較低，缺點則為體積大且重，及效率低。交換式則恰好相反，具有體積小、重量輕且效率高之優點，然輸出雜訊較高且電磁輻射 (EMI) 較嚴重。

1. 串聯調整器

線性調整器可分為串聯調整與並聯調整兩種方式。圖 9.2 為串聯調整穩壓器的方塊圖。其調整控制元件是與負載串聯的。利用取樣電路以檢測輸出電壓的變化，此電壓與參考電壓相比較以調整串聯控制元件的電阻，使輸出維持固定，其等效調整電路如圖 9.3 所示，

$$V_o = \frac{R_L}{R_L + R_s} V_s = 固定值$$

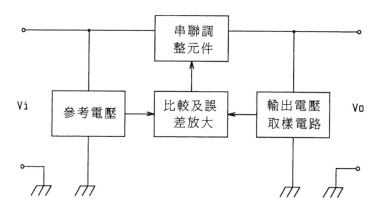

圖 9.2 串聯調整器的方塊圖

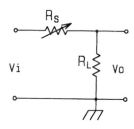

圖 9.3 基本串聯電壓調整器工作示意圖

　　圖 9.4 為使用 op amp 的基本串聯電壓調整器，R_3, D_1 用以提供參考電壓，而 R_1, R_2 則用以感測輸出電壓，其 V_a 的電壓為：

$$V_a = \frac{R_1}{R_1 + R_2} V_o$$

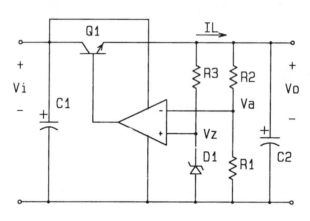

圖 9.4　基本串聯電壓調整器

　　假設齊納二極體的電壓為 V_z，若 V_z 電壓大於 V_a，則 op amp 的非反相輸入端輸入大於反相端的電壓，因此 op amp 的輸出有往上提升之現象，使得輸出電壓 V_o 上升，（Q_1 在此處動作有如射極隨耦器）因此 V_a 上升直到 $V_a = V_z$ 為止，故輸出電壓為：

$$V_o \times \frac{R_1}{R_1 + R_2} = V_z$$

$$\text{故} \qquad V_o = V_z \times \frac{R_1 + R_2}{R_1} = V_z \left(1 + \frac{R_2}{R_1} \right) \tag{9.1}$$

　　同樣的，若 $V_a > V_z$ 則 op amp 的輸出減少以調整輸出電壓降低，使其回復到 $V_a = V_z$ 之情況下。

A.　電流限制

　　在串聯調整器的調整元件，其 V_{CE} 兩端的電壓為輸入與輸出的電壓差，故其功率為：

$$P = (V_i - V_o)I_o$$

此元件會消耗頗大的功率，例如一個輸出 $5\,\mathrm{V}, 1\,\mathrm{A}$ 的串聯調整器，輸入的電壓為 $8{-}10\,\mathrm{V}$，則串聯電晶體消耗的功率則在

當 $V_i = 8\,\mathrm{V}$ 時，$P = (8\,\mathrm{V} - 5\,\mathrm{V}) \times 1\,\mathrm{A} = 3\,\mathrm{Watt}$

當 $V_i = 10$ 時，$P = (10\,\mathrm{V} - 5\,\mathrm{V}) \times 1\,\mathrm{A} = 5\,\mathrm{Watt}$

由上式不難看出整體效率僅為：

當 $V_i = 8\,\mathrm{V}$ 時：

$$\eta = \frac{P_o}{P_i} \times 100\% = \frac{5\,\mathrm{W}}{8\,\mathrm{V} \times 1\,\mathrm{A}} \times 100\% = 62.5\%$$

當 $V_i = 10\,\mathrm{V}$ 時：

$$\eta = \frac{P_o}{P_i} \times 100\% = \frac{5\,\mathrm{W}}{10\,\mathrm{V} \times 1\,\mathrm{A}} \times 100\% = 50\%$$

Q_1 會消耗頗大的功率，因此，需按裝在散熱片上。若負載電流過大，(尤其是當輸出短路)，則可能導致 Q_1 燒毀。因此在串聯調整穩壓電路，均增加有限流保護功能。如圖 9.5(a) 所示為加裝限流保護的穩壓電路。

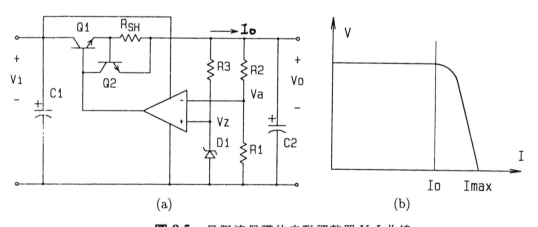

(a)　　　　　　　(b)

圖 9.5　具限流保護的串聯調整器 $V\text{-}I$ 曲線

R_{sh} 用來檢測輸出電流，即 $V_{R_{sh}} = I_o \times R_{sh}$。當輸出電流在額定電流之下時，此電壓小於 Q_2 的切入電壓，因此 Q_2 視同斷路，不會影響原來調整器的工作。若輸出電流超過額定值時，則 Q_2 開始傳導，以限制 Q_1 的 V_{BE} 兩端的電壓不再增加。即輸出電流不再增加。換句話說，若負載電阻減少致輸出電流達到額定電流，調整器就不再維持輸出電壓為額定電壓，而是降低輸出電

壓使輸出電流維持於 $I_o = I_{o,\max}$ 之條件。輸出電壓-電流曲線如圖 9.5(b) 所示。

輸出短路電流為：

$$I_{o,\text{short}} = \frac{V_{BE2}}{R_{sh}} = \frac{0.8}{R_{sh}} \tag{9.2}$$

而電壓開始下降的電流為：

$$I_{o,\max} = \frac{0.6}{R_{sh}} \tag{9.3}$$

B. 折返式的限流保護

如圖 9.6 所示為具折返式電流限制功能的串聯穩壓電路，其輸出的 $V\text{-}I$ 曲線如圖 9.7 所示，電路動作原理如下：

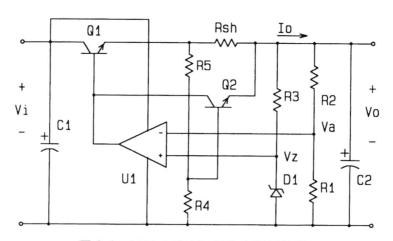

圖 9.6 折返式電流限制的串聯調整器

I_o 的電流將於 R_{sh} 上產生壓降，此電壓除了需大於 Q_2 的 V_{BE} 電壓外，且需同時大於 R_4 的壓降，才使 Q_2 開始傳導電流，即開始限流的電流值為：

$$(V_o + I_{o,\max} \times R_{sh})\frac{R_4}{R_4 + R_5} = V_0 + V_{BE2}$$

$$I_{o,\max} \times R_{sh}\left(\frac{R_4}{R_4 + R_5}\right) = \frac{R_5 \times V_o}{R_4 + R_5} + V_{BE2}$$

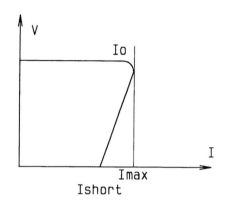

圖 9.7 折返式電流限制的 V-I 曲線

即
$$I_{o,\,\max} = \frac{V_o}{R_{sh}}\left(\frac{R_5}{R_4}\right) + \frac{V_{BE2}}{R_{sh}}\left(1 + \frac{R_5}{R_4}\right) \tag{9.4}$$

而輸出短路時，其電流為：

$$I_{o,\,\text{short}} = \frac{V_{BE2}}{R_{sh}}\left(1 + \frac{R_5}{R_4}\right) \tag{9.5}$$

【例 9.1】

設計一折返式電流限制電路。其 $V_o = 24\,\text{V}$, $I_{o,\,\max} = 4\,\text{A}$。

解： 將已知條件代入 (9.4)，(9.5) 式得：

$$4 = \frac{V_o}{R_{sh}}\left(\frac{R_5}{R_4}\right) + \frac{0.7}{R_{sh}}\left(1 + \frac{R_5}{R_4}\right)$$

選擇 $R_4 = 3.3\,\text{k}\Omega$, $R_5 = 20\,\text{k}\Omega$，代入上式，

$$4 = \frac{24}{R_{sh}}\left(\frac{3.3}{20}\right) + \frac{0.7}{R_{sh}}\left(1 + \frac{3.3}{20}\right)$$

$$R_{sh} = 1.2\,\Omega$$

R_{sh} 的功率至少須大於：

$$P_{rsh} = 1.2 \times 4 \times 4 = 19.2\,\text{Watt}$$

而輸出短路的電流為：

$$I_{o,\,\text{short}} = \frac{0.7}{1.22}\left(1 + \frac{3.3}{20}\right) = 0.7\,\text{A}$$

2. 並聯電壓調整器

在串聯調整器電路中，主要控制元件是與負載成串聯，而並聯調整器其控制元件是與負載並聯。齊納二極體的穩壓電路為最簡單的並聯調整器，圖9.8則為簡單的並聯調整器的方塊圖。圖9.9則為實際的並聯調整器。其工作原理如下：

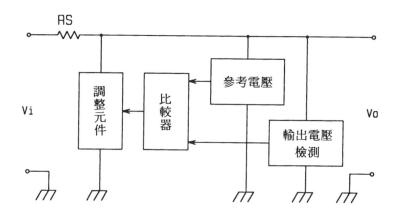

圖 9.8 並聯調整器方塊圖

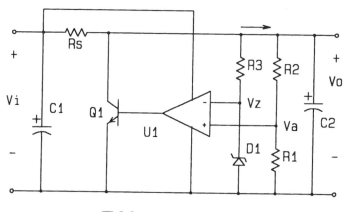

圖 9.9 並聯調整器

當輸入電壓降低或負載電流增大時，輸出有減低的趨勢，R_1, R_2 分壓電路檢知此電壓下降的變化，因此 $V_z > V_a$，op amp 的輸出減小，使得流經 Q_1 的集極電流減少，因此流經 R_s 上造成的電壓降減小，使輸出電壓回升到原來設定值。故其輸出電壓為：

$$V_o \times \frac{R_1}{R_1 + R_2} = V_z$$

即 $$V_o = \frac{R_1 + R_2}{R_1} \times V_z = \left(1 + \frac{R_2}{R_1}\right) \times V_z \qquad (9.6)$$

假設負載額定電流為 I_o，其電壓為 V_o，則 R_s 之選擇為：

$$R_s = \frac{V_{s,\min} - V_o}{I_o + I_{\text{adj,min}}} \qquad (9.7)$$

$V_{s,\min}$ 　　為最低輸入電源電壓

$I_{\text{adj,min}}$ 　　為最低並聯控制元件電流

　　並聯調整器的效率比串聯調整器差，尤其是當輕載 (無載) 時，仍然消耗與滿載同樣的功率，但電路本身具有短路保護功能。若輸出短路時 $(V_o = 0)$，負載電流被限制在

$$I_{o,\text{short}} = I_{o,\max} = \frac{V_{\text{in}}}{R_s}$$

　　然而流經控制元件的電流反降為零，因此不會損壞控制元件。而全部功率均消耗於串聯電阻上。

即 $$P_{R_S} = I_{o,\max} \times V_{\text{in}}$$

　　只要 R_s 功率夠大，調整器不會因為短路而損壞。然而為了避免因輸出短路而造成功率無謂的損耗，因此常在 R_s 串聯保險絲或無熔絲開關，使當短路發生時，能將電源切斷。

3. 穩壓電路的過電壓保護

　　限流保護電路目的在於保護調整器本身。然而若有其它緣故，使輸出電壓過高，如串聯調整器的控制元件短路或並聯調整器的控制元件開路，均可能會造成輸出電壓過高現象。對於一些精密電子設備而言，過高的電源電壓可能造成設備嚴重的損壞，因此過電壓保護亦為調整器相當重要一項功能。

　　如圖 9.10 所示為過電壓保護電路的方塊圖。R_1, R_2 組成的分壓電路用以檢知輸出電壓。當輸出電壓超過額定電壓 10%左右 (可調，視負載能容許超壓的程度而定)，則啟動觸發電路，將 SCR 觸發，使得輸入端造成短路到

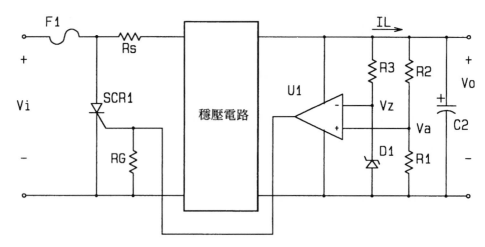

圖 9.10 過電壓保護電路方塊圖

地，以避免電壓升高。而此一大的短路電流將使得串聯的保險熔斷而達到保護的效果。圖 9.11 所示為使用 TL431 及 TRIAC 作為過電壓保護電路，而圖 9.12 所示為使用 TL431 及 SCR 作為過電壓保護。當監視的輸出電壓超過設定電壓，保護電路動作，TL431 開使傳導電流以觸發 TRIAC 或 SCR，使電源短路到地，燒斷保險絲而達到保護目地。

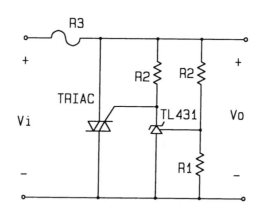

圖 9.11 TL431 與 TRIAC 的過電壓保護電路

4. IC 調整器

在市面上已有不少的穩壓 IC，包括有(1)小功率可調電壓調整器，如 CA-723。中功率可調電壓調整器，如 LM317，LM337 及(3)固定輸出電壓調整器

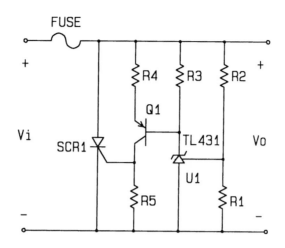

圖 9.12 TL431 與 SCR 的過電壓保護電路

，如 7805 或 7905 等。

A. IC 型小功率電壓調整器 (CA723)

圖 9.13 為 CA723 的內部方塊圖，內部包括有 6.8 V 的參考電壓，誤差放大器，驅動電晶體及限流保護電路，可作為正、負電源、交換式電源、浮動電源穩壓等應用。

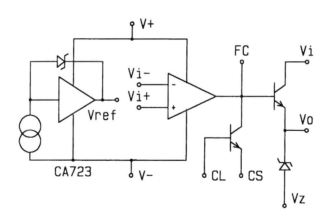

圖 9.13 CA723 的內部方塊圖

圖 11.14 為 CA723 外型接腳圖，圖 9.15 為 CA723 的基本應用電路，其輸出電壓為：

$$V_o = \left(\frac{R_1 + R_2}{R_1} \right) V_{\text{ref}} = \left(1 + \frac{R_2}{R_1} \right) V_{\text{ref}}$$

$$V_o = 6.8\,\text{V} \times \left(1 + \frac{R_2}{R_1} \right)$$

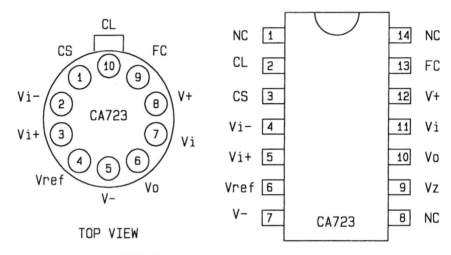

圖 9.14 CA723 的包裝接腳圖

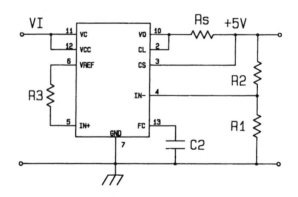

圖 9.15 CA723 的基本應用電路 ($V_o = 6.8 \sim 30\,\text{V}$)

　　圖 9.16 為加裝輸出電晶體的穩壓電路，以提高輸出電流。最大輸出電流可達 2 A。功率電晶體在滿載時會消耗頗大的功率，須安裝在散熱片上。

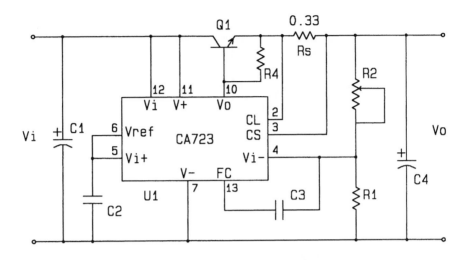

圖 9.16 使用外部電晶體的 723 穩壓電路

圖 9.17 為輸出 5 V 的穩壓電路。

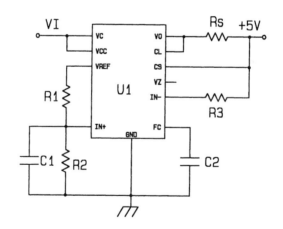

圖 9.17 使用 CA723 的 +5 V 穩壓電路

圖 9.18 為負電壓穩壓電路。

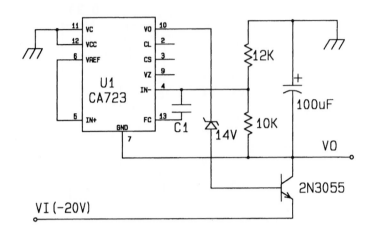

圖 9.18 　使用 CA723 的負電壓穩壓電路

圖 9.19 為正高壓浮動型穩壓電路。

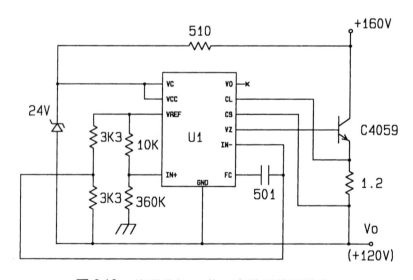

圖 9.19 　使用 CA723 的正高電壓穩壓電路

圖 9.20 為負高壓浮動型穩壓電路。

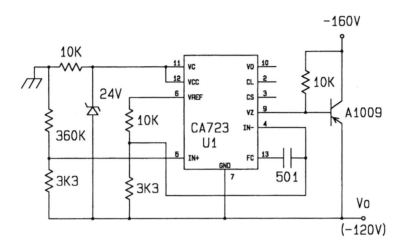

圖 9.20 使用 CA723 的負高電壓穩壓電路

B. 可調式 IC 式調整器

LM317(正電壓) 及 LM337(負電壓) 為三端子的可調式 IC 型調整器，其包裝有 TO-220(1A) 及 TO-3(5A) 型兩種，圖 9.21 為 LM317 正電壓穩壓電路。調整器的輸出端與調整端會保持於約 1.25 V 之電壓，因此利用 R_1 及 R_2 的分壓可設定不同的輸出。

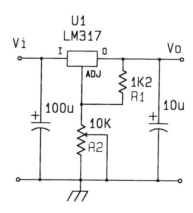

圖 9.21 使用 LM317 的正輸出可變電壓調整器

$$V_o \times \frac{R_1}{R_1 + R_2} = 1.25 \, \text{V}$$

$$V_o = 1.25 \times \left(1 + \frac{R_2}{R_1}\right) \tag{9.8}$$

圖 9.22 為 LM337 負電壓輸出調整器，而圖 9.23 則為此類 IC 的接腳圖。

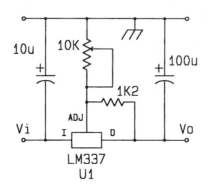

圖 9.22　使用 LM337 的負輸出可變電壓調整器

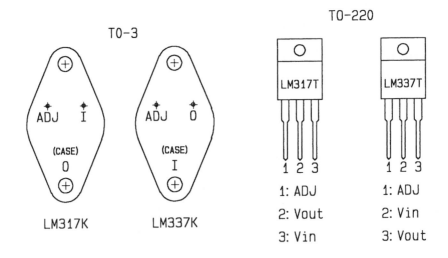

圖 9.23　LM317，LM337 的接腳圖

C.　固定輸出電壓的三端子調整器

此類穩壓 IC 以正電壓輸出的 78XX 系列及負電壓輸出的 79XX 最具代表

性。輸出電流有 0.1 A(78L 或 79L)，0.5 A(78MXX 或 79MXX)，1 A(78XX 或 79XX)，及 5 A(78HXX 或 79HXX) 等多種輸出電流的穩壓器可供選擇。

圖 9.24 為其接腳圖。圖 9.25 為正電壓穩壓器的接線圖，輸入電壓至少應比輸出電壓高出 2 V 以上，才能維持輸出電壓的穩定。IC 內部並且有過熱保護電路及過電流保護。圖 9.26 為負電壓穩壓器的接線圖。表 9.1 為此系列調整器的各種輸出電壓值。

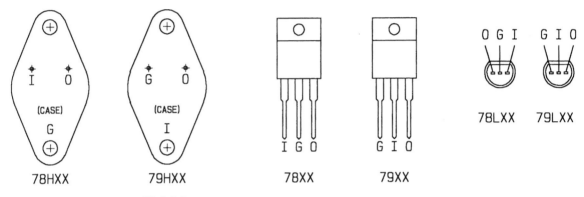

圖 9.24　78 系列及 79 系列電壓調整器接腳圖

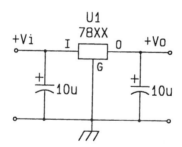

圖 9.25　78 系列電壓調整器接線圖

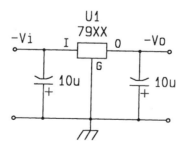

圖 9.26　79 系列電壓調整器接線圖

表 9.1

輸出電壓	正電壓輸出調整器	負電壓輸出調整器
5 V	7805	7905
6 V	7806	7906
8 V	7808	7908
9 V	7809	7909
12 V	7812	7912
15 V	7815	7915
18 V	7818	7918
24 V	7824	7924

D. 提高輸出電流的方法

為增加 78 或 79 系列的輸出電流容量，我們可以使用外加功率電晶體，如圖 9.27 所示為正輸出電壓型，而圖 9.28 為負輸出電壓型。外部電阻用來設定流過穩壓 IC 的電流，當此電阻的壓降小於 0.7 V 時，外部電晶體關閉，全部的電流由穩壓 IC 供應，若電流超過設定值，即 $I_o = 0.7/R_{ext}$ 時，電晶體開始傳導，超過此額定的電流則由外部電晶體承受。若需要電流限制功能，則如圖 9.29 與圖 9.30 之接線即可， R_{sh} 為最大電流檢出用。圖 9.29 為正電壓

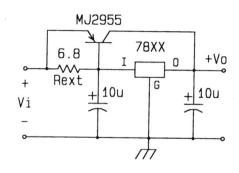

圖 9.27 增加 78 系列輸出電流的接法

型，而圖 9.30 則為負電壓型。

$$I_{o,\max} = \frac{0.7}{R_{sh}} \tag{9.9}$$

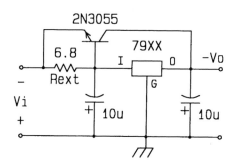

圖 **9.28**　增加 79 系列輸出電流的接法

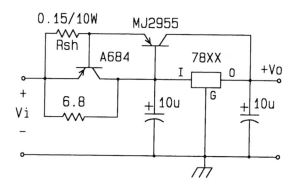

圖 **9.29**　78 系列具限流作用的擴增電流調整器

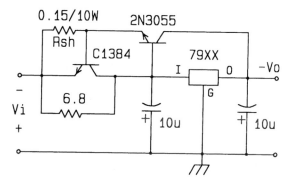

圖 **9.30**　79 系列具限流作用的擴增電流調整器

E. IC 型小功率並聯型調整器

圖 9.31 為 LM431(TL431) 小功率並聯型調整器，其接腳與內部等效電路如圖 9.32 所示，輸出電壓為：

$$V_o = \left(1 + \frac{R_2}{R_1}\right) \times V_{\text{ref}} \tag{9.10}$$

V_{ref} 電壓為 $2.5\,\text{V}$。

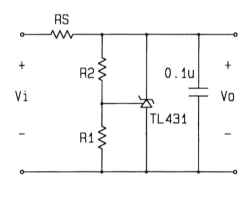

圖 9.31　TL431 調整器

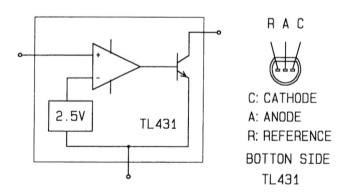

圖 9.32　TL431 內部方塊圖及接腳圖

圖 9.33 為利用此 IC 作成的定電流源電路。

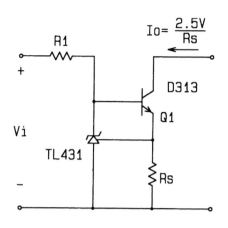

圖 9.33 使用 TL431 的電流源

9.3 實驗項目

1. 工作一：基本的串聯穩壓器

A. 實驗目的：

瞭解串聯穩壓器的工作原理

B. 材料表：

2N3055×1

uA741×1

FUSE 1 A×1

VR-10 kΩ × 1

100 μF/35 V×1，1000 μF/35 V×1

ZENER 5.1 V×1

3.3 kΩ × 1，5.1 kΩ × 1， 6.8 kΩ × 1， 50 Ω/5 W × 3

C. 實驗步驟：

(1) 如圖 9.34 的接線，2N3055 請安裝適當的散熱片。

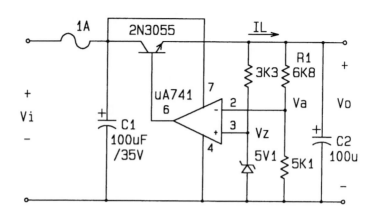

圖 9.34 簡單的串聯調整器

(2) 輸入 15-30 V 的直流電壓，輸出為開路，記錄輸出電壓與輸入電壓於表 9.2 中。

表 9.2 圖 9.34 輸入特性實驗結果

V_i	5 V	10 V	15 V	20 V	25 V	30 V
V_o						

(3) 根據表 9.2 之結果，繪出輸入電壓與輸出電壓特性於圖 9.35。

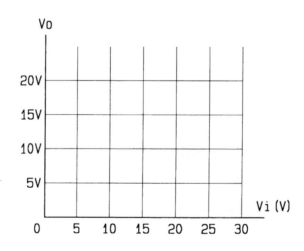

圖 9.35 圖 9.34 輸入電壓與輸出電壓特性

⑷ 輸入 18 V 的直流電壓，輸出負載電阻分別為 50 Ω, 25 Ω, 16.7 Ω, 12.5 Ω, 10 Ω，記錄輸出電壓與電流於表 9.3 中。

表 9.3　圖 9.34 負載特性實驗結果

R_L	50	25	16.6	12.5	10
V_o					

（電阻可以以 50 Ω/5 W 並一個，兩個，……而得到。）

⑸ 根據表 9.3 之結果，繪出輸出電壓與輸出電流特性於圖 9.36。

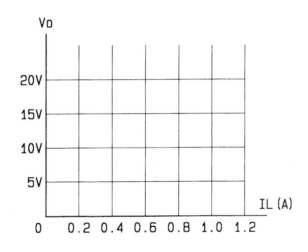

圖 9.36　圖 9.34 負載特性

⑹ R_2 電阻改以 10 k 的可變電阻取代，觀察調整可變電阻對輸出電壓的變化。

2.　工作二：具限流保護的串聯穩壓器

A.　實驗目的：

瞭解限流保護的特性

B.　材料表：

2N3055×1，C1815×1

      uA741×1

      FUSE 1 A×1

      1000 μF/35 V×1，100 μF/35 V×1

      ZENER 5.1 V×1

      3.3 kΩ × 1，5.1 kΩ × 1，6.8 kΩ × 1，20 Ω/5 W × 3

      10 Ω/5 W × 1，1.0 Ω/5 W × 1，2.2 Ω/5 W × 1，2.2 kΩ × 1

      VR-10 kΩ × 1

C. 實驗步驟：

(1) 如圖 9.37 的接線。

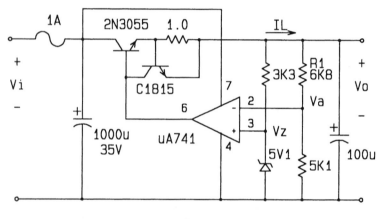

圖 9.37　具電流限制的串聯調整器

(2) 輸入 18 V 的直流電壓，輸出負載電阻為 10/5 W 串聯 50 Ω/50 W 的可變
    電阻，可變電阻自最大值 (50 Ω) 逐漸調到零，記錄輸出電壓與電流於表
    9.4 中。

表 9.4　圖 9.37 負載特性實驗結果

I_L	0.2	0.4	0.6	0.7	0.8	0.9
V_o						

(3) 根據表 9.4 之結果，繪出輸出電壓與輸出電流特性於圖 9.38。

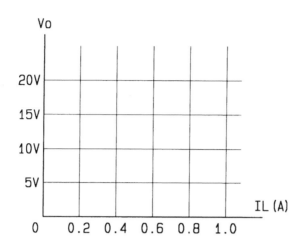

圖 9.38　電流限制時的負載特性

(4) 將電流限制改為折返型，如圖 9.39 的接線，重複步驟(2)，(3)之實驗，並將其結果分別記錄於表 9.5 及圖 9.40 中。

表 9.5　圖 9.39 負載特性實驗結果

R_L										
V_o										
I_L										

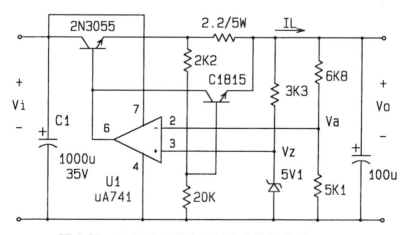

圖 9.39　具折返型電流限制的串聯調整器

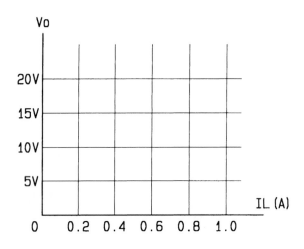

圖 9.40 折返型限流保護的 V-I 特性

3. 工作三：基本的並聯穩壓器

A. 實驗目的：

瞭解並聯穩壓器的工作原理

B. 材料表：

2N3055×1

uA741×1

VR-50 Ω/50 W × 1

FUSE 1 A×1

1000 μF/35 V×1， 100 μF/35 V×1

ZENER 5.1 V×1

3.3 kΩ × 1， 5.1 kΩ × 1， 6.8 kΩ × 1

10 Ω/30 W × 1

C. 實驗步驟：

(1) 如圖 9.41 的接線，2N3055 請安裝適當的散熱片。

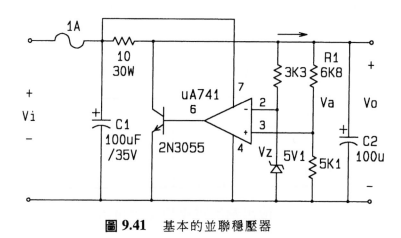

圖 9.41 基本的並聯穩壓器

(2) 輸入 15-30 V 的直流電壓，輸出為開路，記錄輸出電壓與輸入電壓於表 9.6 中。

表 9.6 圖 9.41 輸入特性實驗結果

R_L										
V_o										
I_L										

(3) 根據表 9.6 之結果，繪出輸入電壓與輸出電壓特性於圖 9.42。

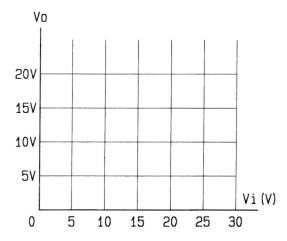

圖 9.42 圖 9.41 輸入電壓與輸出電壓特性

(4) 輸入 18 V 的直流電壓，輸出負載電阻為 50/50 W 的可變電阻，可變電阻自最大值 (50 Ω) 逐漸調到零，記錄輸出電壓與電流於表 9.7 中。

表 9.7　圖 9.41 負載特性實驗結果

R_L	50	25	16.6	12.5	10
V_o					
I_L					

(5) 根據表 9.7 之結果，繪出輸出電壓與輸出電流特性於圖 9.43。

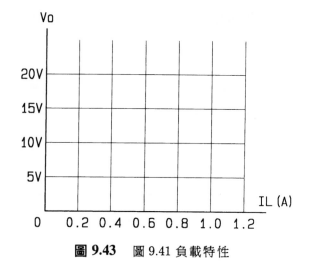

圖 9.43　圖 9.41 負載特性

4.　工作四：使用 IC(uA723) 的串聯穩壓器

A.　實驗目的：

瞭解 uA723 的工作原理及特性

B.　材料表：

  2N3055×1

  uA723×1

VR-50 Ω/50 W × 1，VR-20 kΩ × 1

1000 μF/35 V×1，100 μF/35 V×1，150 pF×1，0.1 μF×1

10 Ω/5 W × 1，1.0 Ω/5 W × 1，

100 Ω × 1，6.8 kΩ × 1

C.　實驗步驟：

(1) 如圖 9.44 的接線，2N3055 請安裝適當的散熱片。

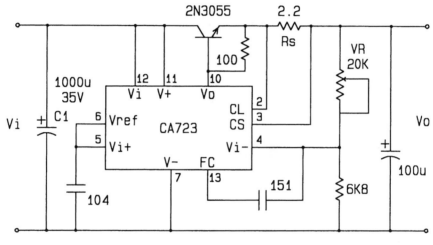

圖 9.44　uA723 串聯穩壓器

(2) 輸入 30 V 的直流電壓，調整可變電阻 (VR)，觀察輸出電壓與可變電阻的關係。

(3) 輸入 18 V 的直流電壓，調整可變電阻 (VR)，使輸出電壓為 12 V。

(4) 輸出負載電阻為 10/5 W 串聯 50 Ω/50 W 的可變電阻，可變電阻自最大值 (50 Ω) 逐漸調到零，記錄輸出電壓與電流於表 9.8 中。

表 9.8　圖 9.44 負載特性實驗結果

R_L									
V_o									
I_L									

⑸ 根據表 9.8 之結果，繪出輸出電壓與輸出電流特性於圖 9.45。

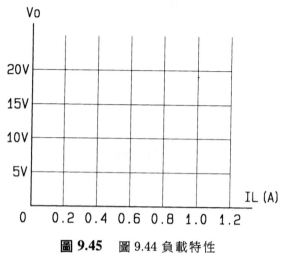

圖 **9.45**　圖 9.44 負載特性

5.　工作五：三端子穩壓器的使用

A.　實驗目的：

瞭解三端子穩壓器的使用

B.　材料表：

LM7805 × 1，LM7905×1， LM317×1，LM337×1

$1000\,\mu\mathrm{F}/35\,\mathrm{V}\times1$， $10\,\mu\mathrm{F}/35\,\mathrm{V}\times1$， $150\,\mathrm{pF}\times1$， $0.1\,\mu\mathrm{F}\times1$

VR-10 kΩ × 1，VR-50 Ω/50 W × 1

1.2 kΩ × 1，10 Ω/5 W × 1

C.　實驗步驟：

⑴ 如圖 9.46 的接線。

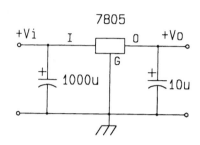

圖 9.46 三端子正電壓穩壓器

(2) 輸入 5-30 V 的直流電壓，輸出為開路，觀察輸出電壓與輸入電壓的變
化。並將結果記錄於表 9.9 中。

表 9.9 圖 9.46 輸入特性實驗結果

V_i	5 V	6 V	7 V	8 V	10 V	30 V
V_o						

(3) 輸入 +10 V 的直流電壓，輸出負載電阻為 $10\,\Omega/5\,\text{W}$ 串聯 $50\,\Omega/50\,\text{W}$ 的
可變電阻，可變電阻自最大值 $(50\,\Omega)$ 逐漸調到零，觀察輸出電壓與輸
入電壓的變化。並將結果記錄於表 9.10 中。

表 9.10 圖 9.46 負載特性實驗結果

R_L										
V_o										
I_L										

(4) 改為負電壓調整器，如圖 9.47 的接線。重複步驟(2)，(3)之實驗，並將
其結果分別記錄於表 9.11 及表 9.12 中。

表 **9.11** 圖 9.47 輸入特性實驗結果

V_i	$-5\,\mathrm{V}$	$-6\,\mathrm{V}$	$-7\,\mathrm{V}$	$-8\,\mathrm{V}$	$-10\,\mathrm{V}$	$-30\,\mathrm{V}$
V_o						

表 **9.12** 圖 9.47 負載特性實驗結果

R_L									
V_o									
I_L									

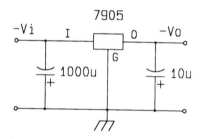

圖 **9.47** 三端子負電壓穩壓器

(5) 如圖 9.48 的接線。輸入 $+20\,\mathrm{V}$ 的直流電壓，調整可變電阻 V_{R1}，觀察輸出電壓 V_o 的變化。

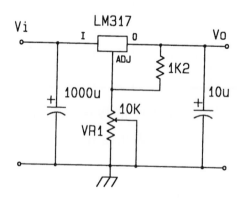

圖 **9.48** 可調三端子正電壓穩壓器

⑹ 如圖 9.49 的接線。輸入 $-20\,\mathrm{V}$ 的直流電壓，調整可變電阻 V_{R1}，觀察輸出電壓 V_o 的變化。

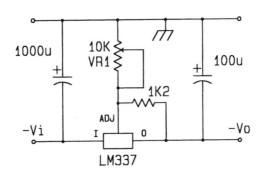

圖 9.49　可調三端子負電壓穩壓器

9.4　電路模擬

本節中將以 Pspice 模擬軟體來分析電路的特性，使電路模型分析的結果與實際電路實驗有一對照。

串聯線性穩壓器電路模擬

如圖 9.50 所示，各元件分別在 pwrbjt.slb, jbipolar.slb, opamp.slb, source.slb 及 analog.slb，選擇 Time Domain 分析，記錄時間自 0 ms 到 50 ms，最大分析

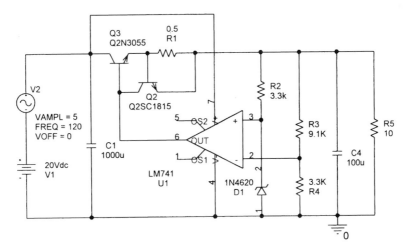

圖 9.50　串聯線性穩壓器

時間間隔為 0.01 ms。圖 9.51 為串聯線性穩壓器模擬結果，積納二極體的電壓為 3.6 V，輸出電壓為 12.64V。

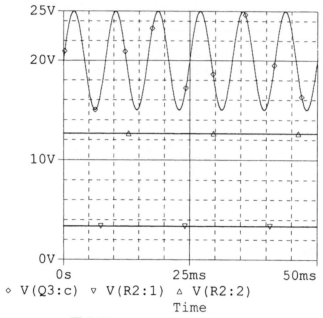

圖 **9.51**　串聯線性穩壓器模擬結果

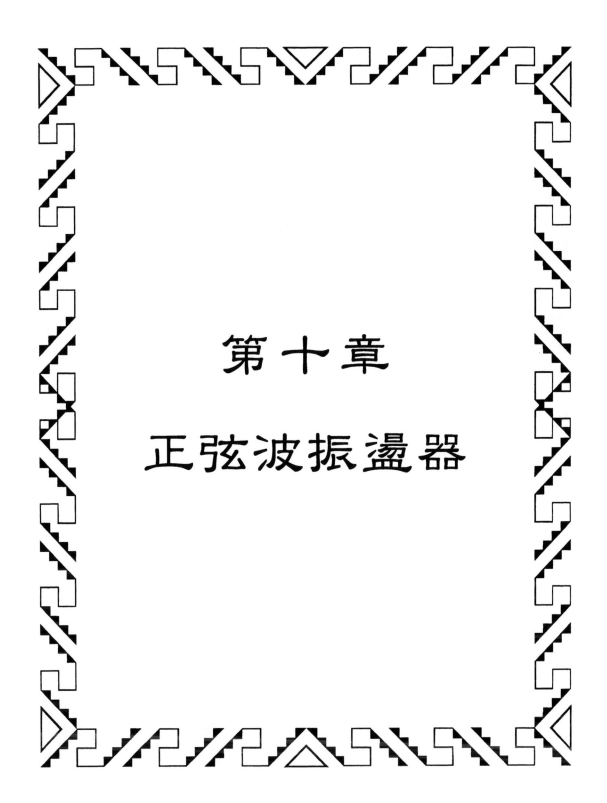

第十章

正弦波振盪器

10.1　實驗目的

1. 振盪的條件
2. 移相振盪器
3. 偉恩電橋振盪器
4. 高頻振盪器

10.2　相關知識

　　放大器的輸出經由一頻率選擇網路回授到輸入端，若放大器的增益與回授量的乘積為 1，且相位正好是 0 度或 360 度，則可構成正弦波振盪器。低頻的振盪器較著名的有移相振盪器、偉恩電橋振盪器。在高頻的振盪器則有考畢子振盪器、哈特萊振盪器、晶體振盪器等。

1.　振盪的條件

　　如圖 10.1 所示的回授電路，其電路增益為：

$$\frac{X_o}{X_s} = A_f(s) = \frac{A(s)}{1 - A(s)\beta(s)} \tag{10.1}$$

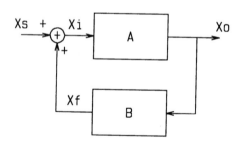

圖 10.1　回授電路方塊圖

　　若 $A(s) \times \beta(s) = 1$，則 $A_f(s)$ 將因分母為零而變得無限大。換句話說，即使在無輸入信號下，亦會有輸出。該情形僅發生在某一特定的頻率，使 $A(s) \times \beta(s) = 1$，亦即是在某頻率時，輸出振幅會因回授的關係而持續增加，致使輸出飽和為止。因此回授能使電路產生振盪的條件為：

$$A(s) \times \beta(s) = 1$$

或　　$$A(j\omega_o) \times \beta(j\omega_o) = 1 \tag{10.2}$$

也就是當頻率為 ω_o 時，迴路的增益為 1，而相位移剛好為 0 度或 360 度，此法則稱為巴克豪森準則 (Barkhausen Criterion)。

若 $A(j\omega) \times \beta(j\omega)$ 小於 1，則輸出振幅會逐漸衰減而終於停止振盪。若 $A(j\omega) \times \beta(j\omega)$ 大於 1，則輸出會持續增加而最後受放大器的飽和限制，而產生失真 (被截掉正負峰值的正弦波或成為方波)。而實際電路則選擇 $A(j\omega) \times \beta(j\omega)$ 稍大於 1，並加入振幅限制器以維持振盪及低失真率。

2.　移相振盪器

如圖 10.2 所示為最常見的移相振盪器，放大器的增益為 $-A$，回授網路則由三組相串聯的 $R\text{-}C$ 移相電路構成，回授電路分析如下 (參考圖 10.3)：選擇 $R_1 = R_2 = R_3 = R$, $C_1 = C_2 = C_3 = C$，則

$$V_o = I_1\left(R + \frac{1}{j\omega C}\right) - I_2 R$$

$$0 = -I_1 R + I_2\left(2R + \frac{1}{j\omega C}\right) - I_3 R$$

$$0 = -I_2 R + I_3\left(2R + \frac{1}{j\omega C}\right)$$

$$I_3 = \frac{\begin{vmatrix} R + \dfrac{1}{j\omega C} & -R & V_o \\[2mm] -R & 2R + \dfrac{1}{j\omega C} & 0 \\[2mm] 0 & -R & 0 \end{vmatrix}}{\begin{vmatrix} R + \dfrac{1}{j\omega C} & -R & 0 \\[2mm] -R & 2R + \dfrac{1}{j\omega C} & -R \\[2mm] 0 & -R & 2R + \dfrac{1}{j\omega C} \end{vmatrix}}$$

$$I_3 = \frac{R^2 V_o}{R^3 - j\dfrac{6R^2}{\omega C} - 5\dfrac{R}{\omega^2 C^2} + j\dfrac{1}{\omega^3 C^3}}$$

$$= \frac{R^2 V_o}{\left(R^3 - 5\dfrac{R}{\omega^2 C^2}\right) - j\left(\dfrac{6R^2}{\omega C} - \dfrac{1}{\omega^3 C^3}\right)}$$

$$V_f = I_3 R = \frac{R^3 V_o}{\left(R^3 - 5\dfrac{R}{\omega^2 C^2}\right) - j\left(\dfrac{6R^2}{\omega C} - \dfrac{1}{\omega^3 C^3}\right)} \tag{10.3}$$

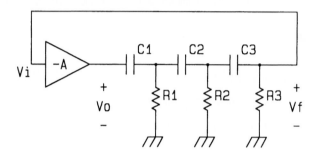

圖 10.2　移相振盪器

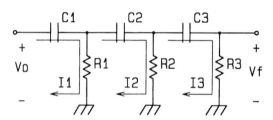

圖 10.3　移相振盪器的回授電路

　　假設放大器為反相放大器，在振盪頻率下，增益為實數（相移為零）則移相網路亦必為實數，故令 (10.3) 式之虛部為零。

即　　　　$\dfrac{6R^2}{\omega C} - \dfrac{1}{\omega^3 C^3} = 0$

解得　　$6R^2 C^2 \omega^2 = 1$

即　　　　$\omega = \dfrac{1}{\sqrt{6}RC}$ $\tag{10.4}$

或　　　$f = \dfrac{\omega}{2\pi} = \dfrac{1}{2\pi\sqrt{6}RC}$ 　　　　　　　　(10.5)

此即為電路的振盪頻率。

　　將 (10.4) 式代入 (10.3) 式中

得　　　$V_f = \dfrac{R^3 V_o}{R^3 - 5R \times 6R^2} = -\dfrac{V_o}{29}$

即　　　$\beta = \dfrac{V_f}{V_o} = -\dfrac{1}{29}$

因此放大器的增益為 -29。

　　圖 10.4 為使用 op amp 的移相振盪器,圖中 R_3 電阻同時為反相放大器的輸入電阻。反相放大器的增益為 $-(R_4/R_3)$。

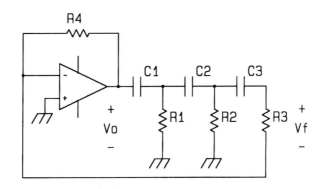

圖 10.4　使用 op amp 的移相振盪器

　　圖 10.5 為使用電晶體的移相放大器,電路中的第三個電阻 R_3 為 R_x 與電晶體放大器的輸入電阻相串聯之值。即 $(R_x + R_i)$。

　　將回授電路的 R-C 位置對調,如圖 10.6 所示,亦可形成振盪。電路分析如下:

$$V_o = I_1\left(R_1 + \frac{1}{j\omega C}\right) - I_2\left(\frac{1}{j\omega C}\right)$$

$$0 = -I_1\frac{1}{j\omega C} + I_2\left(\frac{2}{j\omega C} + R\right) - I_3\left(\frac{1}{j\omega C}\right)$$

$$0 = -I_2\left(\frac{1}{j\omega C}\right) + I_3\left(R + \frac{2}{j\omega C}\right)$$

$$I_3 = \frac{\begin{vmatrix} R_1 + \dfrac{1}{j\omega C} & -\dfrac{1}{j\omega C} & V_o \\[3mm] -\dfrac{1}{j\omega C} & R + \dfrac{2}{j\omega C} & 0 \\[3mm] 0 & -\dfrac{1}{j\omega C} & 0 \end{vmatrix}}{\begin{vmatrix} R_1 + \dfrac{1}{j\omega C} & -\dfrac{1}{j\omega C} & 0 \\[3mm] -\dfrac{1}{j\omega C} & R + \dfrac{2}{j\omega C} & -\dfrac{1}{j\omega C} \\[3mm] 0 & -\dfrac{1}{j\omega C} & R + \dfrac{2}{j\omega C} \end{vmatrix}}$$

$$I_3 = \frac{\dfrac{V_o}{j\omega^2 C^2}}{\left(R^3 - \dfrac{6R}{\omega^2 C^2}\right) + j\left(\dfrac{5R^2}{\omega C} - \dfrac{1}{\omega^3 C^3}\right)} \tag{10.6}$$

$$V_f = \frac{\dfrac{V_o}{j\omega^3 C^3}}{\left(R^3 - \dfrac{6R}{\omega^2 C^2}\right) + j\left(\dfrac{5R^2}{\omega C} - \dfrac{1}{\omega^3 C^3}\right)}$$

$$= \frac{\dfrac{V_o}{\omega^3 C^3}}{\left(\dfrac{1}{\omega^3 C^3} - \dfrac{5R^2}{\omega C}\right) + j\left(R^3 - \dfrac{6R}{\omega^2 C^2}\right)} \tag{10.7}$$

令虛部為零，則

$$R^3 - \frac{6R}{\omega^2 C^2} = 0$$

$$\omega^2 = \frac{6}{R^2 C^2}$$

$$\omega = \frac{\sqrt{6}}{RC} \tag{10.8}$$

$$f = \frac{\omega}{2\pi} = \frac{\sqrt{6}}{2\pi RC} \tag{10.9}$$

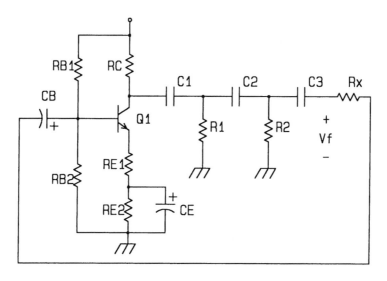

圖 10.5　使用電晶體的移相振盪器

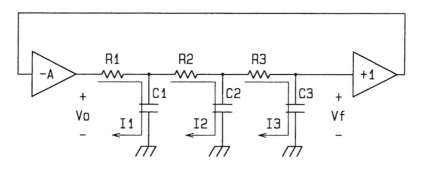

圖 10.6　滯後型移相振盪器

將 (10.9) 式代入 (10.7) 式得：

$$V_f = \frac{\dfrac{V_o}{\omega^3 C^3}}{\dfrac{1}{\omega C}\left(\dfrac{1}{\omega^2 C^2} - 5\dfrac{6}{\omega^2 C^2}\right)} = -\frac{V_o}{29}$$

若反相放大器的增益 $A > 29$ 則可構成振盪器。

圖 10.7 為實際的振盪電路。

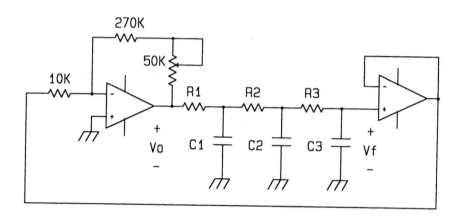

圖 10.7 滯後型移相振盪器

3. 偉恩電橋振盪器

圖 10.8 為偉恩 (Wien) 電橋振盪器的方塊圖，

若
$$Z_1 = R_1 + \frac{1}{j\omega C_1} = \frac{1 + j\omega C_1 R_1}{j\omega C_1}$$

$$Z_2 = R_2 /\!/ \frac{1}{j\omega C_2} = \frac{R_2}{1 + j\omega C_2 R_2}$$

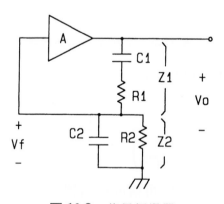

圖 10.8 偉恩振盪器

則回授電壓 V_f 為：

$$V_f = \frac{Z_2}{Z_1 + Z_2}V_o = V_o \frac{\dfrac{R_2}{1 + j\omega C_2 R_2}}{\dfrac{1 + j\omega C_1 R_1}{j\omega C_1} + \dfrac{R_2}{1 + j\omega C_2 R_2}}$$

$$V_f = V_o \frac{j\omega C_1 R_1}{(j\omega C_1 R_1 + 1)(j\omega C_2 R_2 + 1) + j\omega C_1 R_2}$$

$$= V_o \frac{j\omega C_1 R_1}{(1 - \omega^2 C_1 R_1 C_2 R_2) + j\omega(C_1 R_1 + C_2 R_2 + C_1 R_2) + 1}$$

若 $R_1 = R_2 = R$; $C_1 = C_2 = C$，則

$$V_f = V_o \frac{\omega CR}{3\omega CR - j(1 - \omega^2 C^2 R^2)} \tag{10.10}$$

令虛部 $=0$，則

$$1 - \omega^2 C^2 R^2 = 0$$

$$\omega = \frac{1}{RC} \tag{10.11}$$

或 $\qquad f = \frac{\omega}{2\pi} = \frac{1}{2\pi RC} \tag{10.12}$

而 $V_f = V_o/3$，若非反相放大器增益大於 3，則可構成振盪器。實際電路如圖 10.9 所示。圖中 $R_3 = 2 \times R_4$。

為維持迴路增益為 3，常使用正溫度系數的元件，如白熾燈泡。當輸出增大時，流經 R_3，R_4 的電流增加，R_4 因電流增加使電阻增加，因而減低了放大器的增益 $(A = 1 + R_3/R_4)$，使輸出振幅維持穩定值。同理，亦可使用負溫度系數的 R_4 電阻，作為穩定輸出之用。圖 10.10 為使用二極體限幅器的偉恩電橋振盪器。

圖 10.11 的振盪器是利用接面 FET 的壓變電阻特性 (FET 在低 V_{DS} 時，D-S 間有如電壓控制電阻器) 作為增益控制。

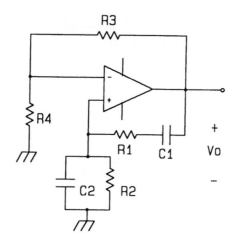

圖 **10.9** 實際的偉恩振盪器

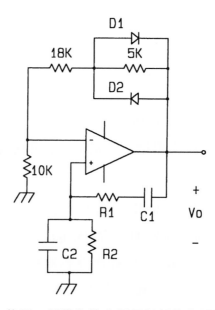

圖 **10.10** 使用二極體作輸出振幅限制的偉恩振盪器

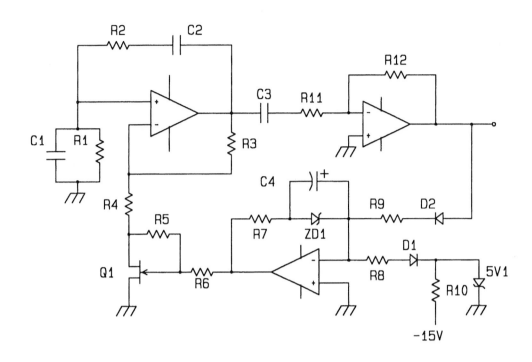

圖 10.11　使用 FET 作振幅限制的偉恩振盪器

4. L-C 振盪器

利用 RC 構成移相電路的振盪器，適用於較低頻的振盪，高頻振盪器則使用 L-C 作為回授電路，如圖 10.12 所示為射頻振盪的一般型，圖 (b) 則為等效電路。其輸出為

$$V_o = \frac{-A_v \hat{v}_{13} Z_L}{Z_L + R_o} \tag{10.13}$$

式中　$Z_L = Z_2 /\!/ (Z_1 + Z_3) = \dfrac{Z_1 Z_2 + Z_3 Z_2}{Z_1 + Z_2 + Z_3}$

而　$V_{13} = V_o \dfrac{Z_1}{Z_1 + Z_3}$

$$= \frac{Z_1}{Z_1 + Z_3} \times \frac{-A_v \hat{v}_{13} \dfrac{Z_1 Z_2 + Z_2 Z_3}{Z_1 + Z_2 + Z_3}}{R_o + \dfrac{Z_1 Z_2 + Z_2 Z_3}{Z_1 + Z_2 + Z_3}}$$

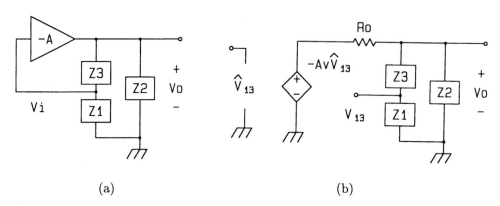

(a)　　　　　　　　　　　　　　　　(b)

圖 10.12　射頻振盪器之方塊圖

故回路增益

$$A\beta = \frac{v_{13}}{\hat{v}_{13}} = \frac{-A_v Z_1 Z_2}{R_o(Z_1 + Z_2 + Z_3) + Z_2(Z_1 + Z_3)} \qquad (10.14)$$

若 Z_1, Z_2, Z_3 均為電抗性元件 (L 或 C) 則可構成 $L\text{-}C$ 振盪器。

A. 考畢子振盪器

在 (10.14) 式中，若 Z_1, Z_2 選用電容器，而 Z_3 為電感器，且 $Z_1 + Z_2 = Z_3$，則稱為考畢子振盪器 (Colpitts Oscillator)

$$A\beta = \frac{-A_v X_1 X_2}{-X_2(X_3 - X_1)} = \frac{A_v X_1 X_2}{X_2^2} = A_v \frac{X_1}{X_2}$$

振盪頻率為

$$\frac{1}{\omega C_1} + \frac{1}{\omega C_2} = \omega L_3$$

$$\frac{C_1 + C_2}{\omega(C_1 + C_2)} = \omega L_3$$

$$\omega^2 = \frac{C_1 + C_2}{L_3 C_1 C_2} = \frac{1}{L_3 \dfrac{C_1 C_2}{C_1 + C_2}} = \frac{1}{L_3 C_{eq}}$$

$$\omega = \frac{1}{\sqrt{L_3 C_{eq}}} \tag{10.15}$$

$$f = \frac{\omega}{2\pi} = \frac{1}{2\pi\sqrt{L_3 C_{eq}}} \tag{10.16}$$

式中 $\quad C_{eq} = \frac{C_1 C_2}{C_1 + C_2} = C_1 \quad$ 串聯 $C_2 \tag{10.17}$

$$A\beta = A_v \frac{X_1}{X_2} = A_v \frac{\dfrac{1}{\omega C_1}}{\dfrac{1}{\omega C_2}} = A_v \frac{C_2}{C_1}$$

振盪時 $A\beta = 1$

即 $\quad A_v \geq \dfrac{C_1}{C_2} \tag{10.18}$

圖 10.13 為電晶體式的考畢子振盪器的實際電路。

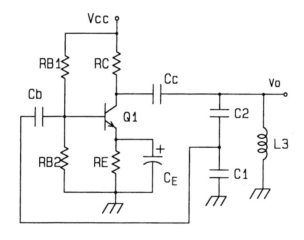

圖 10.13 考畢子振盪器

B. 哈特萊振盪器

在 (10.14) 式中,若 Z_1, Z_2 選用電感器,而 Z_3 使用電容器,且 $Z_1 + Z_2 = Z_3$,則稱為哈特萊振盪器 (Hartley Oscilator)。

振盪頻率為

$$\omega L_1 + \omega L_2 = \frac{1}{\omega C_3}$$

$$\omega = \frac{1}{\sqrt{(L_1 + L_2)C_3}} \tag{10.19}$$

或 $\quad f = \frac{\omega}{2\pi} = \frac{1}{2\pi\sqrt{(L_1 + L_2)C_3}} \tag{10.20}$

而放大器增益為

$$A\beta = A_0 \frac{X_1}{X_2} = A_v \frac{\omega L_1}{\omega L_2} > 1$$

即 $\quad A_v \geq \frac{L_2}{L_1} \tag{10.21}$

圖 10.14 為電晶體哈特萊振盪器。

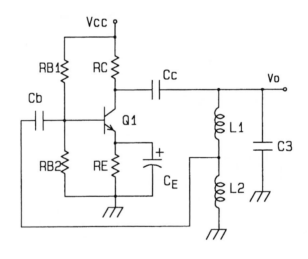

圖 10.14 哈特萊振盪器

5. 晶體振盪體

在需要高穩定頻率的振盪器，都使用石英晶體來作為振盪元件。圖 10.15 為石英晶體的符號及等效電路。圖 10.16 則為石英晶體的阻抗特性。石英晶體的品質因素定義為：

$$Q = \frac{2\pi f_o L}{R}$$

此常通常在數千之間。

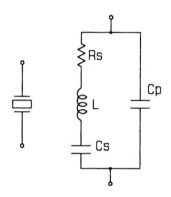

圖 10.15　石英晶體的符號及等效電路

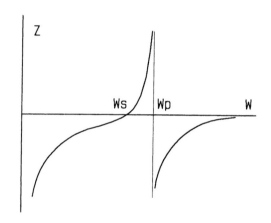

圖 10.16　石英晶體的阻抗特性

忽略石英晶體的串聯電阻，則其阻抗為：

$$Z = \frac{\left(j\omega L + \dfrac{1}{j\omega C_s}\right)\left(\dfrac{1}{j\omega C_p}\right)}{\left(j\omega L + \dfrac{1}{j\omega C_s}\right) + \left(\dfrac{1}{j\omega C_p}\right)}$$

$$= -j\frac{1}{\omega C_p}\frac{\omega^2 - \omega_s^2}{\omega^2 - \omega_p^2} \tag{10.22}$$

式中 $\quad \omega_p = \dfrac{1}{\sqrt{L\left(\dfrac{C_p C_s}{C_p + C_s}\right)}}, \quad \omega_s = \dfrac{1}{\sqrt{LC_s}}$ (10.23)

石英晶體的阻抗在 $\omega < \omega_s$ 及 $\omega > \omega_p$ 間屬於電容性，而僅在 $\omega_s < \omega < \omega_p$ 之間才為電感性阻抗。而事實上 ω_s 與 ω_p 是相當接近的兩個頻率。若以石英晶體取代考畢子振盪器的電感，則該振盪器僅在 ω_s 與 ω_p 間會振盪。因此可獲得頻率極穩定的振盪。如圖 10.17 所示為皮爾斯振盪器（Pierce oscilator）。而圖 10.18 的電路稱為米勒振盪器（Miller oscilator）。L_2 及 C_2 合成的阻抗與石英晶體的阻抗均為電感性，而 C_x 是利用 FET 的 G-D 間電容 C_{gd} 及電路雜散電容構成（實際並不需要加裝 C_x）。此電路相當於哈特萊振盪器的變形。

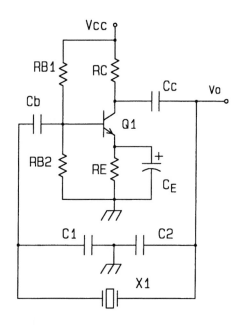

圖 10.17 皮爾斯振盪器

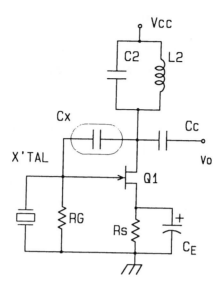

圖 **10.18**　米勒振盪器

6.　正交振盪器

同時具有相位差 90 度的兩正弦波輸出的振盪器稱為正交振盪器。圖 10.19
為使用二個積分電路構成為的正交振盪器。IC_1 為一反相積分器,其輸出為:

$$V_{ox} = -\frac{1}{RC} \int v_x dt = -\frac{V_x}{RSC}$$

$$\frac{V_{ox}}{V_x} = -\frac{1}{RSC} \tag{10.24}$$

而第二個 IC 及週邊元件則構成一非反相積分器,即

$$\frac{V_{ox} - \dfrac{V_o}{2}}{R_2} + \frac{\dfrac{V_o}{2}}{R_3} = \frac{\dfrac{v_o}{2}}{\dfrac{1}{SC}}$$

若取 $R_2 = R_3 = R$ 時,

$$\frac{v_{ox}}{R} - \frac{v_o}{2R} + \frac{V_o}{2R} = \frac{V_o SC}{2}$$

$$\frac{V_o}{V_{ox}} = \frac{2}{RSC} \tag{10.25}$$

故 $\dfrac{V_o}{V_x} = -\dfrac{1}{S^2 R^2 C^2}$ (10.26)

因此若將 V_o 接到 X 處，則構成兩相振盪器。

圖 10.20 為加上振幅限制器的正交振盪器，V_o 的振幅比 V_{ox} 大，因此利用 VR 作適當衰減後，由 IC_3 作緩衝取得 V_{oy} 輸出，並調整 VR 使 $|V_{ox}| = |V_{oy}|$。

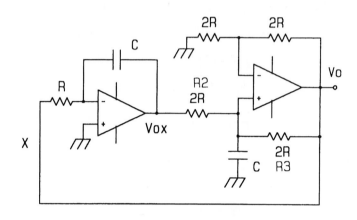

圖 10.19 正交振盪器

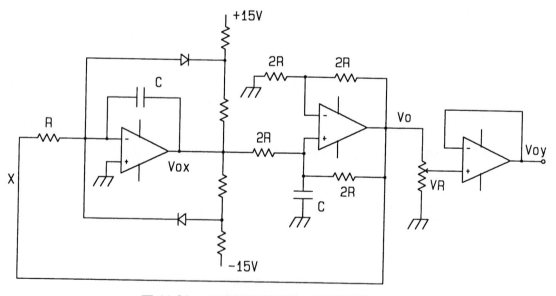

圖 10.20 具振幅限制器的正交振盪器

10.3 實驗項目

1. 工作一：電晶體移相振盪器

A. 實驗目的：

瞭解移相振盪器的振盪條件及特性

B. 材料表：

$100\,\text{k}\Omega \times 1$，$12\,\text{k}\Omega \times 1$，$4.7\,\text{k}\Omega \times 2$，$47\,\Omega \times 1$，$100\,\Omega \times 1$

$10\,\text{k}\Omega \times 3$

VR-$10\,\text{k}\Omega \times 1$

$0.1\,\mu\text{F} \times 3$，$0.033\,\mu\text{F} \times 3$，$0.01\,\mu\text{F} \times 3$，$3300\,\text{pF} \times 3$，$1000\,\text{pf} \times 3$

$2\text{SC}1815 \times 1$

C. 實驗步驟：

(1) 如圖 10.21 的接線。

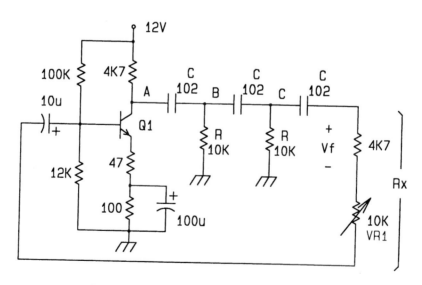

圖 10.21 超前型電晶體移相振盪器

(2) 測量電晶體各點的電壓以計算電晶體的工作點。

⑶ 使用示波器的 CH1，觀察 V_a 的波形，調整 VR_1 使輸出波形失真為最低。（若電路無法振盪，請將射極旁路電容 C_1 改接到電晶體射極與地之間）。

⑷ 觀察 V_a, V_b, V_c 的波形，並將測試結果記錄於圖 10.22。

⑸ 改變不同的電容值，觀察振盪頻率的變化，並將測量結果記錄於表 10.1 中。

表 10.1　移相振盪器 R-C 對振盪頻率關係

C	102	332	103	333	104
F_{req}					
(10.5)					

① $R = 10\,\text{k}$, $C = 0.1\,\mu\text{F}$

② $R = 10\,\text{k}$, $C = 0.033\,\mu\text{F}$

③ $R = 10\,\text{k}$, $C = 0.01\,\mu\text{F}$

④ $R = 10\,\text{k}$, $C = 3300\,\text{pF}$

⑤ $R = 10\,\text{k}$, $C = 1000\,\text{pF}$

⑹ 將電路 R 與 C 的位置對調，如圖 10.23 的接線，重複步驟⑷，⑸的實驗。並將測試結果記錄於圖 10.24。

⑺ 比較振盪頻率與 (10.5)，(10.9) 之差異。

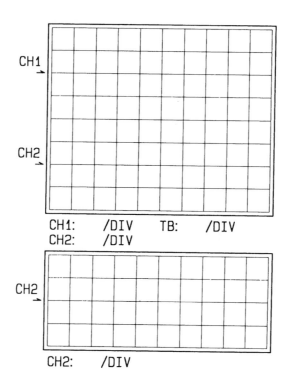

圖 10.22　圖 10.21 實驗結果

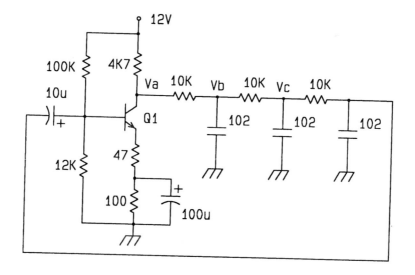

圖 10.23　滯後型電晶體移相振盪器

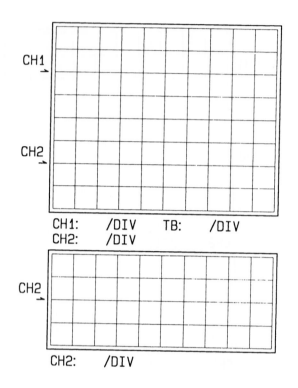

CH1:　　／DIV　　TB:　　／DIV
CH2:　　／DIV

CH2:　　／DIV

圖 10.24　圖 10.23 實驗結果

2.　工作二：op amp 移相振盪器

A.　實驗目的：

瞭解移相振盪器的振盪條件及特性

B.　材料表：

$270\,\mathrm{k\Omega} \times 1$，$10\,\mathrm{k\Omega} \times 1$，$51\,\mathrm{k\Omega} \times 2$

VR-$50\,\mathrm{k\Omega} \times 1$

$0.1\,\mu\mathrm{F} \times 3$，$0.033\,\mu\mathrm{F} \times 3$，$0.01\,\mu\mathrm{F} \times 3$，$3300\,\mathrm{pF} \times 3$，$1000\,\mathrm{pf} \times 3$

TL074×1

IN4148×2

C.　實驗步驟：

(1) 如圖 10.25 的接線。

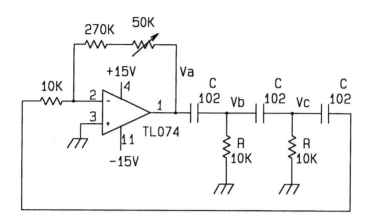

圖 10.25　使用 op amp 超前型移相振盪器

(2) 觀察 V_a, V_b, V_c 的波形，並將測試結果記錄於圖 10.26。

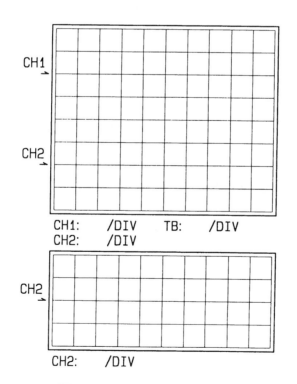

圖 10.26　圖 10.25 實驗結果

(3) 改變不同的電容值，觀察振盪頻率的變化，並將測量結果記錄於表 10.1 中。

　① $R = 10\,\mathrm{k}$, $C = 0.1\,\mu\mathrm{F}$

　② $R = 10\,\mathrm{k}$, $C = 0.033\,\mu\mathrm{F}$

　③ $R = 10\,\mathrm{k}$, $C = 0.01\,\mu\mathrm{F}$

　④ $R = 10\,\mathrm{k}$, $C = 3300\,\mathrm{pF}$

　⑤ $R = 10\,\mathrm{k}$, $C = 1000\,\mathrm{pF}$

(4) 將電路 R 與 C 的位置對調，如圖 10.27 的接線，重複步驟(4)，(5)的實驗。並將測試結果記錄於圖 10.28。

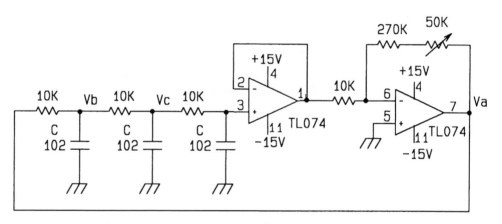

圖 10.27　使用 op amp 滯後型移相振盪器

(5) 比較振盪頻率與 (10.5)，(10.9) 之差異。

(6) 將電改為如圖 10.29 及 10.31 的接線，重複以上的實驗步驟。並將測試結果記錄於圖 10.30 及圖 10.32。

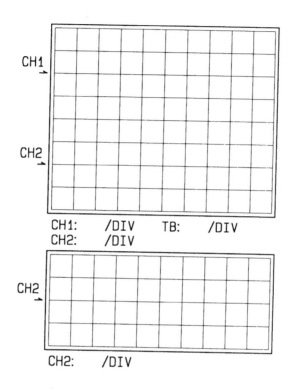

圖 10.28　圖 10.27 實驗結果

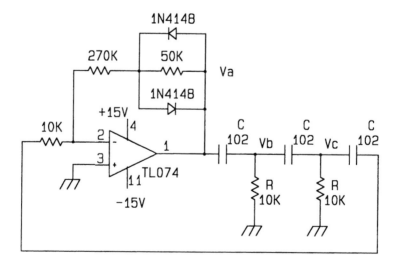

圖 10.29　具振幅限制超前型移相振盪器

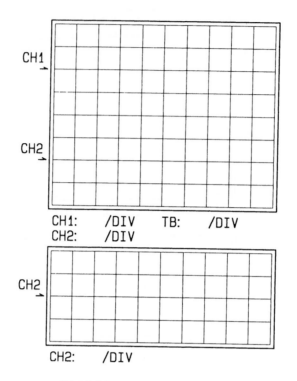

CH1:　　　/DIV　　TB:　　　/DIV
CH2:　　　/DIV

CH2:　　　/DIV

圖 10.30　圖 10.29 實驗結果

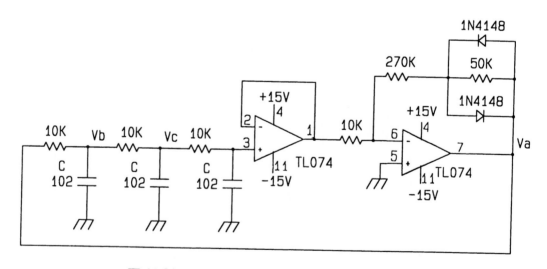

圖 10.31　具振幅限制滯後型移相振盪器

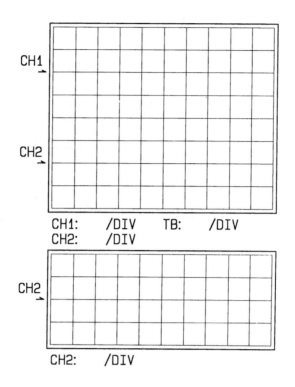

CH1: /DIV TB: /DIV
CH2: /DIV

CH2: /DIV

圖 10.32 圖 10.31 實驗結果

3. 工作三：偉恩電橋振盪器

A. 實驗目的：

瞭解偉恩電橋振盪器的振盪條件及特性

B. 材料表：

$18\,\mathrm{k\Omega} \times 1$，$10\,\mathrm{k\Omega} \times 1$，$5\,\mathrm{k\Omega} \times 2$，$15\,\mathrm{k\Omega} \times 1$，$3.3\,\mathrm{k\Omega} \times 1$

$100\,\mathrm{k\Omega} \times 2$，$22\,\mathrm{k\Omega} \times 1$，$1\,\mathrm{k\Omega} \times 2$，$47\,\mathrm{k\Omega} \times 1$，$33\,\mathrm{k\Omega} \times 1$

ZENER 5.1×1

VR-$50\,\mathrm{k\Omega} \times 1$

$1\,\mu\mathrm{F} \times 1$

$0.1\,\mu\mathrm{F} \times 2$，$0.033\,\mu\mathrm{F} \times 2$，$0.01\,\mu\mathrm{F} \times 2$，$3300\,\mathrm{pF} \times 2$，$1000\,\mathrm{pf} \times 2$

TL074$\times 1$，IN4148$\times 2$

C. 實驗步驟：

(1) 如圖 10.33 的接線。

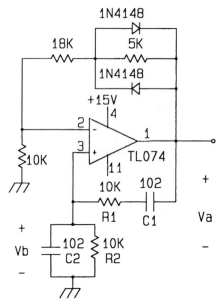

圖 10.33 偉恩振盪器

(2) 觀察 V_a, V_b 的波形，並將測試結果記錄於圖 10.34。

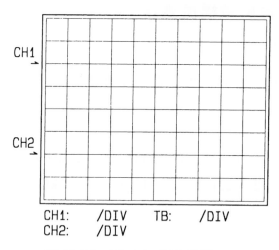

CH1: /DIV   TB: /DIV
CH2: /DIV

圖 10.34 圖 10.33 實驗結果

(3) 改變不同的電容值，觀察振盪頻率的變化，並將測量結果記錄於表 10.2 中。

表 10.2　偉恩電橋振盪器 R-C 對振盪頻率關係

C	102	332	103	333	104
F_{req}					
(10.5)					

① $R = 10\,\text{k},\ C = 0.1\,\mu\text{F}$

② $R = 10\,\text{k},\ C = 0.033\,\mu\text{F}$

③ $R = 10\,\text{k},\ C = 0.01\,\mu\text{F}$

④ $R = 10\,\text{k},\ C = 3300\,\text{pF}$

⑤ $R = 10\,\text{k},\ C = 1000\,\text{pF}$

⑷ 比較振盪頻率與 (10.12) 之差異。

⑸ 如圖 10.35 的接線，重複步驟(2)，(3)的實驗，並將測試結果記錄於圖 10.36。

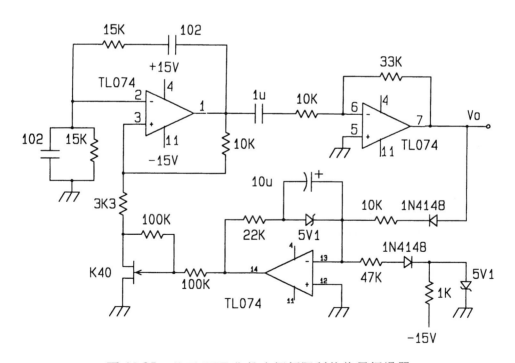

圖 10.35　使用 FET 作輸出振幅限制的偉恩振盪器

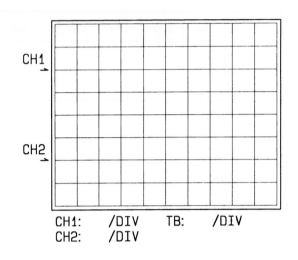

CH1: /DIV   TB: /DIV
CH2: /DIV

圖 **10.36** 圖 10.35 實驗結果

4. 工作四：正交振盪器

A. 實驗目的：

瞭解正交振盪器的振盪條件及特性

B. 材料表：

$12\,k\Omega \times 2$，$3.3\,k\Omega \times 2$，$10\,k\Omega \times 3$，$15\,k\Omega \times 2$

VR-$10\,k\Omega \times 1$

$0.1\,\mu F \times 2$，$0.033\,\mu F \times 2$，$0.01\,\mu F \times 2$，$3300\,pF \times 2$，$1000\,pf \times 2$

TL074×1，IN4148×2

C. 實驗步驟：

(1) 如圖 10.37 的接線。

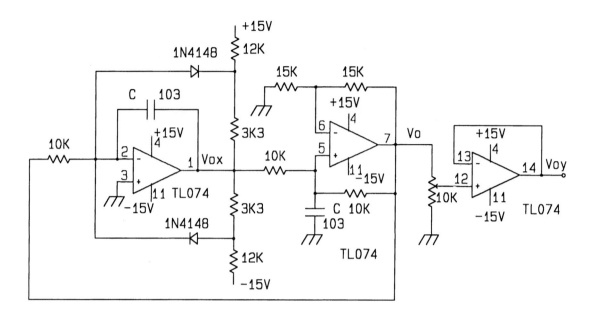

圖 10.37　正交振盪器

(2) 觀察 V_{ox}, V_{oy}，的波形，並將測試結果記錄於圖 10.38。

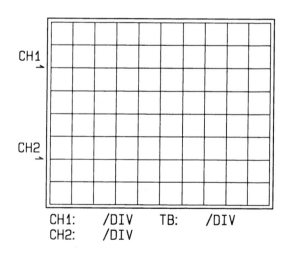

圖 10.38　圖 10.37 實驗結果

(3) 改變不同的電容值，觀察振盪頻率的變化。

① $R = 10\,\text{k}$, $C = 0.1\,\mu\text{F}$

② $R = 10\,\mathrm{k}$, $C = 0.033\,\mu\mathrm{F}$

③ $R = 10\,\mathrm{k}$, $C = 0.01\,\mu\mathrm{F}$

④ $R = 10\,\mathrm{k}$, $C = 3300\,\mathrm{pF}$

⑤ $R = 10\,\mathrm{k}$, $C = 1000\,\mathrm{pF}$

5. 工作五：考畢子振盪器與哈特萊振盪器

A. 實驗目的：

瞭解考畢子振盪器與哈特萊振盪器的振盪條件及特性

B. 材料表：

$12\,\mathrm{k}\Omega \times 1$，$100\,\mathrm{k}\Omega \times 1$，$100\,\mathrm{k}\Omega \times 2$，$4.7\,\mathrm{k}\Omega \times 1$，

$100\,\mu\mathrm{F} \times 1$，$0.001\,\mu\mathrm{F} \times 2$，$0.01\,\mu\mathrm{F} \times 2$，$100\,\mathrm{pF} \times 2$

$2\mathrm{SC}945 \times 1$

$100\,\mathrm{uH}$，$510\,\mathrm{uH}$

$\mathrm{CRYSTAL}\,1\,\mathrm{MHz}$

C. 實驗步驟：

(1) 如圖 10.39 的接線。

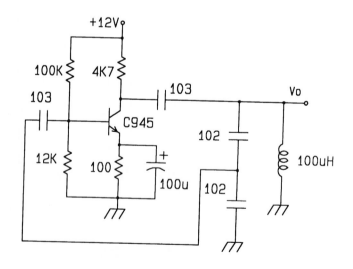

圖 **10.39**　考畢子振盪器

⑵ 測量電晶體各點的電壓以計算電晶體的工作點。

⑶ 觀察 V_o 的波形，並將測試結果記錄於圖 10.40。

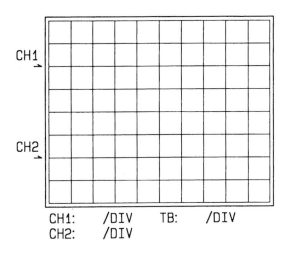

CH1:　　/DIV　　TB:　　/DIV
CH2:　　/DIV

圖 10.40　圖 10.39 實驗結果

⑷ 比較振盪頻率與 (10.16)，反推算出電感值。

⑸ 將電路改為如圖 10.41 的接線，重複步驟⑶的實驗。並將測試結果記錄於圖 10.42。

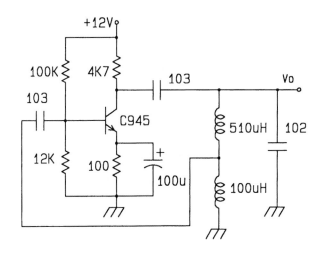

圖 10.41　石英晶體振盪器

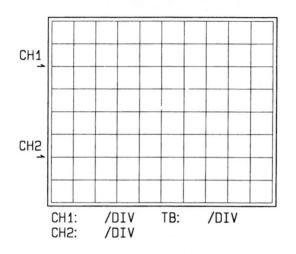

CH1:　　／DIV　　TB:　　／DIV
CH2:　　／DIV

圖 10.42　圖 10.41 實驗結果

⑹ 將電路改為如圖 10.43 的接線，重複步驟⑶的實驗。並將測試結果記錄
於圖 10.44。

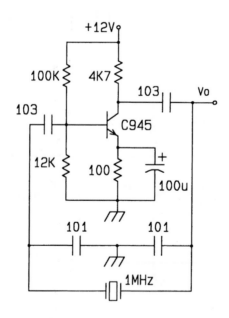

圖 10.43　哈特萊振盪器

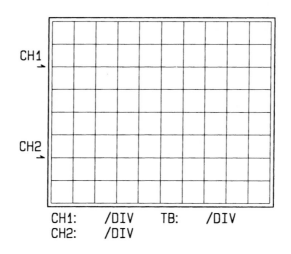

圖 10.44　圖 10.43 實驗結果

10.4　電路模擬

本節中將以 Pspice 模擬軟體來分析電路的特性，使電路模型分析的結果與實際電路實驗有一對照。

1.　電晶體移相振盪器電路模擬

如圖 10.45 所示，各元件分別在 jbipolar.slb, source.slb 及 analog.slb，選擇 Time Domain 分析，記錄時間自 50 ms 到 55 ms，最大分析時間間隔為 0.001 ms。圖 10.46 為移相振盪器器模擬結果，上圖為電晶體的輸出，下圖為各點的回授信號，振盪頻率為 660 Hz。

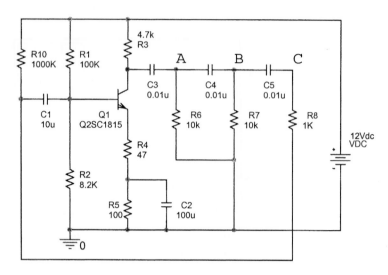

圖 10.45 電晶體移相振盪器

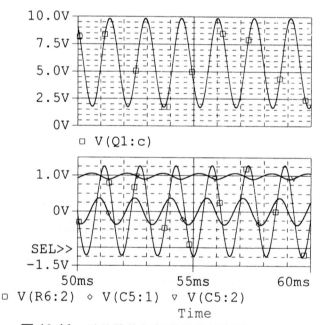

圖 10.46 電晶體移相振盪器器模擬結果

2. OP Amp 移相振盪器電路模擬

如圖 10.47 所示，各元件分別在 opamp.slb, source.slb 及 analog.slb，選擇 Time Domain 分析，記錄時間自 170 ms 到 175 ms，最大分析時間間隔為

0.01 ms。圖 13.48 為移相振盪器器模擬結果，上圖為各點的回授信號，下圖為電晶體的輸出，振盪頻率為 660 Hz。

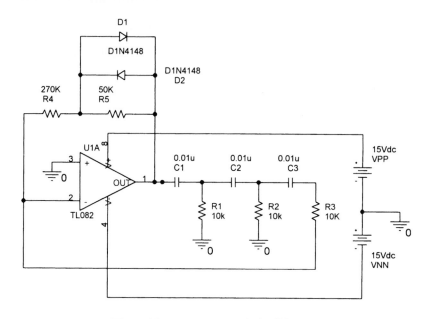

圖 10.47　OP Amp 移相振盪器

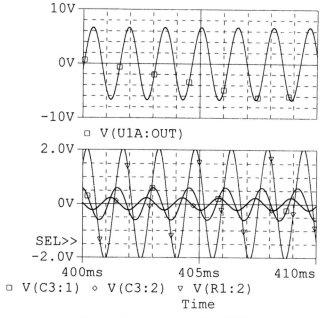

圖 10.48　移相振盪器器模擬

3. 偉恩電橋振盪器電路模擬

如圖 10.49 所示，各元件分別在 diode.slb, opamp.slb, source.slb 及 analog.slb，選擇 Time Domain 分析，記錄時間自 50 ms 到 52 ms，最大分析時間間隔為 0.001 ms。圖 10.50 偉恩電橋振盪器模擬結果，振盪頻率為 1.6 KHz。

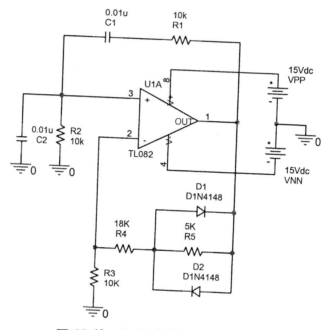

圖 10.49 偉恩電橋振盪器

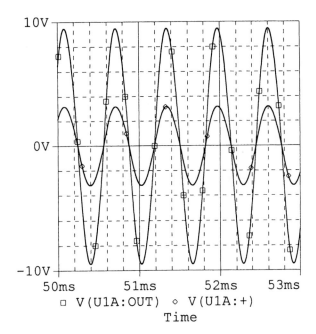

圖 10.50 偉恩電橋振盪器模擬結果

4. 正交振盪器電路模擬

　　如圖 10.51 所示，各元件分別在 diode.slb, opamp.slb, source.slb 及 analog.slb，選擇 Time Domain 分析，記錄時間自 50 ms 到 52 ms，最大分析時間間隔為 0.001 ms。圖 10.52 為正交振盪器模擬結果，振盪頻率為 2.27 KHz。

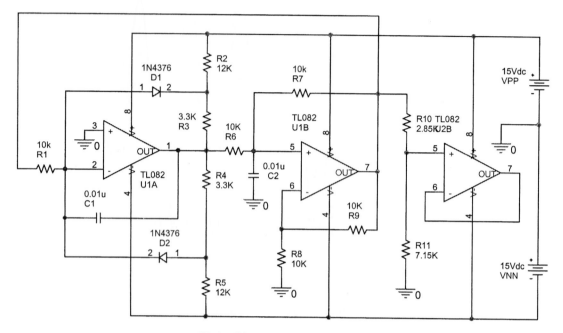

圖 10.51 正交振盪器

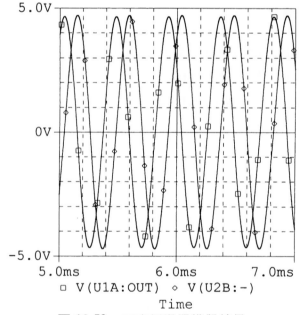

□ V(U1A:OUT)   ◇ V(U2B:-)
Time

圖 10.52 正交振盪器模擬結果

第十一章

方波及三角波振盪器

11.1 實驗目的

1. 非穩態多諧振盪器

2. 數位 IC 振盪器

3. op amp 的方波振盪器

4. 方波 - 三角波產生器

11.2 相關知識

正弦波振盪器仍是利用正回授的原理, 當在某一頻率時，若迴路增益為 1 且相位角為 0° 或 360°，則可構成正弦波振盪器。而方波振盪器則是利用 RC 充放電及比較電路，使輸出電路在 ON-OFF 下操作而得。

常見的方波振盪器有

(1) 非穩態多諧振盪器，

(2) 利用數位 IC 充放電產生方波，

(3) 使用積分器與比較器來產生方波。

1. 非穩態多諧振盪器

圖 11.1 所示為 BJT 的非穩態多諧振盪器 (astable multivibrator)。 R_1、 R_{C1} 及 Q_1 與 R_2、 R_{C2}、 Q_2 分別為反相放大器。而 Q_1 的輸出利用電容

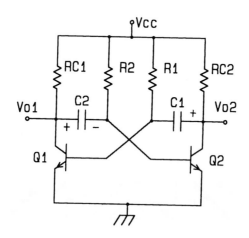

圖 11.1 BJT 的非穩態多諧振盪器

器 C_2 接到 Q_2 的輸入，Q_2 的輸出經電容器 C_1 接到 Q_1 的基極，圖 11.2 為另一種常見的電路畫法。其動作原理分析如下：

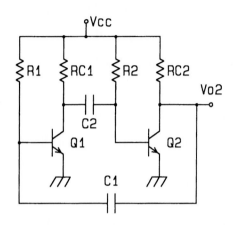

圖 11.2　非穩態多諧振盪器另一種常見的電路

如圖 11.3 所示，假設剛開始時，電容器尚未充電，兩端的電壓為零。

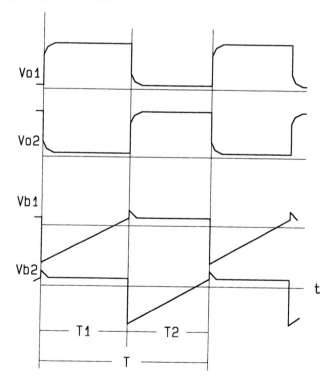

圖 11.3　非穩態多諧振盪器各點波形

電源投入時，兩電晶體同時順偏而開始導通，雖然兩電晶體電路一樣，而實際上因元件會有些許的差異，因此導致兩電晶體的 I_C 會有些許不同，假設 $I_{C1} > I_{C2}$，故 V_{C1} 電壓下降較 V_{C2} 電壓下降快，而 V_{C1} 電壓經電容器回授到 Q_2 的基極使 V_{BE2} 減少，I_{C2} 更小，以至於使 Q_2 完全截止而 Q_1 飽和。$V_{C1} \fallingdotseq 0.2\,\mathrm{V}$ 而 $V_{C2} \fallingdotseq V_{CC}$，$V_{B1} = 0.7\,\mathrm{V}$，$V_{B2} = 0$，電容器 C_1 左端電壓 $\fallingdotseq V_{BE1} = 0.7\,\mathrm{V}$；右端電壓 $\fallingdotseq V_{CC}$，即 $V_{C1} \fallingdotseq V_{CC} - 0.7\,\mathrm{V}$，右端為 $+$。

　　而電容器 C_2 則經由 R_2 向 V_{CC} 充電。當電容器 C_2 充電到 $+0.7\,\mathrm{V}$ 時，電晶體 Q_2 開始導通，V_{C2} 電壓逐漸下降，此電壓經 C_1 回授到 V_{B1} 使 Q_1 基極電壓減少，而使 V_{C1} 電壓上升。V_{C1} 電壓上升使 V_{B1} 電壓相對提高而加快電晶體 Q_2 的導通，Q_1 的截止。

　　最後 Q_2 完全飽和而 Q_1 完全截止，原先留存於 C_1 的電壓 $(V_{CC} - 0.7\,\mathrm{V})$ 將因 Q_2 的飽和而使 Q_1 的基極呈現負電壓 $-(V_{CC} - 0.7\,\mathrm{V})$，如圖 t_2 點所示。

　　同樣的電容器 C_2 左端電壓將上升到 V_{CC}，而右端電壓為 $0.7\,\mathrm{V}$，即 $V_{C2} = V_{CC} - 0.7\,\mathrm{V}$，電容器 C_1 則自 $V_{CE,\mathrm{sat}} - (V_{CC} - 0.7\,\mathrm{V})$ 經 R_1 向 V_{CC} 充電。當 V_{C1} 電壓上升到 $+0.7\,\mathrm{V}$ 時，則 Q_1 又開始導通，Q_2 截止。因此電晶體 Q_1，Q_2 是交替 ON/OFF，故在 V_{C1}, V_{C2} 可得到互補的方波輸出。假設 Q_2 為 ON，Q_1 為 OFF，如圖 11.4 所示，此時電容器 C_1 充電過程的等效電路如圖 11.5，C_1 充電方程式為：

$$V_C(t) = V_C(0) + (V_{CC} - V_{CE,\mathrm{sat}} - V_C(0))(1 - e^{-t/R_1 \times C_1})$$

$$V_C(0) = -(V_{CC} - V_{BE})$$

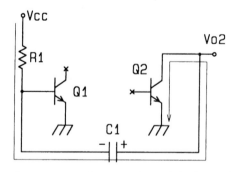

圖 11.4　Q_2 為 ON，Q_1 為 OFF 時，電容器 C_1 充電過程

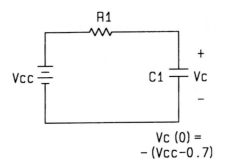

圖 11.5 C_1 充電等效電路

即 $V_C(t) = (V_{CC} - V_{CE,\text{sat}}) - (V_{CC} - V_{CE,\text{sat}} + V_{CC} - V_{BE})e^{-t/R_1 \times C_1}$ (11.1)

當 $t = T_1$ 時，$V_C(t) = +V_{BE}$，電晶體改變狀態，故

$$V_{BE} = (V_{CC} - V_{CE,\text{sat}}) - (V_{CC} - V_{CE,\text{sat}} + V_{CC} - V_{BE})e^{-t/R_1 \times C_1}$$

$$T_1 = R_1 \times C_1 \times \ln\left(\frac{V_{CC} - V_{CE,\text{sat}} + V_{CC} - V_{BE}}{V_{CC} - V_{CE,\text{sat}} - V_{BE}}\right) \tag{11.2}$$

若忽略 $V_{CE,\text{sat}}$，V_{BE} 電壓，則

$$T_1 = R_1 \times C_1 \times \ln 2 = 0.693 \times R_1 \times C_1 \tag{11.3}$$

同理 Q_1 導通的時間為：

$$T_2 = R_2 \times C_2 \times \ln 2 = 0.693 \times R_2 \times C_2 \tag{11.4}$$

故振盪週期

$$T = T_1 + T_2 = 0.693 \times (R_1 \times C_1 + R_2 \times C_2) \tag{11.5}$$

$$f = \frac{1}{0.693 \times (R_1 \times C_1 + R_2 \times C_2)} \tag{11.6}$$

若 $C_1 = C_2 = C$, $R_1 = R_2 = R$，則可得到對稱的方波，其週期為：

$$T = 1.386 \times R \times C \tag{11.7}$$

故振盪頻率為：

$$f = \frac{1}{1.386 \times R \times C} = \frac{0.722}{R \times C} \tag{11.8}$$

2. 使用 op amp 的方波振盪器

圖 11.6 為使用 op amp 的方波振盪器，op amp 與 R_1, R_2 構成一反相的史密特比較器，其回授電壓為：

$$\beta V_o = V_o \times \frac{R_1}{R_1 + R_2} = V_1$$

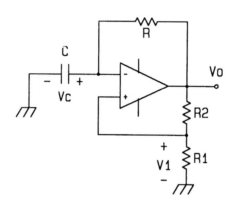

圖 11.6 op amp 的方波振盪器

當 $V_c > V_1$，則輸出為負飽和電壓，反之若 $V_c < V_1$，則輸出為正飽和電壓。當電源投入時，假設電容器尚未充電，$V_c = 0$，而輸出為正飽和電壓 (當然也有可能為負飽和電壓囉)。因此 $V_1 = \beta V_o = +\beta V_{sat} > V_c$，恰如我們所假設情況一樣。

由於輸出為正飽和電壓，因此，此電壓會經由電阻 R 向電容器 C 充電。當電容器電壓上升超過 V_1 時，op amp 的輸出反相，轉為 $-V_{sat}$，如圖 11.7 所示。此時電容器上的電壓為 $+\beta V_{sat}$。

由於輸出轉態轉為 $-V_{sat}$，因此 V_1 的電壓為 $-\beta V_{sat}$，電容器將自 $+\beta V_{sat}$ 往 $-V_{sat}$ 反向充電。

同理，當 V_c 電壓下降到使 $V_c < V_1 = -\beta V_{sat}$，輸出再度轉態為 $+V_{sat}$, $V_1 = +\beta V_o = +\beta V_{sat}$，電容器重新自 $-\beta V_{sat}$ 向 $+V_{sat}$ 充電。因此輸出電壓是在 $+V_{sat}$ 與 $-V_{sat}$ 反復振盪的。振盪的頻率分析如下：

當輸出為 $+V_{sat}$, $V_1 = +\beta V_{sat}$ 而電容器自 $-\beta V_{sat}$ 充電，其充電方程式為：

$$V_c(t) = -\beta V_{sat} + \left[+V_{sat} - (-\beta V_{sat}) \right] (1 - e^{-t/R \times C})$$

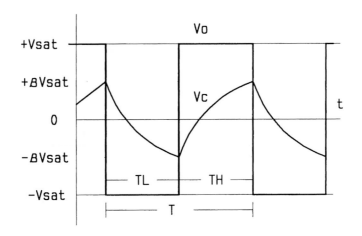

圖 11.7 op amp 的方波振盪器各點波形

$$= V_{\text{sat}} - (1 + \beta)V_{\text{sat}} \times e^{-t/R \times C} \tag{11.9}$$

充電到 $+\beta V_{\text{sat}}$ 的時間為 T_h，則

$$+\beta V_{\text{sat}} = V_{\text{sat}} - (1 + \beta)V_{\text{sat}} \times e^{-T_h/R \times C}$$

$$T_h = R \times C \times \ln\left(\frac{1+\beta}{1-\beta}\right) \tag{11.10}$$

式中　　$\beta = \dfrac{R_1}{R_1 + R_2}$

或　　$T_h = R \times C \times \ln\left(\dfrac{2R_1 + R_2}{R_2}\right) \tag{11.11}$

$$= R \times C \times \ln\left(1 + \frac{2R_1}{R_2}\right) \tag{11.12}$$

同樣電容器自 $+V_{\text{sat}}$ 放電到 $-V_{\text{sat}}$ 的時間 (V_o 為 $-V_{\text{sat}}$) 為 $T_l = T_h$，故振盪的週期為：

$$T = T_h + T_1$$

$$= 2 \times R \times C \times \ln\left(\frac{1+\beta}{1-\beta}\right) = 2 \times R \times C \times \ln\left(1 + \frac{2R_1}{R_2}\right) \tag{11.13}$$

若要得到不同週期的方波，則可將圖中的 R 改成圖 11.8，其週期分別為：

$$T_h = R_a \times C \times \ln\left(\frac{1+\beta}{1-\beta}\right) \tag{11.14}$$

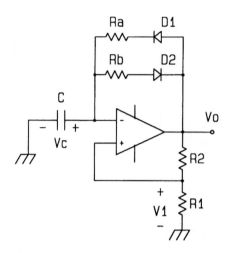

圖 11.8 不同週期的方波振盪器

$$T_l = R_b \times C \times \ln\left(\frac{1+\beta}{1-\beta}\right) \tag{11.15}$$

$$T = T_h + T_l = (R_a + R_b) \times C \times \ln\left(\frac{1+\beta}{1-\beta}\right) \tag{11.16}$$

而工作週期為：

$$DT = \frac{T_h}{T} \times 100\% = \frac{R_a}{R_a + R_b} \times 100\% \tag{11.17}$$

3. 方波與三角波振盪器

如圖 11.9 所示為同時產生方波與三角波的振盪電路， A_2 及 R_1, R_2 構成一非反相史密特比較電路， A_1 與 RC 構成積分器。

當 V_{o2} 輸出為 $+V_{\text{sat}}$ 時，則 V_x 的電壓為：

$$V_x = V_{o1} \times \frac{R_2}{R_1 + R_2} + V_{\text{sat}} \times \frac{R_1}{R_1 + R_2}$$

因此當 V_x 電壓下降到 $0\,\mathrm{V}$ 以下， V_{o2} 才會轉態成為 $-V_{\text{sat}}$，此時的 V_{o1} 為：

$$0 = V_{o1} \times \frac{R_2}{R_1 + R_2} + V_{\text{sat}} \times \frac{R_1}{R_1 + R_2}$$

$$V_{o1} = -V_{\text{sat}} \times \frac{R_1}{R_2} \tag{11.18}$$

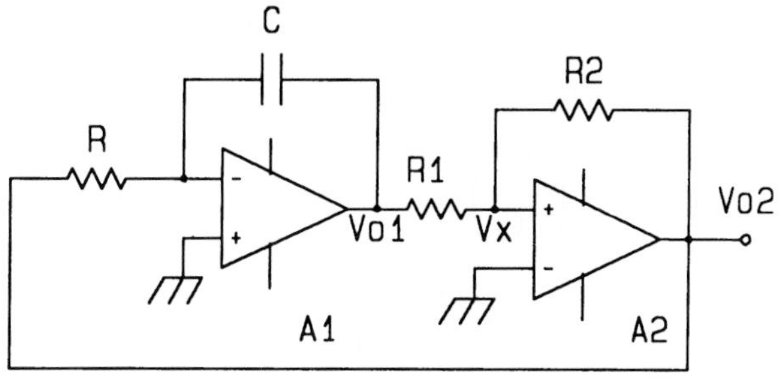

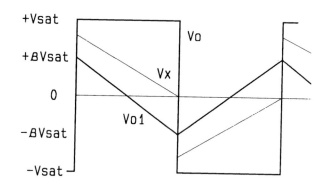

圖 11.9　方波與三角波振盪器

　　轉態後 V_{o2} 成為 $-V_{\text{sat}}$，因此積分改為正向積分，V_{o1} 往 $+V_{\text{sat}}$ 變化。同理當 V_x 由負電壓超越 $0\,\text{V}$ 時，輸出再度轉態為 $+V_{\text{sat}}$，此時：

$$V_{o1} = +V_{\text{sat}} \times \frac{R_1}{R_2}$$

因此在 V_{o2} 可得 $\pm V_{\text{sat}}$ 的方波輸出，而於 V_{o2} 可得三角波的輸出，詳細各點波形如圖 11.10 所示。

圖 11.10　方波與三角波振盪器各點波形

振盪週期分析：

　　當 V_{o2} 輸出為正飽和電壓，而 V_{o1} 輸出為 $+V_{\text{sat}}(R_1/R_2)$，此電壓即為積分電容器上的初值電壓，電容器上的電壓為：

$$V_o(t) = V_c(0) - \frac{1}{C}\int_0^t \frac{+V_{\text{sat}}}{R}dt$$

$$= +V_{\text{sat}} \times \left(\frac{R_1}{R_2}\right) - V_{\text{sat}} \times \frac{t}{R \times C} \tag{11.19}$$

當 $t = T_h$ 時

$$V_c(t) = -V_{\text{sat}} \times \left(\frac{R_1}{R_2}\right)$$

$$-V_{\text{sat}} \times \frac{R_1}{R_2} = +V_{\text{sat}} \times \left(\frac{R_1}{R_2}\right) - V_{\text{sat}} \times \frac{T_h}{R \times C}$$

故　　　$T_h = 2 \times R \times C \times \dfrac{R_1}{R_2}$

同理，V_{o1} 從 $-(R_1/R_2) \times V_{\text{sat}}$ 積分到 $+(R_1/R_2)V_{\text{sat}}$ 的時間為 T_l

$$T_l = T_h = 2 \times R \times C \times \frac{R_1}{R_2}$$

故整個振盪週期為：

$$T = T_h + T_1 = 4 \times R \times C \times \frac{R_1}{R_2} \tag{11.20}$$

故輸出頻率為：

$$f = \frac{1}{T} = \frac{R_2}{4 \times R \times C \times R_1} \tag{11.21}$$

11.3　實驗項目

1.　工作一：非穩態電晶體多諧振盪器

A.　實驗目的：

瞭解非穩態電晶體多諧振盪器的振盪條件及特性

B.　材料表：

2SC1815×2

$10\,\text{k}\Omega \times 2$，$2.2\,\text{k}\Omega \times 2$，$4.7\,\text{k}\Omega \times 2$，$470\,\text{k}\Omega \times 2$

$1000\,\text{pf} \times 2$，$3300\,\text{pF} \times 2$，$0.01\,\mu\text{F} \times 2$，$0.033\,\mu\text{F} \times 2$

$0.1\,\mu\text{F} \times 2$，$0.33\,\mu\text{F} \times 2$，$1\,\mu\text{F} \times 2$，$3.3\,\mu\text{F} \times 2$，$10\,\mu\text{F} \times 2$

C. 實驗步驟：

(1) 如圖 11.11 的接線。

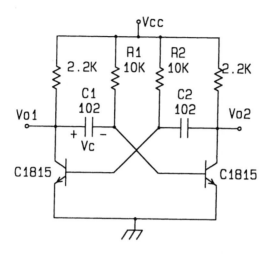

圖 11.11　非穩態電晶體多諧振盪器

(2) 示波器使用外部觸發，將外部觸發輸入接於 V_{o1}。CH1，CH2 分別接到 V_{o1}，及 V_{o2} 以觀察其波形，並將測試結果記錄於圖 11.12 中。

(3) 將 CH1，CH2 分別接到 V_{b1}，V_{b2} 觀察其波形，並將測試結果記錄於圖 11.12 中。

(4) 將 CH1，CH2 分別接到 V_{o1}，V_{b2}，CH2 選擇反相 (INV)，顯示模式選擇 (ADD)，以觀察 V_{c1} 其波形，並將測試結果記錄於圖 11.12 中。

(5) $R_1 = R_2 = 10\,\text{k}\Omega$，改變不同的電容值，觀察振盪頻率的變化例如：

①$C_1 = C_2 = 10\,\mu\text{F}$　　　　　②$C_1 = C_2 = 3.3\,\mu\text{F}$

③$C_1 = C_2 = 1\,\mu\text{F}$　　　　　④$C_1 = C_2 = 0.33\,\mu\text{F}$

⑤$C_1 = C_2 = 0.1\,\mu\text{F}$　　　　　⑥$C_1 = C_2 = 0.033\,\mu\text{F}$

⑦$C_1 = C_2 = 0.01\,\mu\text{F}$　　　　⑧$C_1 = C_2 = 3300\,\text{pF}$

⑨$C_1 = C_2 = 1000\,\text{pF}$

並將振盪頻率記錄於表 11.1 中。

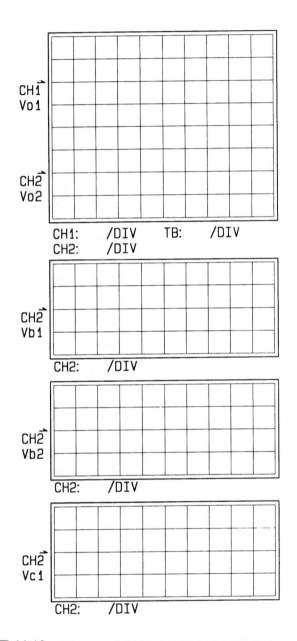

圖 11.12 圖 11.11 非穩態電晶體多諧振盪器波形

表 11.1　BJT 的非穩態多諧振盪器 R-C 對振盪頻率特性

CAP	1000 P	3300 P	.01	.033	0.1	0.33	1 u	3.3 u	10 u
$R = 10\,\text{k}$									
FREQ									
$R = 470\,\text{k}$									
FREQ									

(6) 將電路 R 改為 $470\,\text{k}\Omega$，重複步驟(5)的實驗。並將振盪頻率記錄於表 11.1 中。

(7) 以 R 為參數，C 為水平軸，振盪頻率為垂直軸，使用表 11.1 的數據，於全對數紙繪出 C 對振盪頻率的特性曲線於圖 11.13。

(8) 將電路 $R_1 = 10\,\text{k}\Omega$, $C_1 = 1000\,\text{pF}$, $R_2 = 470\,\text{k}\Omega$, $C_2 = 0.01\,\mu\text{F}$，觀察 V_{o1} 及 V_{b2} 波形，並將測試結果記錄於圖 11.14 中。

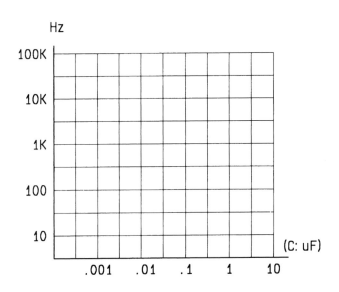

圖 11.13　圖 11.11 R-C 對振盪頻率特性

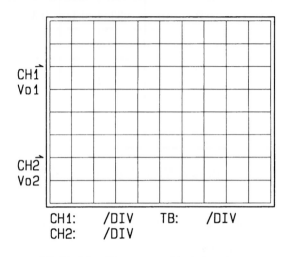

圖 11.14　圖 11.11 不對稱方波輸出

2.　工作二：使用 op amp 的方波振盪器

A.　實驗目的：

瞭解使用 op amp 作方波振盪器的方法及振盪頻率與 R, C 之關係。

B.　材料表：

LF356×1

1N4148×2

VR-50 kΩ × 1

4.7 kΩ × 2，15 kΩ × 1 5.1 kΩ × 1，10 kΩ × 3 470 kΩ × 1

1000 pf×1，3300 pF×1， 0.01 μF×1， 0.033 μF×1

0.1 μF×1， 0.33 μF×1， 1 μF×1， 3.3 μF×1， 10 μF×1

C.　實驗步驟：

(1) 如圖 11.15 的接線。

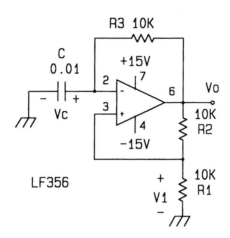

圖 11.15 op amp 的方波振盪器

(2) 使用示波器觀察 V_c 及 V_o 波形,並將測試結果記錄於圖 11.16 中。

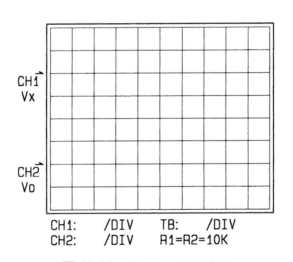

圖 11.16 圖 11.15 盪器波形

(3) $R_3 = 10\,\mathrm{k\Omega}$,改變不同的電容值,例如:

① $C = 10\,\mu\mathrm{F}$　　　　　② $C = 3.3\,\mu\mathrm{F}$

③ $C = 1\,\mu\mathrm{F}$　　　　　④ $C = 0.33\,\mu\mathrm{F}$

⑤ $C = 0.1\,\mu\mathrm{F}$　　　　　⑥ $C = 0.033\,\mu\mathrm{F}$

⑦ $C = 0.01\,\mu\mathrm{F}$　　　　⑧ $C = 3300\,\mathrm{pF}$

觀察振盪頻率的變化，並將振盪頻率記錄於表 11.4 中。

表 11.4 op amp 的方波振盪器 R-C 對振盪頻率特性

CAP	3300 P	.01	.033	0.1	0.33	1 u	3.3 u	10 u
$R = 10\,\text{k}$								
FREQ								
$R = 470\,\text{k}$								
FREQ								

(4) 將電路 R_3 改為 $470\,\text{k}\Omega$，重複步驟(3)的實驗。並將振盪頻率記錄於表 11.4 中。

(5) 以 R 為參數，C 為水平軸，振盪頻率為垂直軸，使用表 11.4 的數據，於全對數紙繪出 C 對振盪頻率的特性曲線於圖 11.17。

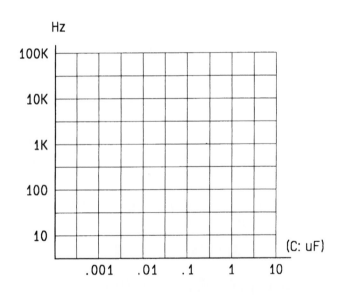

圖 11.17 圖 11.15 R-C 對振盪頻率特性

(6) $R_1 = 5\,\text{k}\Omega$, $R_2 = 15\,\text{k}\Omega$, $R_3 = 10\,\text{k}\Omega$, $C = 0.01\,\mu\text{F}$，觀察 V_c 及 V_o 波形，並將測試結果記錄於圖 11.18 中。

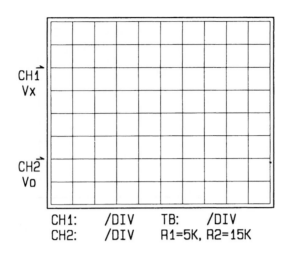

圖 11.18　圖 11.15 盪器波形 ($R_1 = 5\,\mathrm{k}$, $R_2 = 15\,\mathrm{k}$)

(7) $R_1 = 15\,\mathrm{k\Omega}$, $R_2 = 5\,\mathrm{k\Omega}$, $R_3 = 10\,\mathrm{k\Omega}$, $C = 0.01\,\mu\mathrm{F}$，觀察 V_c，V_x 及 V_o 波形，並將測試結果記錄於圖 11.19 中。

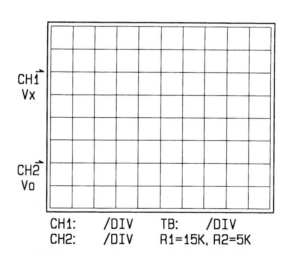

圖 11.19　圖 11.15 盪器波形 ($R_1 = 15\,\mathrm{k}$, $R_2 = 5\,\mathrm{k}$)

(8) 將電路改為圖 11.20，調整可變電阻，觀察 V_c 及 V_o 波形變化，並將測試結果記錄於圖 11.21($R_a =$MAX)，圖 11.22($R_a =$MIN) 中。

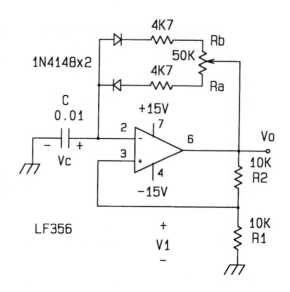

圖 11.20 工作周期可變的方波振盪器

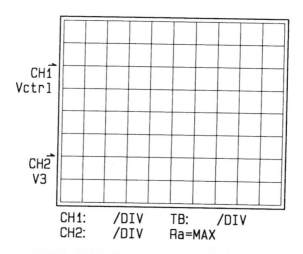

CH1: /DIV   TB: /DIV
CH2: /DIV   Ra=MAX

圖 11.21 圖 11.20 盪器波形 $(R_a = \text{MAX})$

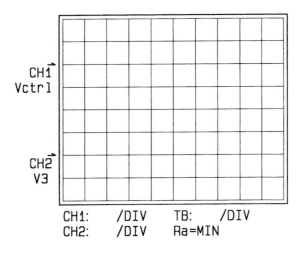

圖 **11.22**　圖 11.20 盪器波形 (R_a =MIN)

3.　工作三：使用 **op amp** 的方波及三角波振盪器

A.　實驗目的：

瞭解使用 op amp 作方波及三角波振盪器的方法及振盪頻率與 R, C 之關係。

B.　材料表：

TL072×1

1N4148×2

VR-50 kΩ × 1

4.7 kΩ × 2，15 kΩ × 1 5.1 kΩ × 1，10 kΩ × 2 470 kΩ × 1

7.5 kΩ × 1

1000 pf×1，3300 pF×1，0.01 μF×1，0.033 μF×1

0.1 μF×1，0.33 μF×1，1 μF×1，3.3 μF×1，10 μF×1

C.　實驗步驟：

(1) 如圖 11.23 的接線。

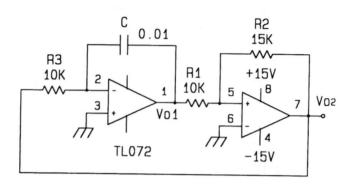

圖 11.23 方波及三角波振盪器

(2) 使用示波器觀察 V_{o1} 及 V_{o2} 波形，並將測試結果記錄於圖 11.24 中。

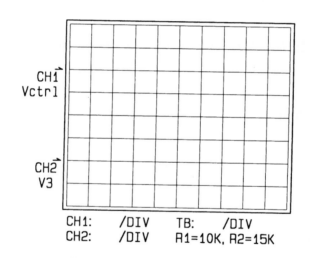

圖 11.24 圖 11.23 盪器波形

(3) $R_3 = 10\,k\Omega$，改變不同的電容值，例如：

① $C = 3.3\,\mu F$ ② $C = 1\,\mu F$

③ $C = 0.33\,\mu F$ ④ $C = 0.1\,\mu F$

⑤ $C = 0.033\,\mu F$ ⑥ $C = 0.01\,\mu F$

觀察振盪頻率的變化，並將振盪頻率記錄於表 11.5 中。

表 11.5　方波及三角波振盪器 R-C 對振盪頻率特性

CAP	3300 P	.01	.033	0.1	0.33	1 u	3.3 u
$R = 10\,\text{k}$							
FREQ							
$R = 470\,\text{k}$							
FREQ							

(4) 將電路 R_3 改為 $470\,\text{k}\Omega$，重複步驟(3)的實驗。並將振盪頻率記錄於表 11.5 中。

(5) 以 R 為參數，C 為水平軸，振盪頻率為垂直軸，使用表 11.5 的數據，於全對數紙繪出 C 對振盪頻率的特性曲線於圖 11.25。

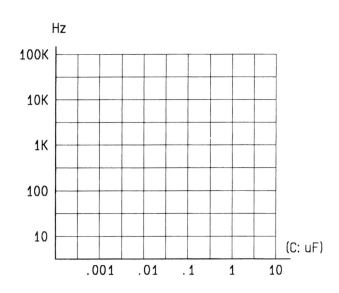

圖 11.25　圖 11.23 中 R-C 對振盪頻率特性

(6) $R_1 = 7.5\,\text{k}\Omega$, $R_2 = 15\,\text{k}\Omega$, $R_3 = 10\,\text{k}\Omega$, $C = 0.01\,\mu\text{F}$，觀察 V_{o1} 及 V_{o2} 波形，並將測試結果記錄於圖 11.26 中。

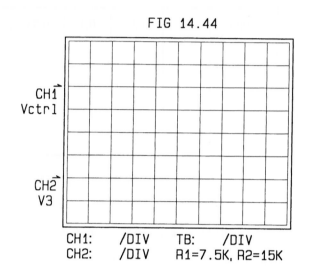

圖 11.26 圖 11.23 盪器波形 ($R_1 = 7.5\,\mathrm{k\Omega}$, $R_2 = 15\,\mathrm{k\Omega}$)

(6) $R_1 = 5\,\mathrm{k\Omega}$, $R_2 = 15\,\mathrm{k\Omega}$, $R_3 = 10\,\mathrm{k\Omega}$, $C = 0.01\,\mu\mathrm{F}$，觀察 V_{o1} 及 V_{o2} 波形，並將測試結果記錄於圖 11.27 中。

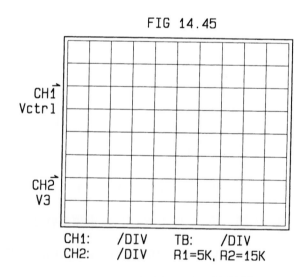

圖 11.27 圖 11.23 盪器波形 ($R_1 = 5\,\mathrm{k\Omega}$, $R_2 = 15\,\mathrm{k\Omega}$)

(8) 將電路改為圖 11.28，調整可變電阻，觀察 V_{o1} 及 V_{o2} 波形變化，並將測試結果記錄於圖 11.29($R_a =$ MAX)，圖 11.30($R_a =$ MIN) 中。

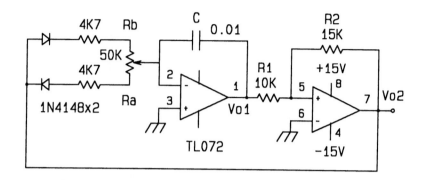

圖 11.28　工作周期可變的方波及三角波振盪器

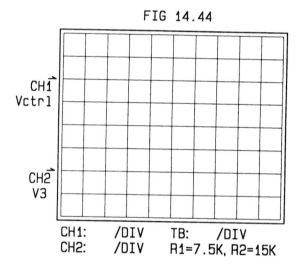

圖 11.29　圖 11.28 盪器波形 $(R_a = \text{MAX})$

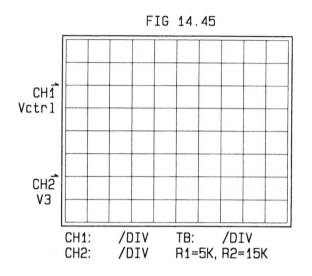

圖 **11.30** 圖 11.28 盪器波形 $(R_b = \text{MAX})$

11.4 電路模擬

本節中將以 Pspice 模擬軟體來分析電路的特性，使電路模型分析的結果與實際電路實驗有一對照。

1. 電晶體非穩態多諧振盪器模擬

如圖 11.31 所示，各元件分別在 jbipolar.slb, source.slb 及 analog.slb，選擇 Time Domain 分析，記錄時間自 0 us 到 40 us，最大分析時間間隔為 0.001 ms。

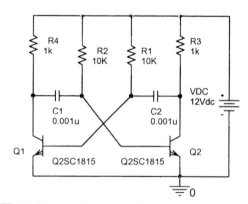

圖 **11.31** 電晶體非穩態多諧振盪器

圖 11.32 為電晶體非穩態多諧振盪器模擬結果，上圖為電晶體 Q_2 基極的電壓波形，下圖為 Q_2 集極的電壓波形，輸出頻率為 21.8 KHz。

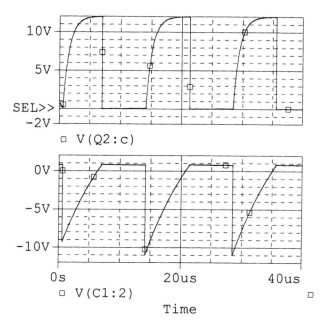

圖 11.32 電晶體非穩態多諧振盪器模擬結果

2. 使用 OP Amp 方波振盪器

如圖 11.33 所示，各元件分別在 opamp.slb, source.slb 及 analog.slb，選擇

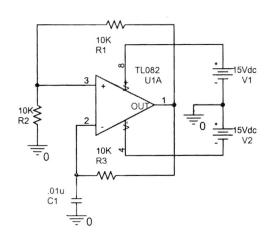

圖 11.33 OP Amp 方波振盪器

Time Domain 分析，記錄時間自 0 us 到 600.0 us，最大分析時間間隔為 1 us。
圖 11.34 為 OP Amp 方波振盪器模擬結果, 圖上分別為輸出及電容器的電壓波形，振盪頻率為 4.5 KHz。

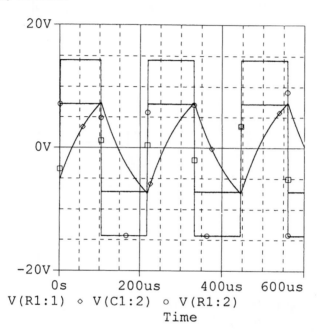

圖 11.34 OP Amp 方波振盪器模擬結果

3. 方波與三角波振盪器

如圖 11.35 所示，各元件分別在 opamp.slb, source.slb 及 analog.slb，選擇

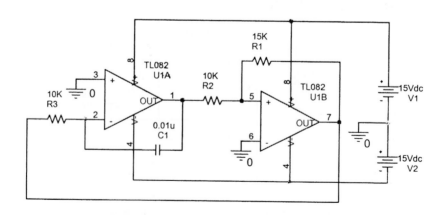

圖 11.35 方波與三角波振盪器

Time Domain 分析，記錄時間自 0 us 到 800.0 us，最大分析時間間隔為 1 us。圖 11.36 為方波與三角波振盪器模擬結果，圖上分別為方波及三腳波輸出的電壓波形，振盪頻率為 3.2 KHz。

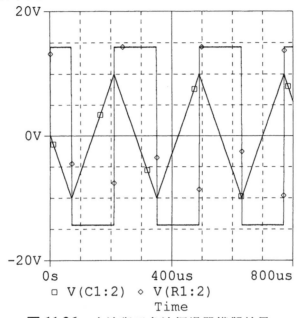

圖 11.36　方波與三角波振盪器模擬結果

第十二章

單穩態多諧
振盪電路及應用

12.1　實驗目的

1. 單穩態的工作原理
2. 史密特觸發電路
3. 各種單穩態電路
4. 單穩態電路的應用

12.2　相關知識

單穩態多諧振盪器又稱單穩態電路，在沒有觸發信號去觸發單穩態電路，則輸出可無限時的維持在此一穩定狀態。若有輸入信號以觸發單穩態電路，則輸出改變狀態到另一狀態，經一段時間後，則又回復到原來的穩定狀態，此種電路也被稱為單擊電路 (one shot circuit)。

單穩態電路可用電晶體，數位 IC，op-amp 或專用單穩態積體電路來完成。

1.　電晶體式單穩態多諧振盪器

圖 12.1 所示為電晶體式單穩態多諧振盪器 (monostable multivibrator)。將觸發電路拿掉，而與前一章的非穩態電路相較，兩者電路主要差異在於單

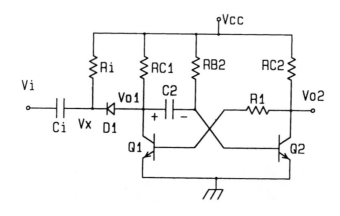

圖 12.1　電晶體單穩態多諧振盪器

穩態電路是將多穩態電路的 R_{B1} 取消，而其中的一電容器改以電阻取代，其電路動作說明如下：

(1) 穩定狀態：

電晶體 Q_2 因 R_{B2} 的偏壓電流存在，故 Q_2 導通，V_{o2} 的電壓因 Q_2 的飽和而接近於 $0.2\,\mathrm{V}$。Q_1 的基極電流則來自 V_{o2}，因 $V_{o2} < 0.7\,\mathrm{V}$，以致於 Q_1 截止，V_{o1} 則被 R_{C1} 提升到近於 V_{CC} 的電壓，電容器 C_2 則充電近於 V_{CC}，其極性如圖上所示，$V_{C2} = V_{CC} - V_{BE2} = V_{CC} - 0.7\,\mathrm{V}$。若無觸發信號進來觸發 Q_1，則此種狀態將無限期維持，即所謂的穩定狀態，如圖 12.2 觸發前之狀態。

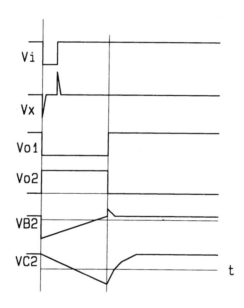

圖 12.2　單穩態多諧振盪器各點波形

(2) 準穩定狀態 (quasi-stable state)

當有負脈波輸入，經 R_i, C_i 組成的微分電路，使 V_{o1} 迅速被拉到近於 $0.7\,\mathrm{V}(V_{D1}$ 的壓降)，由於貯存於 C_2 的電荷不會立即放電，因此 V_{o1} 電壓的下降將使 V_{B2} 出現負脈波而使 Q_2 截止。V_{o2} 電壓上升到 V_{CC}，以致於有電流流經 R_1 而使 Q_1 導通，故此時 $V_{o2} = V_{CC}$，而 $V_{o1} = 0.2\,\mathrm{V}$，此狀態為準穩定狀態。

出現於 V_{B2} 的負脈波電壓並不會持續太久，V_{C2} 上的負電壓將因 R_{B2} 的充電而逐漸上升，當它反向充電到右端電壓近於 $0.7\,\text{V}$ 時，Q_2 會因再度順偏而導通，迫使 V_{o2} 下降而關掉 Q_1，使輸出 V_{o2} 再度回到低電位，而 $V_{o1} = V_{CC}$，電路回歸於穩定狀態。 電路的準穩定狀態時間由 C_2，R_{B2} 充電的時間決定。 V_{C2} 的充放電等效電路如圖 12.3 所示，其電壓方程式為：

$$V_{C2}(t) = -(V_{CC} - 0.7) + \left(V_{CC} + (V_{CC} - 0.7)\right)(1 - e^{-t/R_{B2} \times C_2})$$

$$= V_{CC} - (2V_{CC} - 0.7)e^{-t/R_{B2} \times C_2} \tag{12.1}$$

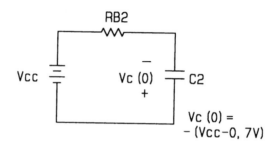

圖 12.3 單穩態多諧振盪器電容器充放電等效電路

當 $V_{C2}(t)$ 電壓上升到 $+0.7\,\text{V}$ 時，其時間為 T，則

$$V_{C2}(T) = +0.7 = V_{CC} - (2V_{CC} - 0.7)e^{-t/R_{B2} \times C_2} \tag{12.2}$$

解 (12.2) 式得：

$$T = R_{B2} \times C_2 \times \ln\left((2V_{CC} - 0.7)/(V_{CC} - 0.7)\right) \tag{12.3}$$

若 V_{CC} 電壓比電晶體導通時的 V_{BE} 大得多，則 (12.3) 式可簡化為

$$T = R_{B2} \times C_2 \ln 2 = 0.693 \times R_{B2} \times C_2 \tag{12.4}$$

2. 史密特觸發電路

圖 12.4 為史密特觸發電路，當輸入為變化緩慢的信號，經此電路可轉換成上升／下降急速的方波，故又稱為波形整形電路。圖 12.5 為其輸入與輸出的波形，圖 12.6 則為轉移曲線。電路工作原理分析如下：

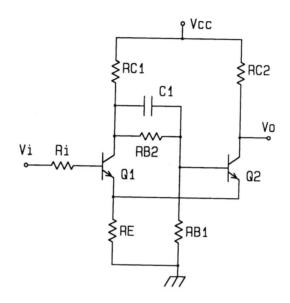

圖 12.4 史密特觸發電路

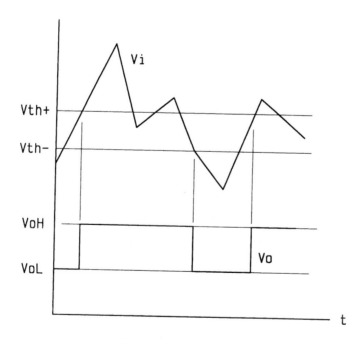

圖 12.5 史密特觸發電路輸入與輸出的波形

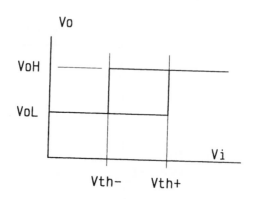

圖 12.6 史密特觸發電路轉移曲線

A. 當輸入 $V_i = 0$ 時，Q_1 截止，Q_2 導通，V_{B2} 電壓為：

$$V_{B2} = V_{CC} \times \frac{R_{B1}}{R_{C1} + R_{B1} + R_{B2}} \tag{12.5}$$

$$V_{E2} = V_{B2} - V_{BE2} \tag{12.6}$$

設計上，Q_2 為飽和的。

故 $\qquad V_o = V_{E2} + V_{CE,\,\text{sat}} = V_{B2} - 0.7 + 0.2$

$$= V_{B2} - 0.5$$

若 Q_1 要導通，則 V_i 電壓至少需要：

$$V_i > V_{E2} + V_{BE1} = V_{B2} - V_{BE2} + V_{BE1}$$

即 $Vi > V_{B2}$。若 $V_i > V_{B2}$，則 Q_1 開始導通，V_{C1} 下降，V_{B2} 亦隨著下降，由於 V_{B2} 下降使得 Q_2 迅速截止，Q_1 進入飽和，輸出 $V_o = V_{CC}$。

若要使 V_o 重回到低態電壓，則 V_i 需下降到：

$$V_i < V'_{B2} - 0.7\,\text{V}$$

此時 Q_2 開始導通，而使 V_{E2} 上升，使的 Q_1 迅速截止掉。

為了加速上升及下降時間，R_{B2} 通常會並聯上一數十 PF 到數百 PF 的電容器。

3.　使用數位IC作為單穩態電路

　　以數位 IC 的反及閘或反或閘，亦可作為單穩態電路。如圖 12.7 所示為使用 CD4001 反或閘作的單穩態電路。圖 12.8 則為時序圖，電路工作原理分析如下：

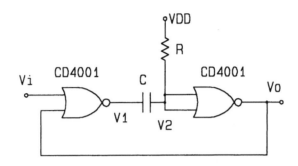

圖 12.7　CD4001 反或閘作的單穩態電路

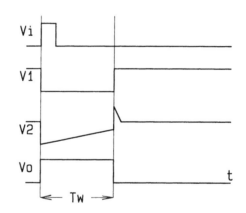

圖 12.8　CD4001 單穩態電路時序圖

　　當無輸入觸發信號，系統於穩定狀態時，V_i 電壓為低電位，V_2 的電壓由電阻 R 提升到 V_{DD}。由於第二個反或閘的兩輸入接在一起，相當一反相器，故 $V_o = 0\,V(L$ 低電位$)$。故第一個反或閘的兩輸入均為低電壓，$V_1 = V_{DD}(H$ 高電位$)$，電容器未充電。此為穩定狀態，若無觸發訊號，此狀態將永遠維持。

　　若有正向的觸發信號進來，則第一個反或閘的輸入有一為高電位，故輸出 V_1 為低電位，連帶將 V_C 拉低到低電位，$V_2 = L$，故 $V_o = H$，此時不管輸入是否仍在高電位，輸出 V_1 會因 $V_o = H$ 而維持低電位。

V_C 的電壓將因 R 的充電而使電壓逐漸上升，當 $V_C > V_{DD}/2 = V_{th}$ 時，則輸出 V_o 將再度轉回低電位。若輸入 V_i 仍維持於高電位，則 V_1 將為 L，電容器電壓將持續充電到 V_{DD}。

若 V_i 於輸出回復低電位之前先回復到低電位，輸出轉為低電位時，V_1 將上升到 V_{DD}。由於電容器之前已充電到 $V_{DD}/2$，（右端為正），因此 V_2 的電壓將被抬升到 $V_{DD} + (V_{DD}/2)$ 的電位。

在實際電路，由於 IC 的輸入端均有箝位二極體，因此 V_2 的電壓並不會上升到 $(3/2)V_{DD}$，而是 $V_{DD}+0.7\,\text{V}$。

圖 12.9 為使用反及閘的單穩態電路。圖 12.10 則為時序圖。觸發信號是負脈波，因此通常輸入端接電阻 R_1，以提升 V_i 到 V_{DD}，減少被雜訊干擾的影響。

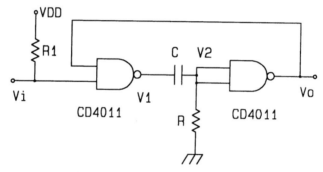

圖 12.9 反及閘的單穩態電路

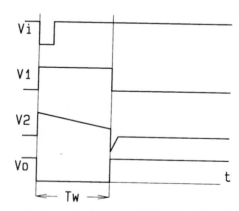

圖 12.10 反及閘的單穩態電路時序圖

圖 12.8 的輸出脈波寬度時間即為電容器由 0 V 充電上升到 $V_{DD}/2$ 的時間：

$$V_C(t) = V_{DD}(1 - e^{-t/R \times C}) \tag{12.7}$$

$$V_C(T) = V_{DD}/2 = V_{DD}(1 - e^{-t/R \times C})$$

$$T = R \times C \times \ln 2 = 0.693 \times R \times C \tag{12.8}$$

4.　使用 op amp 作單穩態電路

將 op amp 的方波振盪器加上一箝位二極體，及微分電路，則可構成單穩態電路。如圖 12.11 所示。電路動作說明如下：

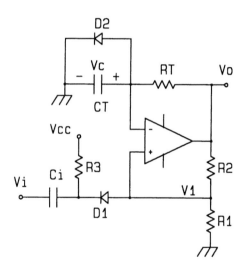

圖 12.11　op amp 構成的單穩態電路

假設輸出為 $+V_{\text{sat}}$，則

$$V_1 = +V_{\text{sat}} \times \frac{R_1}{R_1 + R_2} = +\beta V_{\text{sat}}$$

而 V_o 電壓經 R_T 向 C_T 充電，當 V_C 電壓上升到 0.7 V 時，則 D_2 導通，電容器不再充電，於 $V_C < V_1$，因此電路輸出持續維持 $V_o = +V_{\text{sat}}$。

若有負脈波輸入使 V_1 電壓瞬間小於 0.7 V，則輸出立即反相，$V_o = -V_{\text{sat}}$，電容器電壓將自 +0.7 反相向 $-V_{\text{sat}}$ 充電，而 V_1 的電壓因輸出反相而成為 $-\beta V_{\text{sat}}$。

當電容器反相充電超過 $-\beta V_{\text{sat}}$ 時，輸出再度回到 $+V_{\text{sat}}$，而完成一個周期。電路各點的波形如圖 12.12 所示。

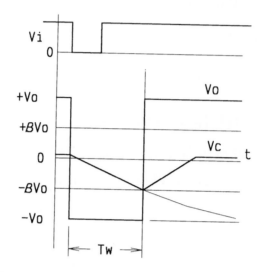

圖 12.12 圖 12.11 單穩態電路各點的波形

電容器反相充電的波形方程式為：

$$V_C(t) = +0.7 - (V_{\text{sat}} + 0.7) \times (1 - e^{-t/R_T \times C_T})$$

$$= -V_{\text{sat}} + (V_{\text{sat}} + 0.7) \times e^{-t/R_T \times C_T} \tag{12.9}$$

當 $t = T$ 時

$$V_c(t) = -\beta V_{\text{sat}}$$

故 $\quad -\beta V_{\text{sat}} = -V_{\text{sat}} + (V_{\text{sat}} + 0.7)e^{-T/R_T \times C_T}$

$$T = R_T \times C_T \times \ln \frac{V_{\text{sat}} + 0.7}{(1 - \beta)V_{\text{sat}}} \tag{12.10}$$

若忽略二極體的順向壓降，則

$$T = R_T \times C_T \times \ln \frac{1}{(1 - \beta)} \tag{12.11}$$

除了使用 op amp 作單穩態電路，NE555 此顆定時器 IC 亦常拿來作單穩態電路使用，我們將在下一章特別介紹此顆 IC 的各種應用。

5.　單穩態電路的應用

　　單穩態電路經常設計用來補捉不定期的觸發信號：例如雜訊脈波。利用單穩態電路將雜訊脈波的週期延長以利於觀察分析。亦常作為 $F\text{-}V$（頻率到電壓）轉換電路，將不同頻率（當然不同週期）的方波轉換成同樣脈波寬度的脈波，透過低通濾波器的積分，可轉換成比例於輸入訊號頻率的電壓，即 $F\text{-}V$ 轉換器。因此輸出只要只配合上一個簡單的指針電表，就可作成一個頻率表了。

　　圖 12.13 為使用單穩態電路作成的頻率表。CD4001 與 R_T、C_T 構成正脈波輸出的單穩態電路，輸出的脈波寬度由 R_T、C_T 決定。此等波寬的脈波經由 R_3、C_2 組成的低通濾波器以取得平均值電壓，此電壓即比例於輸出脈波的頻率。運算放大器與 $R_4, R_5, R_6, VR_1, VR_2$ 則用來作零點及滿刻度的調整用。例：

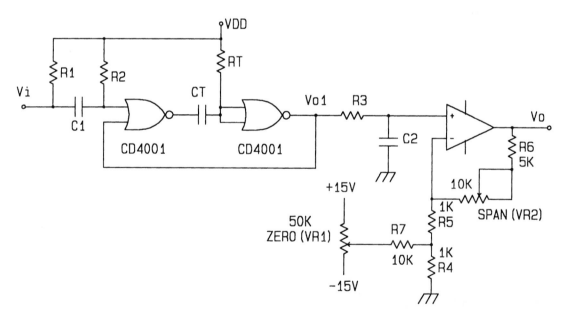

圖 12.13　使用單穩態電路作成的頻率表

　　設計一 $0\sim 10\,\mathrm{kHz}$ 的頻率表，其輸出為 $1\,\mathrm{V/kHz}$。

　　說明：假設於 10KHz 輸出時，其單穩態電路的輸出脈波的工作周期為
　　　　　50%。

故
$$T = \frac{1}{10\,\mathrm{k}} \times 50\% = 50\,\mu\mathrm{S}$$

$$T = 0.693 \times R_T \times C_T$$

若取 $C_T = 0.01\,\mu\mathrm{F}$，則

$$R_T = \frac{50 \times 10}{0.693 \times 10} = 7.215\,\mathrm{k}$$

R_2 與 C_3 為低通濾波器，若選擇低通截止頻率為 $1\,\mathrm{Hz}$ 即：

$$F = \frac{1}{2 \times \pi \times R_3 \times C_2}$$

若令 $C_2 = 10\,\mu\mathrm{F}$

則
$$R_3 = \frac{1}{2 \times \pi \times 10 \times 10^{-6} \times 1} = 16.0\,\mathrm{k}\Omega$$

於 $10\,\mathrm{kHz}$ 輸入頻率，V_{C2} 輸出的平均電壓約為脈波高度的 50%。若電源使用 $+15\,\mathrm{V}$，則於 $10\,\mathrm{kHz}$ 時的輸出電壓約 $7.5\,\mathrm{V}$。為配合轉換特性為 $1\,\mathrm{V/kHz}$，故 op amp 需具有增益：

$$A = \frac{(10\,\mathrm{kHz} \times 1\,\mathrm{V/kHz})}{7.5} = 1.33\,\mathrm{V/V}$$

此值利用 VR_2 來作調整。

　　當單穩態電路輸出為低時，由於 CD4001 輸出飽和電壓的緣故，V_{C2} 的電壓會稍大於零。因此當輸入為 $0\,\mathrm{Hz}$ 時，輸出電壓可能不為零。故利用 VR1 以調整零點，輸入為 $0\,\mathrm{Hz}$ 時，輸出電壓零。

　　調整零點會同時影響到滿刻度的設定，同樣的調整滿刻度值亦會影響到原先調妥的零點。因此，零點與滿刻度須重複的調整數次以達到最佳的準確性。

12.3　實驗項目

1.　工作一：電晶體單穩態多諧振盪器

A.　實驗目的：

瞭解電晶體單穩態多諧振盪器的工作原理及特性

B. 材料表：

2SC1815×2

$1\,k\Omega\times1$， $2.2\,k\Omega\times2$， $4.7\,k\Omega\times1$， $470\,k\Omega\times1$

$1000\,pf\times2$， $3300\,pF\times1$， $0.01\,\mu F\times1$， $0.033\,\mu F\times1$

$0.1\,\mu F\times1$， $0.33\,\mu F\times1$， $1\,\mu F\times1$， $3.3\,\mu F\times1$

C. 實驗步驟：

(1) 如圖 12.14 的接線。

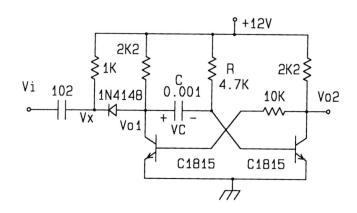

圖 12.14　電晶體單穩態多諧振盪器

(2) 訊號產生器選擇 CMOS 輸出，頻率為 $10\,kHz$，峰值調整為 $10\,V$，將此訊號接到 V_i。

(3) 將示波器 CH1， CH2 分別接到 V_i, V_{o2}。觀察其波形，並將測試結果記錄於圖 12.15 中。

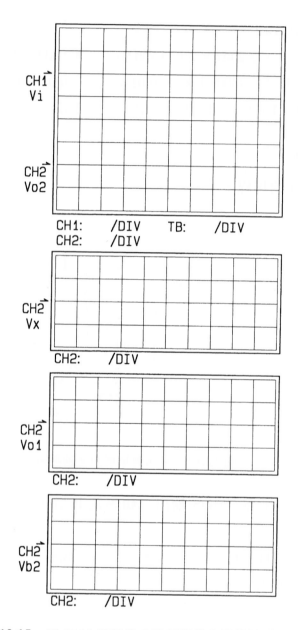

圖 12.15 圖 12.14 單穩態多諧振盪器各點的波形

(4) 將示波器 CH2 接到 V_x。觀察輸入微分後的波形，並將測試結果記錄於圖 12.15 中。

(5) 將示波器 CH2 接到 V_{b2}。觀察 Q_2 的基極波形，並將測試結果記錄於圖

12.15 中。

(6) 將示波器 CH2 接到 V_{o1}。觀察 Q_1 的集極波形，並將測試結果記錄於圖 12.15 中。

(7) 將 CH1 接到 V_{o1}，CH2 接到 V_{B2}，選擇 CH1 作為觸發源，以觀察 V_{o1} 其波形，並將測試結果記錄於圖 12.16 中。

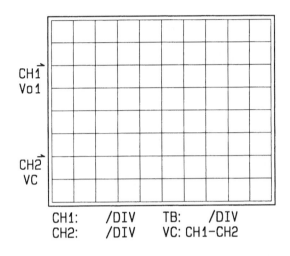

圖 12.16　圖 12.14 單穩態振盪器電容器兩端之波形

(8) 示波器顯示模式置於 CH1-CH2，以觀察電容器兩端之波形，並將測試結果記錄於圖 12.16 中。

(9) 將示波器 CH1，CH2 分別再接到 V_i, V_o。$R = 4.7\,\text{k}\Omega$，改變不同的 C 值，觀察其波形（訊號產生器的輸出頻率逐漸調低，以祈能觀測到良好波形），並將脈波寬度記錄於表 12.1

表 12.1　圖 12.14 電容器與輸出脈波寬度關係

CAP	1000 P	3300 P	.01	.033	0.1	0.33	1 u	3.3 u	10 u
$R = 4.7\,\text{k}$									
T									
$R = 470\,\text{k}$									
T									

①$C = 1000\,\text{pF}$ ②$C = 3300\,\text{pF}$

③$C = 0.01\,\mu\text{F}$ ④$C = 0.033\,\mu\text{F}$

⑤$C = 0.1\,\mu\text{F}$ ⑥$C = 0.033\,\mu\text{F}$

⑦$C = 1\,\mu\text{F}$ ⑧$C = 3.3\,\mu\text{F}$(MYLAR 電容器)。

⑽ 將電路 R 改為 $470\,\text{k}\Omega$，重複步驟⑼的實驗。並將脈波寬度記錄於表 12.1 中。

⑾ 以 $R \times C$ 為水平軸，脈波寬度為垂直軸，使用表 12.1 的數據，於全對數紙繪出 $R \times C$ 對脈波寬度的特性曲線於圖 12.17。

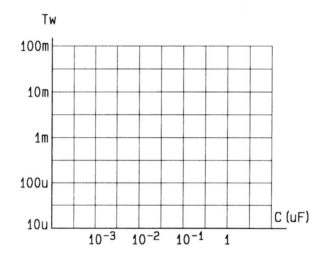

圖 12.17 　圖 12.14 $R \times C$ 對脈波寬度的特性曲線

2. 工作二：使用電晶體的史蜜特觸發電路

A. 實驗目的：

瞭解史蜜特觸發電路的工作原理及應用。

B. 材料表：

2SC1815×2， TIP107

$1\,\text{k}\Omega \times 3$， $470\,\text{k}\Omega \times 1$， $4.7\,\text{k}\Omega \times 1$， $680\,\Omega \times 1$

$22\,\text{k}\Omega \times 1$， $2.2\,\text{k}\Omega \times 1$，

C. 實驗步驟：

(1) 如圖 12.18 的接線。

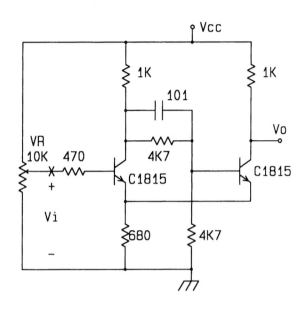

圖 12.18　史密特觸發電路

(2) 調整可變電阻，使 V_i 逐漸上升，記錄 V_i 與 V_o 的電壓於表 12.2 中。

表 12.2　圖 12.18 V_i-V_o 關係（上升）

V_i	1 V						12 V
V_o							

(3) 調整可變電阻，使 V_i 逐漸下降，記錄 V_i 與 V_o 的電壓於表 12.3 中。

表 12.3　圖 12.18 V_i-V_o 關係（下降）

V_i	12 V						1 V
V_o							

(4) 以 V_i 水平軸，V_o 為垂直軸，使用表 12.2 及表 12.3 的數據，繪出 V_i 對 V_o 的特性曲線於圖 12.19。

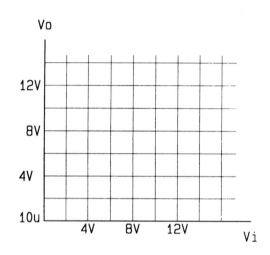

圖 12.19 史密特觸發電路 V_i 對 V_o 特性曲線

(5) 拿掉可變電阻，V_i 改接訊號產生器。選擇訊號產生器為三角波輸出，頻率為 1 kHz，峰對峰值調整為 10 V， DC offset 電壓為 5V，如圖 12.20 所示。將此訊號接到 V_i。觀察 V_i, V_o 波形，並將測試結果記錄於圖 12.21 中。

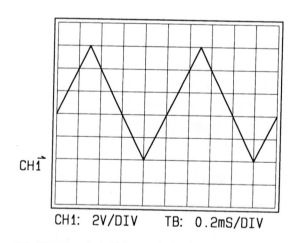

CH1: 2V/DIV   TB: 0.2mS/DIV

圖 12.20 史密特觸發電路測試的輸入波形

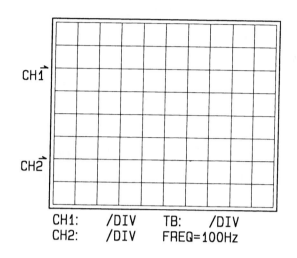

圖 12.21 史密特觸發電路的輸入 - 輸出波形

(6) 訊號產生器輸出改為正弦波，重複步驟(5)的實驗。

(7) 將示波器的水平掃描改為 X-Y 模式，觀察電路的轉移曲線，並將結果記錄於圖 12.22 中。

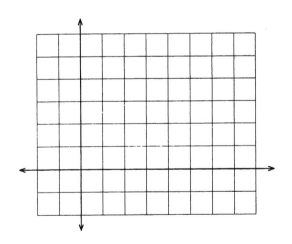

圖 12.22 史密特觸發電路的轉移曲線

(8) 將電路改為如圖 12.23，輸入電壓由光敏電阻與基極到地的總電阻 (22 kΩ 及 V_R) 分壓而得，當光度強時，光敏電阻變小，V_i 電壓上升，電晶體 Q_2 的集極輸出為高電位，以致於 Q_3 截止，繼電器不動作。反之當光度減弱時，光敏電阻變大，V_i 電壓下降，電晶體 Q_2 的集極輸出為低電位，以致於 Q_3 飽和，繼電器動作。此電路可作為光控開關，利用繼電器的輸出去控制電燈。當天色暗時自動將電燈打開。電路中的可變電阻為靈敏度調整用。

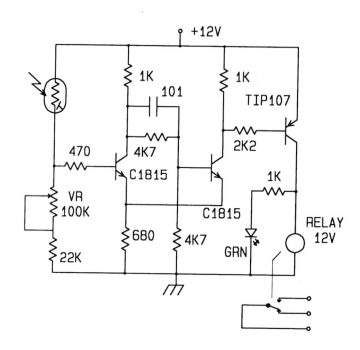

圖 12.23　史密特觸發電路作為光電開關

3. 工作三：使用CMOS數位IC的單擊電路

A. 實驗目的：

瞭解數位 IC 的單擊電路的工作原理及特性。

B. 材料表：

CD4001×2，CD4011×1

4.7 kΩ × 1，470 kΩ × 1

1000 pf×2，3300 pF×1，0.01 μF×1，0.033 μF×1

0.1 μF×1，0.33 μF×1，1 μF×1，3.3 μF×1

C. 實驗步驟：

(1) 如圖 12.24 的接線。

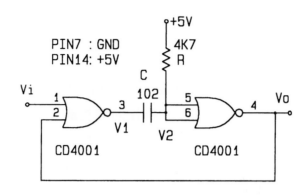

圖 12.24　CMOS NOR 史密特觸發電路

(2) 訊號產生器選擇 TTL 輸出，頻率為 $50\,kHz$，將此訊號接到 V_i。

(3) 使用示波器觀察 $V_i,\ V_1,\ V_2$ 及 V_o 波形，並將測試結果記錄於圖 12.25 中。

(4) 將示波器 CH1，CH2 分別再接到 V_i, V_o。 $R = 4.7\,k\Omega$，改變不同的 C 值，觀察波形（訊號產生器的輸出頻率逐漸調低，以祈能觀測到良好波形），並將脈波寬度記錄於表 12.4 中。

表 12.4　圖 12.24 電容器與輸出脈波寬度關係

CAP	1000 P	3300 P	.01	.033	0.1	0.33	1 u	3.3 u	10 u
$R = 4.7\,k$									
T									
$R = 470\,k$									
T									

①$C = 1000\,\text{pF}$ ②$C = 3300\,\text{pF}$

③$C = 0.01\,\mu\text{F}$ ④$C = 0.033\,\mu\text{F}$

⑤$C = 0.1\,\mu\text{F}$ ⑥$C = 0.033\,\mu\text{F}$

⑦$C = 1\,\mu\text{F}$ ⑧$C = 3.3\,\mu\text{F}$(MYLAR 電容器)。

⑸ 將電路 R 改為 $470\,\text{k}\Omega$，重複步驟⑷的實驗。並將脈波寬度記錄於表 12.4 中。

⑹ 以 $R \times C$ 為水平軸，脈波寬度為垂直軸，使用表 12.4 的數據，於全對數紙繪出 $R \times C$ 對脈波寬度的特性曲線於圖 12.26。

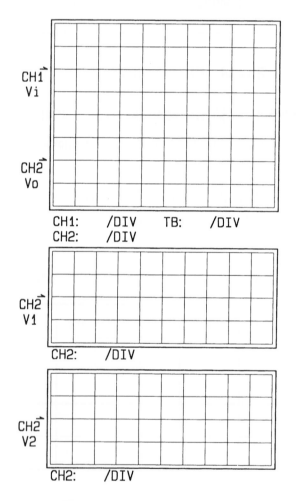

圖 12.25 圖 12.24 各點的波形

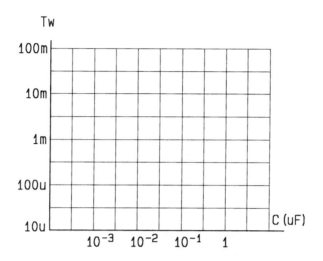

圖 12.26　圖 12.24　$R \times C$ 對脈波寬度的特性曲線

(7) 將電路改為如圖 12.27 的接線，重複步驟(2)，(3)的實驗，並將各點波形記錄於圖 12.28。

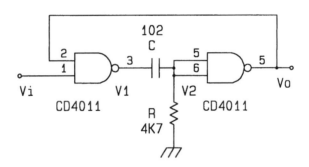

圖 12.27　CMOS NAND 史密特觸發電路

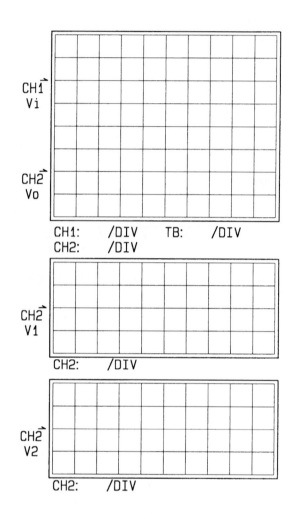

圖 **12.28**　圖 12.27 各點的波形

4.　工作四：使用 **op amp** 的單擊電路

A.　實驗目的：

瞭解使用 op amp 單擊電路的工作原理及特性。

B.　材料表：

TL071×1，

1N4148×3

$4.7\,\mathrm{k\Omega}\times1$，$470\,\mathrm{k\Omega}\times1$，$10\,\mathrm{k\Omega}\times2$，$1\,\mathrm{k\Omega}\times2$

$1000\,\mathrm{pf}\times2$，$3300\,\mathrm{pF}\times1$，$0.01\,\mu\mathrm{F}\times1$，$0.033\,\mu\mathrm{F}\times1$

$0.1\,\mu\mathrm{F}\times1$，$0.33\,\mu\mathrm{F}\times1$，$1\,\mu\mathrm{F}\times1$，$3.3\,\mu\mathrm{F}\times1$

C. 實驗步驟：

(1) 如圖 12.29 的接線。

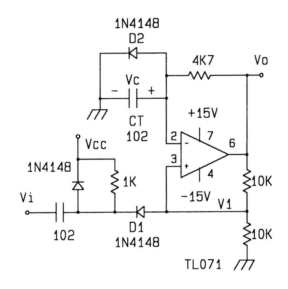

圖 12.29　使用 op amp 的單擊電路

(2) 訊號產生器選擇方波輸出，頻率為 $5\,\mathrm{kHz}$，峰值調整為 $\pm10\,\mathrm{V}$，將此訊號接到 V_i。

(3) 使用示波器觀察 V_i, V_c, V_x 及 V_o 波形，並將測試結果記錄於圖 12.30 中。

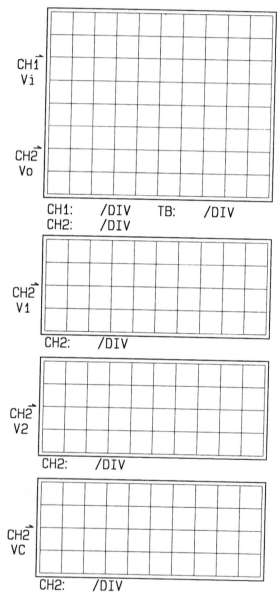

圖 12.30 圖 12.29 各點的波形

(4) 將示波器 CH1，CH2 分別再接到 V_i，V_o。 $R = 10$ kΩ，改變不同的 C 值，觀察其波形 (訊號產生器的輸出頻率逐漸調低，以祈能觀測到良好波形)，並將脈波寬度記錄於表 12.5 中。

表 12.5　圖 12.29 電容器與輸出脈波寬度關係

CAP	1000 P	3300 P	.01	.033	0.1	0.33	1 u	3.3 u
$R = 4.7\,\text{k}$								
T								
$R = 470\,\text{k}$								
T								

① $C = 1000\,\text{pF}$　　　　　　　② $C = 3300\,\text{pF}$

③ $C = 0.01\,\mu\text{F}$　　　　　　　④ $C = 0.033\,\mu\text{F}$

⑤ $C = 0.1\,\mu\text{F}$　　　　　　　⑥ $C = 0.033\,\mu\text{F}$

⑦ $C = 1\,\mu\text{F}$　　　　　　　　⑧ $C = 3.3\,\mu\text{F}$(MYLAR 電容器)。

(5) 將電路 R 改為 $470\,\text{k}\Omega$，重複步驟(4)的實驗。並將脈波寬度記錄於表 12.5 中。

(6) 以 $R \times C$ 為水平軸，脈波寬度為垂直軸，使用表 12.5 的數據，於全對數紙繪出 $R \times C$ 對脈波寬度的特性曲線於圖 12.31。

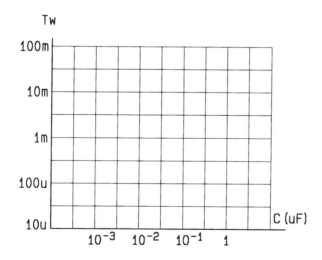

圖 12.31　圖 12.29 $R \times C$ 對脈波寬度的特性曲線

(7) 將電路中的兩個二極體 D_1、D_2 方向相反，重複步驟(2)，(3)的實驗。

5. 工作五：使用單擊電路作為頻率 - 電壓轉換器（頻率表）

A. 實驗目的：瞭解單擊電路的應用及儀器滿刻度，零點的調整。

B. 材料表：

TL071×1， CD4001

1N4148×3

$4.7\,k\Omega \times 1$， $470\,k\Omega \times 1$， $10\,k\Omega \times 2$， $1\,k\Omega \times 3$

$100\,k\Omega \times 1$， $5.1\,k\Omega \times 1$

VR-$10\,k\Omega \times 1$， VR-$50\,k\Omega \times 1$

$1000\,pf \times 2$， $3300\,pF \times 1$， $0.01\,\mu F \times 1$， $0.033\,\mu \times 1$

$0.1\,\mu F \times 1$， $0.33\,\mu F \times 1$， $1\,\mu F \times 1$， $3.3\,\mu F \times 1$， $10\,\mu F \times 1$

C. 實驗步驟：

(1) 如圖 12.32 的接線， $V_{DD} = 5V$ 。

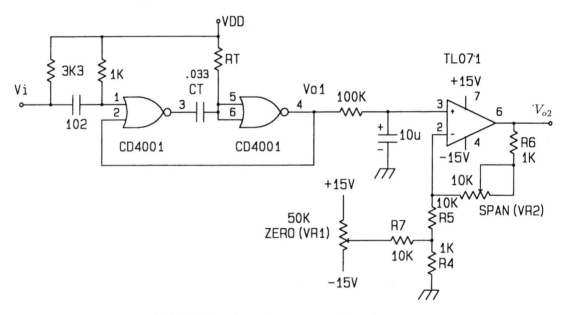

圖 12.32 頻率 - 電壓轉換器（頻率表）

(2) 使用電表測量 V_{o2} 的電壓，調整 VR_1（零點）使其值為 0.00。

(3) 訊號產生器選擇 TTL 輸出，頻率為 $1\,kHz$，將此訊號接到 V_i。

⑷ 使用示波器觀察 V_i 及 V_{o1} 波形，V_{o1} 的脈波寬度最好在 50% 左右。倘若偏離太多，請改變 R_T 值。

⑸ 使用電表測量 V_{o2} 的電壓，調整 V_{R2}(滿刻度) 使其值為 10.0 V。

⑹ 將訊號產生器輸出頻率調為 0 Hz，調整 V_{R1}(零點) 使其值為 0.00。

⑺ 調整零點及滿刻度時，兩者會相互影響，因此須重複步驟⑹，⑺數次直到其值不再變動為止。

⑻ 訊號產生器輸出頻率自 100 Hz 逐漸調升到 1 kHz，記錄輸出電壓 V_{o2} 與頻率的觀係於表 12.6。並計算其誤差。

表 12.6　圖 12.32 頻率與輸出電壓關係

F_{in}	100	200	300	400	500
V_o					
F_{in}	600	700	800	900	1 k
V_o					

⑼ 以頻率為水平軸，輸出店壓 V_{o2} 為垂直軸，使用表 12.6 的數據，繪出頻率 - 電壓轉換特性曲線及誤差曲線於圖 12.33 中。

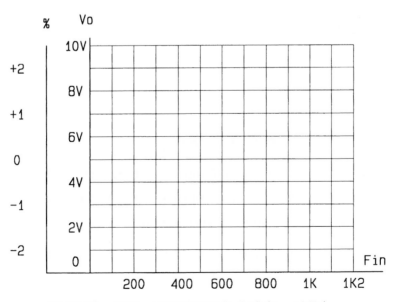

圖 12.33　頻率 - 電壓轉換特性曲線 (0～1 kHz)

⑽ 更改電路的時間常數，使其具有 0-10 kHz 的輸入頻率，而有 0-10.00 V
的輸出電壓。

⑾ 重複步驟(8)，(9)的實驗。並將結果繪於圖 12.34。

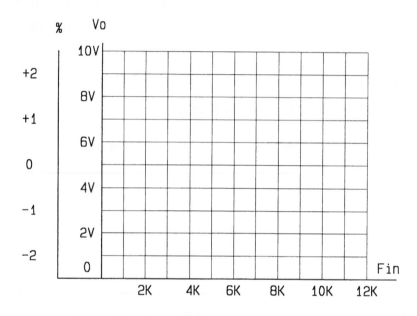

圖 12.34 頻率 - 電壓轉換特性曲線 (0～ 1 kHz)

12.4 電路模擬

本節中將以 Pspice 模擬軟體來分析電路的特性，使電路模型分析的結果
與實際電路實驗有一對照。

1. 電晶體單穩態單諧振盪器模擬

如圖 12.35 所示，各元件分別在 jbipolar.slb, source.slb 及 analog.slb，選擇
Time Domain 分析，記錄時間自 0 us 到 1.0 ms，最大分析時間間隔為 0.001 ms。
圖 12.36 為電晶體單穩態多諧振盪器模擬結果，上圖為輸入波形，中間為電
晶體 Q_2 基極的電壓波形，下圖為 Q_2 集極的電壓波形，輸出的脈波寬度為
80 us。

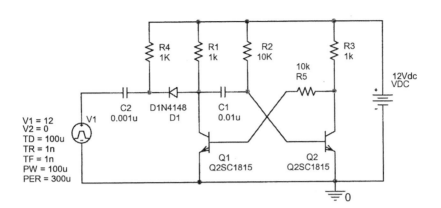

圖 12.35 電晶體非穩態單諧振盪器

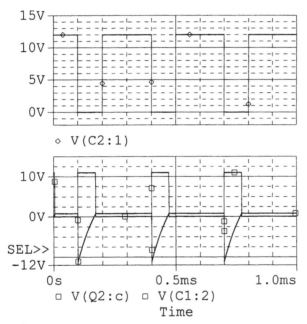

圖 12.36 為電晶體單穩態多諧振盪器模擬結果

2. 電晶體史密特觸發電路模擬

如圖 12.37 所示，各元件分別在 jbipolar.slb, source.slb 及 analog.slb，選擇 Time Domain 分析，記錄時間自 0 us 到 3.0 ms，最大分析時間間隔為 0.001 ms。圖 12.38 為電晶體史密特觸發電路模擬結果，上圖為輸入波形，下圖為 Q_2 集極的電壓波形。

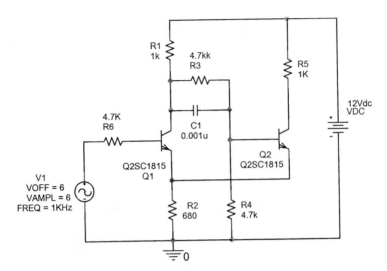

圖 **12.37** 電晶體史密特觸發電路

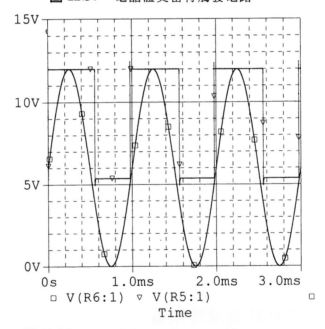

圖 **12.38** 電晶體史密特觸發電路模擬結果

3. CMOS 單擊電路模擬

　　如圖 12.39 所示，各元件分別在 ttl.slb, source.slb 及 analog.slb，選擇 Time Domain 分析，記錄時間自 0 us 到 1.0 ms，最大分析時間間隔為 0.001 ms。圖

12.40 為 CMOS 單擊電路模擬結果，上圖分別為輸出波形及 U1B pin4,5 的電壓波形，下圖為 U1B pin2 輸入的電壓波形，輸出的脈波寬度為 40 us。

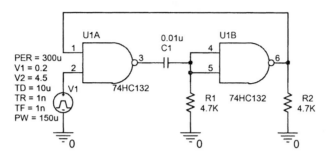

圖 12.39　CMOS 單擊電路

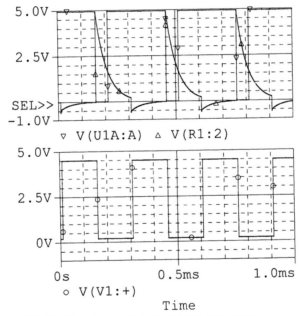

圖 12.40　為 CMOS 單擊電路模擬結果

4. OP Amp 單擊電路模擬

如圖 12.41 所示，各元件分別在 opamp.slb,diode.slb, source.slb 及 analog.slb，選擇 Time Domain 分析，記錄時間自 0 us 到 1.0 ms，最大分析時間間隔為 0.001 ms。圖 12.42 為 OP Amp 單擊電路模擬結果，上圖為輸入波形，下圖為輸出及電容器電壓波形，輸出的脈波寬度為 80 us。

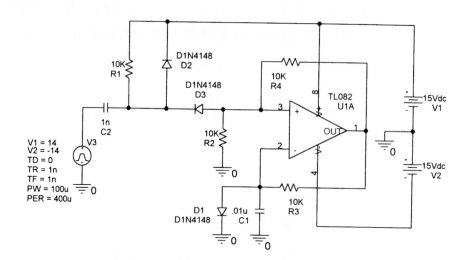

圖 12.41 OP Amp 單擊電路模擬

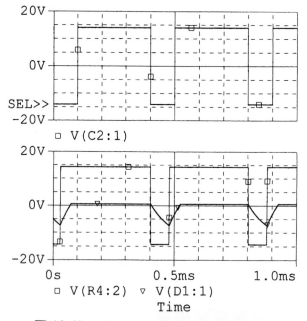

圖 12.42 OP Amp 單擊電路模擬結果

第十三章

555 定時
IC 及 應 用

13.1　實驗目的

1. NE555 定時器工作原理
2. 方波振盪的應用
3. 單穩態電路及應用
4. 失落脈波檢測之應用
5. 電壓控制振盪器

13.2　相關知識

於前面第十一、十二章中，我們討論過許多非正弦波的振盪電路（尤其是方波）及單擊電路，也看了不少應用的實例。本章將介紹一種專門用來作為方波振盪及單擊電路的專用 IC-555 計時器，此 IC 目前有相當多的廠商生產，製造的技術上，使用 Bipolar 及 CMOS 技術均有。電源範圍廣，能使用 $+5\,V \sim +18\,V$ 的電壓。輸出電流高達 $200\,mA$，可直接驅動繼電器。

1. 555 IC 工作原理

圖 13.1 為 555 IC 計時器的方塊圖，電路包裝在 DIP 的 8 腳封裝內，電

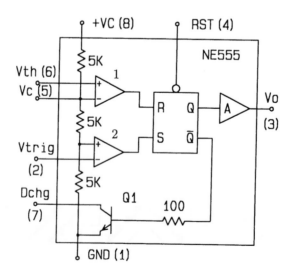

圖 13.1　555 IC 計時器的方塊圖

路由兩個比較器，一個 R-S 正反器，一個作為開關的電晶體及輸出驅動電路組成。內部並包括有一個由 3 個 5 kΩ 電阻組成的分壓器，以取得 $1/3V_{CC}$ 及 $2/3V_{CC}$ 的參電壓。

　　比較器 1 的非反相輸入端到外部接腳 6(臨限電壓輸入 Threshold)，比較器 2 的反相輸入端則接到外部接腳的 2(觸發輸入 trigger)。當接腳 6 輸入電壓大於 $(2/3)V_{CC}$ 時，則比較器 1 輸出為高電位 (H)，以致於 R-S 正反器被復置，輸出為低電位，而作為開關的電晶體則因取自 Q' 輸出，因此 Q_1 導通。

　　若輸入接腳 2 的輸入電壓小於 $(1/3)V_{CC}$，則比較器 2 的輸出將轉高電位，使 R-S 正反器被設定，定時器輸出為高電位。

　　圖 13.2 為 555 IC 定時器的接腳圖，各接腳的功能說明如下：

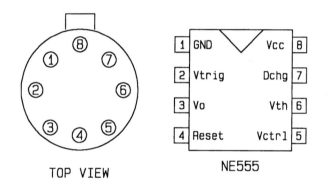

圖 13.2　555 IC 定時器的接腳圖

A. 接地：

555 IC 定時器負電源輸入，亦為系統的參考零電位。

B. 觸發 (Trigger)：

當此腳的輸入電壓低於 $1/3V_{CC}$ 時，將使正反器被設定，輸出為高電位。

C. 輸出：

555 IC 定計時器的輸出接腳，提供吸入 (sink) 及吐出 (source) 的電流驅動能力高達 200 mA，可直接驅動一般小型繼電器。高態輸出電壓約為 Vcc −0.5 V，而低態輸出時，電壓約為 +0.1 V。

D．復置 (Reset)：

此接腳直接控制 R-S 正反器，使定時器輸出強迫復置，此功能不用時，則與 Vcc 電源接在一起。

E． 控制電壓 (Voltage Control)：

此功能用來改變臨限與觸發的電壓位準。當此接腳與地之間並聯一電阻則可改變其臨限及觸發的電壓位準。例如原來用以分壓的內部電阻為 $5\,\mathrm{k\Omega}$，因此若在於此接腳並聯上一個 $10\,\mathrm{k\Omega}$ 的電阻，則可將臨限電壓改為：

$$V_{th} = \frac{\left((5\,\mathrm{k\Omega} + 5\,\mathrm{k\Omega})/\!/10\,\mathrm{k\Omega}\right)}{5\,\mathrm{k\Omega} + \left((5\,\mathrm{k\Omega} + 5\,\mathrm{k\Omega})\right)} \times V_{CC} = \frac{V_{CC}}{2}$$

而觸發電壓為：

$$V_{\mathrm{trig}} = \frac{V_{th}}{2} = \frac{V_{CC}}{4}$$

若此接腳的功能不使用，則此接腳應並聯一個 0.1 uf 的電容器於地之間，以降低電源漣波或雜訊對臨限電壓的影響。

F． 臨限電壓 (Threshold)：

當此電壓輸入超過 $(2/3)V_{CC}$，則使正反器復置，輸出為低電位。

G． 放電 (discharge)：

此接腳接到內部電晶體的集極，當輸出為低電位時，電晶體 Q_1 導通，此接腳被電晶體的 CE 短路到地。

H． 電源 (V_{cc})：

電路的正電源。從 $+5\,\mathrm{V}\sim +18\,\mathrm{V}$ 均能使電路正常工作，因此使得本 IC 易於與 TTL 或 COMS 等數位電位一同工作而不需作界面的處理。

2. 555 IC 定時器的方波振盪器

如圖 13.3 中的 555 IC 接成非穩態的方波振盪器。當電源投入時，假設電容器 C_1 事前並未充電，因此 $V_C(0) = 0\,V$，即兩比較器的輸入端均小於

$(1/3)V_{CC}$，故 R-S 正反器被設定，內部的開關電晶體 Q_1 則被關掉，電容器 C_1 可經 R_1、R_2 充電，各點的電壓波形如圖 13.4 所示。

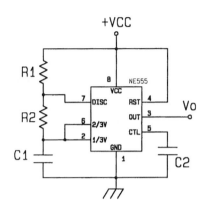

圖 13.3　555 IC 方波振盪器

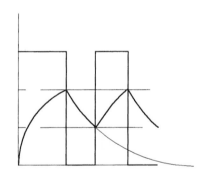

圖 13.4　555 IC 方波振盪器各點的電壓波

　　當電容器電壓 V_c 上升到 $(2/3)V_{CC}$ 時，比較器 1 的輸出為高電壓，R-S 正反器被復置，輸出轉為低電壓，同時內部的開關電晶體導通。因此電容器上的電荷則經 R_2 及內部電晶體的 C-E 放電。

　　電容器電壓下降到低於 $(1/3)V_{CC}$ 時，比較器 2 的輸出為高電壓，R-S 正反器再度被設定，輸出又回到高電壓，同時內部電晶體被關掉，電容器又重新由電源經 R_1、R_2 而充電。如此週而復始，我們可以於 V_o 得到方波的輸出。

A. 決定振盪頻率

假設電容器 C1 於送電時尚未充電，則第一週的充電方程式為：

$$V_C(t) = V_{CC}(1 - e^{-t/(R_1+R_2)C_1}) \tag{13.1}$$

第一週輸出為高電位的時間為 T_1，

$$V_C(T_1) = \frac{2}{3}V_{CC} = V_{CC}(1 - e^{-T_1/(R_1+R_2)C_1})$$

$$T_1 = (R_1 + R_2) \times C_1 \times \ln 3 \tag{13.2}$$

第一週放電時，電容器電壓自 $(2/3)V_{CC}$ 經 R_2 放電到 $(1/3)V_{CC}$ 為止，方程式為：

$$V_C(t) = \frac{2}{3}V_{CC}e^{-t/R_2C_1} \tag{13.3}$$

此時間為 T_2，則

$$V_C(T_2) = \frac{1}{3}V_{CC} = \frac{2}{3}V_{CC}e^{-T_2/R_2C_1}$$

$$T_2 = R_2 \times C_1 \times \ln 2 = 0.693R_2 \times C_1 \tag{13.4}$$

第二週以後，電容器自 $(1/3)V_{CC}$ 經 R_1, R_2 充電到 $(2/3)$ V_{CC}，其方程式為：

$$V_C(t) = \frac{1}{3}V_{CC} + \frac{2}{3}V_{CC}(1 - e^{-t/(R_1+R_2)C_1})$$

其時間為 T_3，則

$$V_C(T_3) = \frac{2}{3}V_{CC} = \frac{1}{3}V_{CC} + \frac{2}{3}V_{CC}(1 - e^{-T_3/(R_1+R_2)C_1})$$

$$T_3 = (R_1 + R_2) \times C_1 \times \ln 2 = 0.693(R_1 + R_2) \times C_1 \tag{13.5}$$

往後則電路以 T_2 的時間放電，而以 T_3 的時間充電，故週期為

$$T \doteq T_2 + T_3 = 0.693(2R_2 + R_1) \times C_1 \tag{13.6}$$

$$f = \frac{1}{T} = \frac{1.44}{(2R_2 + R_1) \times C_1} \tag{13.7}$$

由上而的分析，此電路產生的方波，工作週期並不為 50%(非對稱方波)。其工作週期為：

$$DT = \frac{T_3}{T} = \frac{R_2}{2R_2 + R_1} \times 100\% \tag{13.8}$$

【例 13.1】

使用 555 IC 設計一個 1 kHz 的方波振盪器

解： 由 (13.7) 式得：

$$T = \frac{1}{1000} = 0.693 \times (2 \times R_2 + R_1) \times C_1$$

若選擇 $C_1 = 0.01\,\mu\text{F}$，則：

$$2 \times R_2 + R_1 = \frac{1}{0.693 \times 1000 \times 0.01 \times 10^{-6}} = 144.3\,\text{k}\Omega$$

為得到較對稱方波，故選擇較大的 R_2 而使用較小的 R_1 值，故取

$$R_2 = 68\,\text{k}, \quad R_1 = 15\,\text{k}$$

B. 改變工作週期

由前節分析，555 IC 定時器其充放電的路徑不一樣，故工作週期為不對稱。若要得到對稱的方波，則可選擇較大的 R_2，配合較小的 R_1，例如 $R_1 = 1\,\text{k}\Omega, R_2 = 100\,\text{k}\Omega$，則工作週期為：

$$DT = \frac{100\,\text{k}}{100\,\text{k} \times 2 + 1\,\text{k}} \times 100\% = 49.75\% \approx 50\%$$

亦可於充放電電路中插入二極體，使不同的充放電電路具有相同的時間常數，如圖 13.5 所示。其充電路徑為 R_1-R_2-C_1，而放電路徑為 R_3-C_1。若選擇 $R_3 = R_1 + R_2$，則充放電的時間常數就一樣了。當然也可以令 $R_2 = 0$ 而 $R_1 = R_3$，亦可得到 50% 的工作週期。

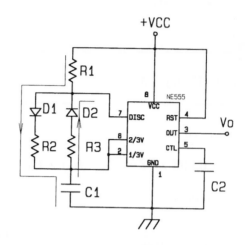

圖 13.5 50%工作週期的方波振盪器

反之，若要得到工作週期變化較大的脈波，則於圖 13.3 中選用較大的 R_1 而搭配較小的 R_2，如 $R_1 = 100\,\text{k}\Omega$, $R_2 = 1\,\text{k}\Omega$，則工作週期為：

$$DT = \frac{R_2}{2R_2 + R_1} \times 100\% = \frac{1\,\text{k}}{2 \times 1\,\text{k} + 100\,\text{k}} \times 100\% \approx 1\%$$

3. 555 IC 的單穩態電路

如圖 13.6 所示為使用 555 IC 單穩態電路。

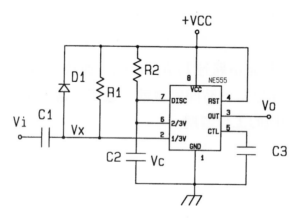

圖 13.6 555 單穩態電路

　　電路穩定時，且又沒有脈波輸入於 IC 的第二支腳，則輸出為低電位，IC 內部的電晶體導過，使接腳 7 經電晶體 C-E 接地，故電容器放電，$V_C = 0\,\mathrm{V}$。第二支腳的電壓則因 R_1 的提升作用使 $V_{\mathrm{trig}} = V_{CC}$，故電路不會被設定。而維持此一穩定狀態。

　　當 V_i 有負脈波出現，使 V_{trig} 瞬間小於 $(1/3)V_{cc}$，則 555 IC 輸出被設定，$V_o = V_{CC}$，內部電晶體 Q_1 被關掉，電容器經 R_2 向 V_{CC} 充電。直到 $V_C(t) > (2/3)V_{CC}$，此時輸才被比較器 1 給予復置回到地電位。電容器亦經由內部電晶體的 C-E 迅速放電而維持 $V_C = 0\,\mathrm{V}$ 的電壓。各點波形如圖 13.7 所示。

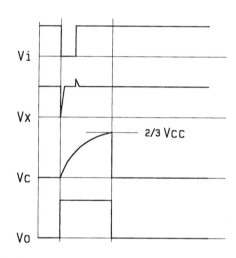

圖 13.7　555 單穩態電路各點的電壓波

　　輸出為高電位時，V_c 的電壓為

$$V_C(t) = V_{CC}(1 - e^{-t/R_2 C_2}) \tag{13.9}$$

充電到 $2/3V_{cc}$ 的時間為 T

$$V_C(T) = \frac{2}{3}V_{CC} = V_{CC}(1 - e^{-t/R_2 C_2})$$

$$T = R_2 \times C_2 \times \ln 3 = 1 \cdot 1 \times R_2 \times C_2 \tag{13.10}$$

┌─【例 13.2】────────────────────────┐

設計一個輸出脈波寬度為 100 mS 的單穩態電路
└──────────────────────────────────┘

解：由 (13.10) 式得：

$$T = 1.1 \times R_2 \times C_2 = 100\,\text{mS}$$

若選擇 $C_2 = 1\,\mu\text{F}$，則：

$$R_2 = \frac{0.1}{1.1 \times 1 \times 10^{-6}} = 90.9\,\text{k}\Omega$$

13.3 實驗項目

1. 工作一：555 方波振盪器

A. 實驗目的：

瞭解 555 方波振盪器的振盪條件及特性

B. 材料表：

$1\,\text{k}\Omega \times 1$，$4.7\,\text{k}\Omega \times 1$，$470\,\text{k}\Omega \times 1$

$10\,\mu\text{F} \times 1$，$3.3\,\mu\text{F} \times 1$，$1\,\mu\text{F} \times 1$，$0.33\,\mu\text{F} \times 1$，$0.1\,\mu\text{F} \times 2$

$\text{NE}555 \times 1$

C. 實驗步驟：

(1) 如圖 13.8 的接線。

(2) 示波器使用外部觸發，將外部觸發輸入接於 V_{o1}。CH1，CH2 分別接到 V_1，及 V_2 以觀察其波形，並將測試結果記錄於圖 13.9 中。

(3) 將 CH2 接到 V_{o1}，觀察其波形，並將測試結果記錄於圖 13.9 中。

(4) 改變不同的電容值，觀察振盪頻率的變化例如：

　① $C_1 = 10\,\mu,\text{pF}$ 　　　　② $C_1 = 3.3\,\mu\text{pF}$

　③ $C_1 = 1\,\mu\text{F}$ 　　　　　④ $C_1 = 0.33\,\mu\text{F}$

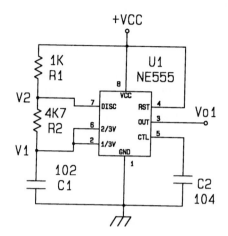

圖 13.8　方波振盪器實驗電路

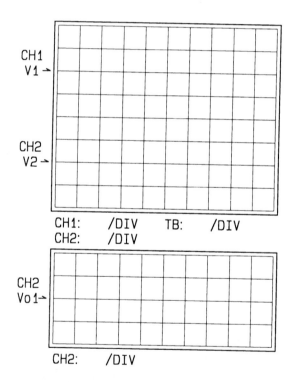

圖 13.9　圖 13.8 各點的電壓波

⑤ $C_1 = 0.1\,\mu\text{F}$ 　　　　⑥ $C_1 = 0.033\,\mu\text{F}$

⑦ $C_1 = 0.01\,\mu\text{F}$ 　　　　⑧ $C_1 = 3300\,\text{pF}$

⑨ $C_1 = 1000\,\text{pF}$

並將振盪頻率記錄於表 13.1 中。

表 13.1 $R \times C$ 對振盪頻率的特性

C_1	102	332	103	333	104	334	1 u	3 u	10 u
$R_2 = 47\,\text{k}$									
RXC									
$R_2 = 470\,\text{k}$									
RXC									

⑸ 將電路 R_2 改為 $470\,\text{k}\Omega$，重複步驟⑸的實驗。並將振盪頻率記錄於表 13.1 中。

⑹ 以 $R \times C$ 為水平軸，振盪頻率為垂直軸，使用表 13.1 的數據，於全對數紙繪出 $R \times C$ 對振盪頻率的特性曲線於圖 13.10。

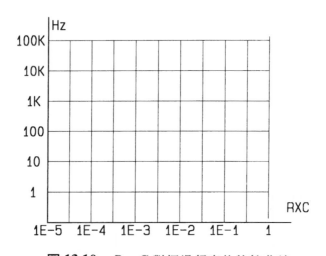

圖 13.10 $R \times C$ 對振盪頻率的特性曲線

⑺ 將電路 $R_1 = 100\,\text{k}\Omega$, $R_2 = 1\,\text{k}\Omega$, $C_1 = 0.01\,\mu\text{F}$，觀察 V_1, V_2, V_o 波形，並將測試結果記錄於圖 13.11 中。

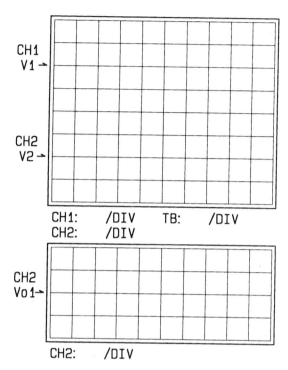

圖 13.11　不對稱方波振盪器各點的電壓波

2.　工作二：555 單穩態電路

A.　實驗目的：

瞭解 555 單穩態電路的工作原理及特性

B.　材料表：

$1\,k\Omega \times 1$，$4.7\,k\Omega \times 1$，$470\,k\Omega \times 1$

$10\,\mu F \times 1$，$3.3\,\mu F \times 1$，$1\,\mu F \times 1$，$0.33\,\mu F \times 1$，$0.1\,\mu F \times 2$

1N41488×1

NE555×1

C.　實驗步驟：

(1) 如圖 13.12 的接線，IC 的接腳參考圖 13.3。

(2) 訊號產生器選擇 CMOS 輸出，頻率為 $50\,kHz$，峰值調整為 $10\,V$，將此訊號接到 V_i。

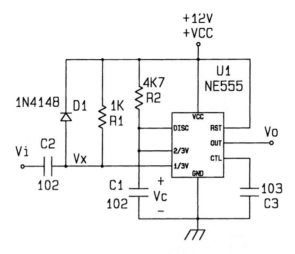

圖 13.12 單穩態電路實驗電路

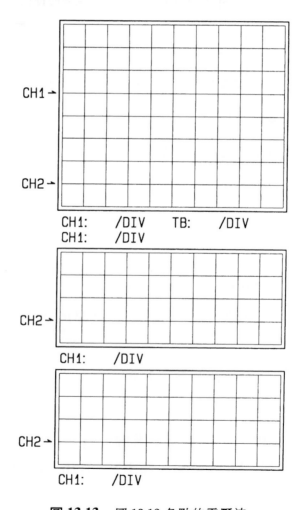

圖 13.13 圖 13.12 各點的電壓波

⑶ 將示波器 CH1，CH2 分別接到 V_i, V_o。觀察其波形，並將測試結果記錄於圖 13.13 中。

⑷ 將示波器 CH2 接到 V_x。觀察輸入微分後的波形，並將測試結果記錄於圖 13.13 中。

⑸ 將示波器 CH2 接到 V_c。觀察電容器充電的波形，並將測試結果記錄於圖 13.13 中。

⑹ 將示波器 CH1，CH2 分別再接到 V_i, V_o。 $R_2 = 4.7\,\mathrm{k\Omega}$，改變不同的 C 值，觀察其波形 (訊號產生器的輸出頻率逐漸調低，以祈能觀測到良好波形)，並將脈波寬度記錄於表 13.2

表 13.2　$R \times C$ 對脈波寬度的特性

C_1	102	332	103	333	104	334	1 u	3 u	10 u
$R_2 = 47\,\mathrm{k}$									
T									
$R_2 = 470\,\mathrm{k}$									
T									

① $C_1 = 10\,\mu,\mathrm{pF}$　　　　② $C_1 = 3.3\,\mu\mathrm{pF}$

③ $C_1 = 1\,\mu\mathrm{F}$　　　　　④ $C_1 = 0.33\,\mu\mathrm{F}$

⑤ $C_1 = 0.1\,\mu\mathrm{F}$　　　　⑥ $C_1 = 0.033\,\mu\mathrm{F}$

⑦ $C_1 = 0.01\,\mu\mathrm{F}$　　　⑧ $C_1 = 3300\,\mathrm{pF}$

⑨ $C_1 = 1000\,\mathrm{pF}$

⑺ 將電路 R 改為 $470\,\mathrm{k\Omega}$，重複步驟⑹的實驗。並將脈波寬度記錄於表 13.2 中。

⑻ 以 $R \times C$ 為水平軸，脈波寬度為垂直軸，使用表 13.2 的數據，於全對數紙繪出 $R \times C$ 對脈波寬度的特性曲線於圖 13.14。

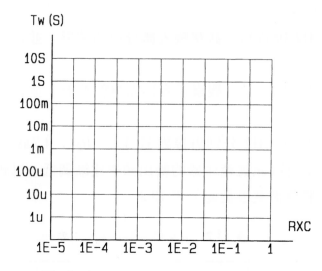

圖 13.14 $R \times C$ 對脈波寬度的特性曲線

13.4 電路模擬

本節中將以 Pspice 模擬軟體來分析電路的特性，使電路模型分析的結果與實際電路實驗有一對照。

1. 555 方波振盪器模擬

如圖 13.15 所示，各元件分別在 anl_misc.slb, source.slb 及 analog.slb，選擇 Time Domain 分析，記錄時間自 0 us 到 1.0 ms，最大分析時間間隔為

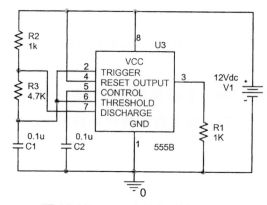

圖 13.15 555 方波振盪器

0.001 ms。圖 13.16 為方波振盪器模擬結果，圖中分別為電容器電壓及輸出 R1 的電壓波形，輸出的頻率為 1.44 KHz。

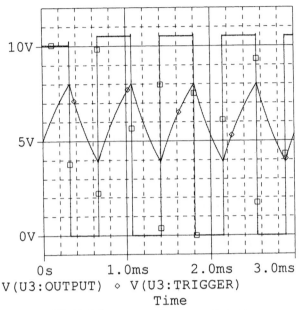

圖 **13.16**　555 方波振盪器模擬結果

2.　555 單穩態電路模擬

如圖 13.17 所示，各元件分別在 anl_misc.slb, source.slb 及 analog.slb，選擇 Time Domain 分析，記錄時間自 0 us 到 1.0 ms，最大分析時間間隔為 0.001 ms。圖 13.18 為 555 單穩態電路模擬結果，上圖分別為電容器電壓及輸

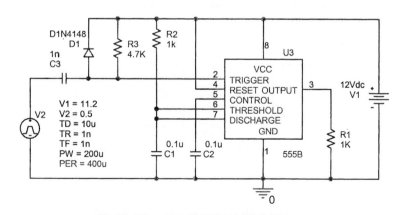

圖 **13.17**　555 單穩態電路模擬

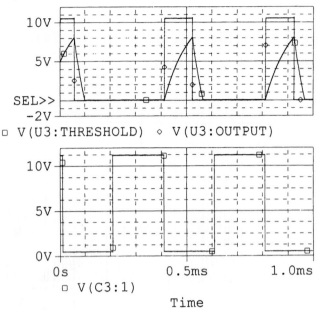

圖 13.18 為 555 單穩態電路模擬結果

出 R_1 的電壓波形。下圖為輸入的電壓波形，輸出的脈波寬度為 110 us。

3. 555 方波調變振盪器模擬

如圖 13.19 所示，各元件分別在 anl_misc.slb, source.slb 及 analog.slb，選擇 Time Domain 分析，記錄時間自 0 us 到 12.0 ms，最大分析時間間隔為 0.001 ms。圖 13.20 555 方波調變振盪器模擬結果，上圖為控制電壓波形，下圖為調變輸出電壓波形。

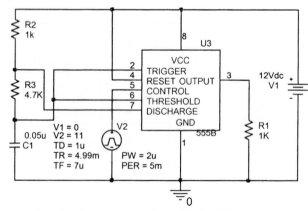

圖 13.19 555 方波調變振盪器模擬

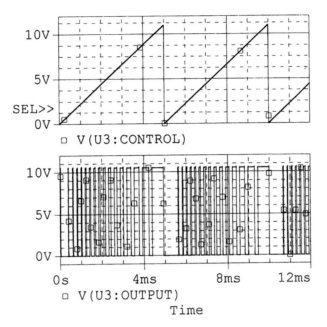

圖 13.20　555 方波調變振盪器模擬結果

第十四章

op amp

的其他應用

14.1 實驗目的

1. 精密二極體
2. 精密半波及全波整流電路
3. 峰值整流電路
4. 精確的定位二極體
5. 取樣與保持電路
6. 乘算電路
7. 除算電路
8. 對數電路
9. 反對數電路
10. 有效值轉換電路

14.2 相關知識

1. 精密二極體

前面我們已經學習過二極體電路。然而由於二極體的順向壓降之關係 (就矽二極體而言，其順向電壓約 $0.7\,\mathrm{V}$，而鍺二極體的順向電壓約為 $0.2\,\mathrm{V}$)，因此若要對於較小的信號整流，例如電壓峰值小於 $0.1\,\mathrm{V}$ 的正弦波整流，則因電壓小於二極體的切入電壓而使得輸出為零。

使用 op amp 配合二極體則可彌補此項缺點。圖 14.1 所示為精密的二極體電路，利用 op amp 的高增益特性，可以補償掉二極體的順向壓降。電路工作分析如下：

當輸入為正半週時，op amp 的輸出將往正飽和方向變化，使二極體因順向而導通，使得 op amp 成為閉回路而構成負回授，故 $V_{\mathrm{in}+} = V_{\mathrm{in}-}$ 輸出電壓也就是輸入電壓。雖然二極體的導通電壓 $0.7\,\mathrm{V}$ 仍然有在，但此電壓並不會出現於輸出端。而由 op amp 的輸出予 "吸收了"。

當 V_i 負值時，op amp 的輸出往負飽和方向變化，二極體因反偏而開路 (二極體負端由電阻 R 接地了！)，故電路如同比較器，op amp 輸出會停在

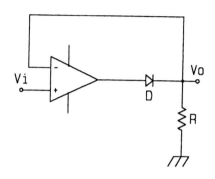

圖 14.1　精密的二極體電路

負飽和電壓，輸出則因電阻 R 接地而使 $V_o = 0\,\mathrm{V}$。圖 14.2 為此電路的轉移曲線。

　　此電路雖然改善了二極體的順向壓降問題，但仍有些缺點，如：過大的輸入電壓將 op amp 遭受永久性的破壞，另外當輸入為負電壓時，op amp 輸出飽和，當輸入重返回正半週時，則 op amp 要自飽和下回到線性操作時，將造成延遲，因此也就限制了電路的最高操作頻率了！

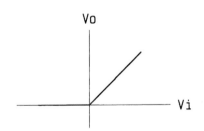

圖 14.2　精密二極體電路的轉移曲線

2.　精密的半波整流

　　圖 14.3 為另一種半波整流電路，它改善了前面圖 14.1 之缺點，電路工作如下：

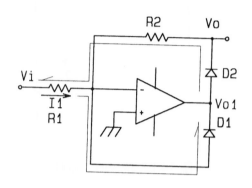

圖 14.3 精密的半波整流

　　當輸入正半週時，輸入電流 $I_1 = V_i/R_1$ 流經 R_1、D_1 到 op amp 的輸出，由於輸入的虛接地緣故，使 $V_{\text{in-}} = 0\,\text{V}$，而 op amp 的輸出為 $V_o = -0.7\,\text{V}$，D_2 則反偏而關閉，沒有電流流過 R_2，故 $V_o = 0\,\text{V}$。

　　若輸入為負半週（小於 0），則 I_1 電流將反向，電流自 op amp 輸出經 D_2、R_2、R_1 到輸入，電路仍為閉回路，$V_{\text{in-}}$ 仍是虛接地，其輸出電壓 $V_o = -(R_2/R_1) \times V_i$，op amp 的輸出為 $V_{o1} = V_o + 0.7\,\text{V}$，故 D_1 則因反偏而開路。電路的轉移曲線如圖 14.4 所示。而不論輸入信號為正或負，至少有一二極體會導通使 op amp 都維持於線性工作區，故有較佳的頻率響應。

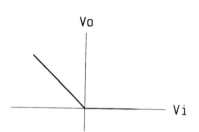

圖 14.4 精密的半波整流電路的轉移曲線

　　若要負輸出整流，則將兩個二極體的方向相反即可。

　　在負輸入電壓時，電路輸出 $V_o = -V_i \times (R_2/R_1)$，若選用較大的 R2 值，則電路具有增益。故除了整流作用外，亦兼有放大功能。

將此電路輸出接到一個低通流波器，如圖 14.5 所示，則可作為交流電壓計使用，若 $1/(C_1 \times R_4) \ll \omega_{\min}$，則輸出電壓 V_{o2} 為

$$V_{o2} = \frac{V_p \times R_2 \times R_4}{\pi \times R_1 \times R_3} \tag{14.1}$$

V_p 為輸入電壓的峰值

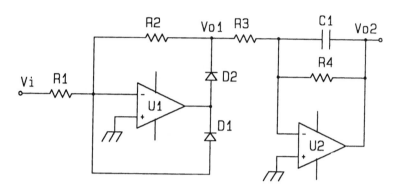

圖 14.5 交流電壓計

3. 精密全波整流電路

如圖 14.6 所示之方塊圖，若將半波整流的輸出，乘以 2 倍後與原輸入信號相加，則可得到全波整流輸出，各點的波形如圖 14.7 所示。圖 14.8 為其實際的電路圖。若於 R_5 並聯一電容器以消除整流後的漣波，則 V_{o2} 可作一全波整流型的交流到直流轉換器，其輸出為：

$$V_{o2} = \frac{2}{\pi} \times V_p = 0.636 \times V_p$$

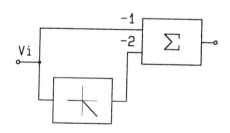

圖 14.6 精密的全波整流電路方塊圖

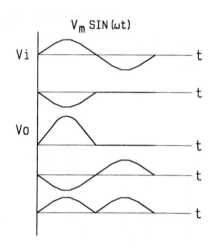

圖 14.7 精密的全波整流各點的波形

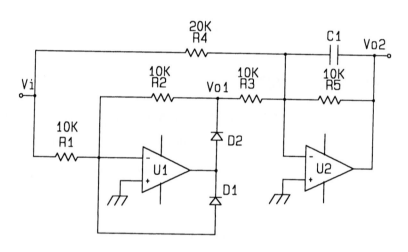

圖 14.8 精密的全波整流電路

　　為了能使輸出指示其有效值，則 R_5 可串聯一可變電阻以調整增益使 $V_{o2} = 0.707V_p$，則電路就是一平均型的交流電壓表了！

A. 極性切換型的全波整流電路

　　如圖 14.9 所示，U_1 與 R_1、R_2、R_3 及 Q_1 構成一極性切換電路。當 Q_1 導通時，U_1 的非反相輸入端經 Q_1 的 D-S 接地，因此 U_1 有如一反相放大器，$V_{o2} = -V_i$。若 Q_1 截止，則非反相輸入為 V_i, U_1 工作有如一單位增益的放大器，即 $V_{o2} = V_i$。

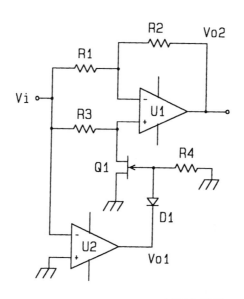

圖 14.9　極性切換型的全波整流電路

Q_1 的 ON/OFF 則由 U2 的比較器來決定，當輸入為正電壓器，V_{o1} 的輸出為負飽和電壓，Q_1 因逆偏而截止，故 U_1 有如單位增益放大器，$V_{o2} = V_i$。若輸入為負電壓，U_2 輸出為正飽和電壓，Q_1 導通，$V_{o2} = -V_i$，故其各點的電壓波形如圖 14.10 所示。

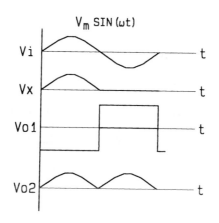

圖 14.10　圖 14.9 各點的電壓波形

4. 峰值檢波電路

　　將圖 14.1 的精密二極體電路的電阻改以電容器取代，如圖 14.11 所示，則為正峰值檢波器。

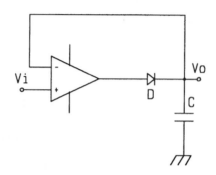

圖 14.11　峰值檢波電路

　　當 $V_i > V_o$ 時，同相輸入端的電壓大於反相輸入端的電壓，因此 op amp 的輸出電壓是正的，所以二極體 D_1 導通，於是電容器就被充電到輸入值（電路工作有如一電壓隨耦器）。當 V_i 降到電容器的電壓以下時，op amp 的輸出為負飽和電壓，二極體開路，故電容器就維持在前次輸入的最大值。

　　當輸出接到負載時，則電容器會經負載的輸入阻抗而放電，因此通常於電容輸出端再接上一電壓隨耦器以隔離輸出到下一級的負載效應，如圖 14.12 所示。圖中的 D_2 是為了避免在 D_1 截止時，op amp 進入飽和之用。

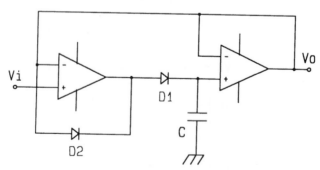

圖 14.12　加入電壓隨耦器的峰值檢波電路

　　電路各點的波形則如圖 14.13 所示，若要作負峰值檢測，只要將二極反相即可。（若電容器使用有極性的電容，則電容器的極性亦應一並反相）。

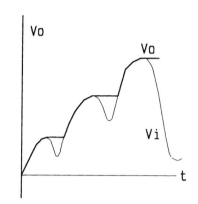

圖 14.13　峰值檢波電路的輸出波形

5.　取樣與保持電路

在逐次比較型的類比到數位轉換系統（Successive-approximation ADC）我們必需保證在轉換過程中，輸信訊號是維持不變的。因此我們需要一個取樣 - 保持電路（sample-and-hold)，來維持轉換器輸入訊號，在轉換期間內是固定的。

圖 14.14(a) 是一個最簡單的取樣 - 保持電路，開關閉合時，電容器被充電到輸入電壓，當開關打開時，則剛才的輸入電壓就被保持在電容器上。圖 14.14(b) 則是在開關與電容器的前後加上了緩衝器以減少負載效應。

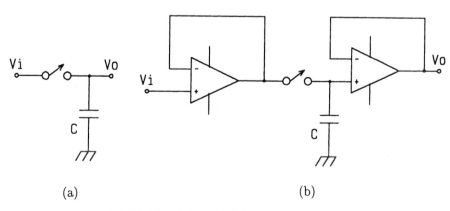

(a)　　　　　　　　　　　　　　　　　(b)

圖 14.14　取樣 - 保持電路

　　圖 14.15 為使用 LF398 的取樣保持電路，取樣時間約 $20\,\mu s$，屬於中速度型。當取樣控制輸入 Pin8 為高電位時，對輸入信號取樣；而該腳為低電位時，則進入保持狀態，輸出維持取樣時的值，電路的電容器影響保持時的特性極大，漏電大的電容器將導致保持時的電壓下滑大。此電容以 Mylar 或聚丙稀膜的電容器較佳。

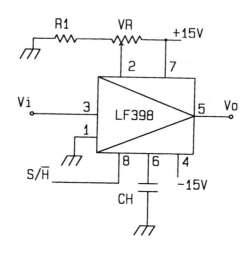

圖 14.15　LF398 的取樣保持電路

6.　對數放大器

　　如圖 14.16 所示為一簡單的對數放大電路。順偏時二極的轉換特性為：

$$I_D = I_s \times e^{\frac{V_D}{nV_T}} = I_1 \tag{14.2}$$

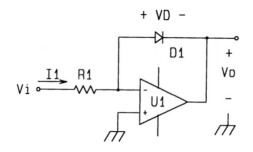

圖 14.16　一簡單的對數放大電路

而 I_1 即為 op amp 的輸入電流，而 $V_{o2} = V_D$ 即為輸出電壓，故

$$\frac{V_i}{R_1} = I_s \times e^{\frac{V_o}{\eta V_T}} \qquad (14.3)$$

$$V_o = \eta V_T \times \ln \frac{V_i}{R_1 \times I_s}$$

$$= \eta V_T \left(\ln \frac{V_i}{R_1} - \ln(I_s) \right) \qquad (14.4)$$

由於 ηV_T 與 I_s 均與溫度有關，故此轉換電路的溫度穩定性並不佳，圖 14.17 為使用匹配的電晶體作為對數轉換器。

$$I_{C1} = I_s e^{\frac{V_{BE1}}{V_T}}$$

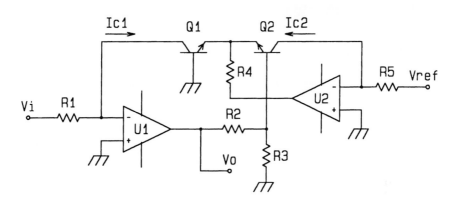

圖 14.17　使用匹配的電晶體的對數轉換器

$$V_{BE1} = V_T \times \ln \left(\frac{I_{C1}}{I_s} \right)$$

同理　　$V_{BE2} = V_T \times \ln \left(\frac{I_{C2}}{I_s} \right)$

故 V_{B2} 的電壓為：

$$V_{B2} = V_{BE2} - V_{BE1}$$

$$= V_T \times \left(\ln \frac{I_{C2}}{I_s} - \ln \frac{I_{C1}}{I_s} \right)$$

$$= V_T \times \left(\ln \frac{I_{C2}}{I_{C1}} \right) = \frac{R_3}{R_2 + R_3} \times V_o$$

$$V_o = \left(\frac{R_2 + R_3}{R_3} \right) \times V_T \times \ln \frac{I_{C2}}{I_{C1}} \tag{14.5}$$

若 $V_T = 25\,\mathrm{mV}$，則

$$V_o = \left(\frac{R_2 + R_3}{R_3} \right) \times 0.06 \times \log \frac{I_{C2}}{I_{C1}} \tag{14.6}$$

選擇 $R_2 = 15.7\,\mathrm{k\Omega}$, $R_3 = 1\,\mathrm{k\Omega}$，則

$$V_o = \log \frac{I_{C2}}{I_{C1}} = \log \frac{V_\mathrm{ref}}{V_\mathrm{in}} \tag{14.7}$$

為維持較佳的溫度穩定性，R_3 應使用具有 $+3300\,\mathrm{ppm/^\circ C}$ 溫度特性的熱敏電阻以補償 V_{BE} 的溫度變化。

7. 反對數放大器

圖 14.18 所示為反對數放大器，動作原理與對數放大器大致相同。

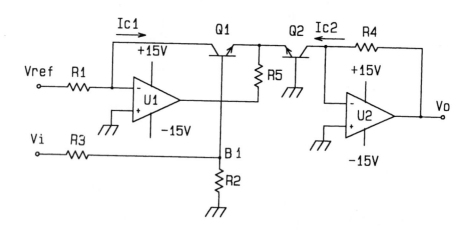

圖 14.18 反對數放大器

$$V_{BE1} = V_T \times \ln \left(\frac{I_{C1}}{I_s} \right)$$

同理 $\quad V_{BE2} = V_T \times \ln \left(\frac{I_{C2}}{I_s} \right)$

故 V_{B1} 的電壓為：

$$V_{B1} = V_{BE1} - V_{BE2}$$

$$= V_T \times \left(\ln \frac{I_{C1}}{I_s} - \ln \frac{I_{C2}}{I_s} \right)$$

$$= V_T \times \left(\ln \frac{I_{C1}}{I_{C2}} \right) = -V_T \times \left(\ln \frac{I_{C2}}{I_{C1}} \right)$$

$$V_{B1} = -2.3 \times V_T \times \log \frac{I_{C2}}{I_{C1}} \tag{14.8}$$

或 $\qquad I_{C2} = I_{C1} \times 10^{\left(-\frac{V_{B1}}{2.3 \times V_T} \right)}$

$$V_{B1} = V_i \times \left(\frac{R_2}{R_2 + R_3} \right)$$

故 $\qquad V_o = I_{C2} \times R_4 = R_4 \times I_C \times 10^{\left(\frac{-V_i}{2.3 \times V_T} \times \frac{R_2}{R_2 + R_3} \right)}$

若 $\qquad \dfrac{R_2 + R_3}{R_2} \times 2.3 \times V_T = 1$

則 $\qquad V_o = R_4 \times I_{C1} \times 10^{-V_i}$

$$= \frac{R_4 \times V_{\text{ref}}}{R_1} \times 10^{-V_i} = 10^{-V_i} \tag{14.9}$$

　　和對數放大器一樣，選擇 $R_2 = 15.7\,\text{k}\Omega$, $R_3 = 1\,\text{k}\Omega$，且 R_3 需具有 $+3300$ ppm/°C 的溫度係數以補償 V_{BE} 的變化。

8.　類比乘法器

　　在許多場合裡，我們需要將兩個信號相乘，例如 $P = I \times V$，（功率為電壓與電流的乘積）。相乘的方法有許多種，可以類比的方式或數位的方式處理，若是信號本就是數位形式，則以數位乘法器來處理可得較高的精確度。然而若是輸入信號是類比信號，則仍是以類比乘法器處理較為適當。

　　類比的乘法器有許多不同的方式，例如以指數 - 對數轉換的方式來處理，或者以脈波寬度調變 (PWM) 方式，或以可變互導乘法器，都可得到不錯的結果。 圖 14.19 為 Analog Device 的四象限類比乘法器 AD633，其輸出為：

$$W = \frac{(X_1 - X_2) \times (Y_1 - Y_2)}{10} + Z \tag{14.10}$$

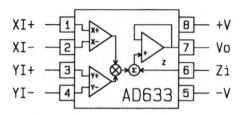

圖 14.19 AD633 的四象限類比乘法器

　　AD633 具有高輸入阻抗，差動型輸入方式。該元件已使用雷射作調整過，保證誤差在 2% 以內，具有 1 MHz 的頻寬。

A. 基本乘法器

　　圖 14.20 為基本的乘法器，若 X_{in} 為負載電壓，而 Y_{in} 則為負載電流，則輸出即為負載消耗的功率（瞬時功率）。

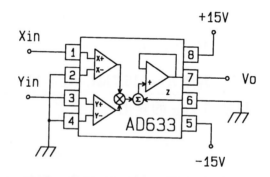

圖 14.20 基本的乘法器

B. 倍頻器

　　若將 X_{in} 與 Y_{in} 接在一起，加入一正弦波信號，則輸出 W 為：

$$W = \frac{(E \sin \omega t)^2}{10} = \frac{E^2}{20}(1 - \cos 2\omega t) \tag{14.11}$$

　　此相當於一倍頻電路（不過輸出含有大的直流成份罷了！）若改使用圖 17 .21 之接線，則可消除直流成份。電路分析如下：輸入電壓為：

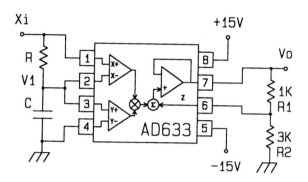

圖 14.21 使用乘法器的倍頻電路

$$V_i = E \sin \omega t$$

$$V_1 = V_i \times \frac{\dfrac{1}{j\omega C}}{R + \dfrac{1}{j\omega C}} = V_i \times \frac{1}{1 + j\omega CR}$$

選擇 $\omega CR = 1$，則

$$V_1 = \frac{V_i}{1 + j1}$$

$$V_x = V_i - V_1 = V_i\left(1 - \frac{1}{1 + j1}\right) = V_i \frac{j1}{1 + j1} = \frac{V_i}{\sqrt{2}}\angle 45°$$

$$V_x(t) = \frac{E}{\sqrt{2}} \sin(\omega t + 45°)$$

$$V_y = V_1 = V_i \frac{1}{1 + j1} = \frac{V_i}{\sqrt{2}}\angle -45°$$

$$V_y(t) = \frac{E}{\sqrt{2}} \sin(\omega t - 45°)$$

故輸出 $\quad W = \dfrac{V_x \times V_y}{10} + Z = \dfrac{V_x \times V_y}{10} + \dfrac{R_2 \times W}{R_1 + R_2}$

$$W = \frac{V_x \times V_y}{10} + \frac{3 \times W}{4}$$

$$W = \frac{4 \times V_x \times V_y}{10}$$

$$W = \frac{4 \times \dfrac{E}{\sqrt{2}} \sin(\omega t + 45°) \times \dfrac{E}{\sqrt{2}} \sin(\omega t - 45°)}{10}$$

$$= \frac{E^2}{20} \sin(\omega t + 45°) \times \sin(\omega t - 45°)$$

$$= \frac{E^2}{10} \sin(2\omega t)$$

C. 開平方根電路

將乘法器置於 op amp 的回授電路中，則可作為開根號器，如圖 14.22 所示

$$-\frac{V_o^2}{10} = E$$

$$V_o = \sqrt{-10 \times E} \tag{14.12}$$

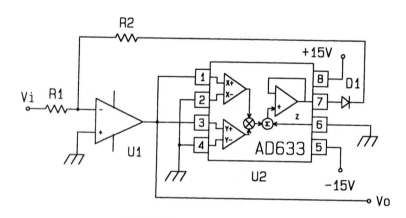

圖 14.22 開平方根電路

D. 除法電路

如圖 14.23 所示為除法器，由於回授之緣故， op amp 的輸入端為虛接地，且輸入電流為零，故流經 R_1 的電流必等於 R_2 的電流。若選擇 $R_1 = R_2$，則乘算器輸出 $W = V_i$

$$\frac{V_o \times E_x}{10\,\mathrm{V}} = -V_i$$

$$V_o = \frac{-10 \times V_i}{E_x} \tag{14.13}$$

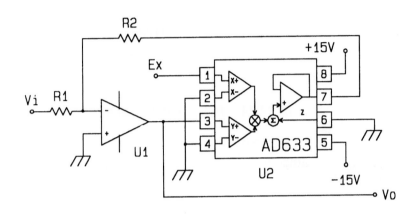

圖 14.23　除法器

14.3　實驗項目

1.　工作一：精密二極體

A.　實驗目的：

瞭解精密二極體整流電路原理及特性

B.　材料表：

TL074×1

1N4148×2

$10\,\mathrm{k\Omega} \times 1$

C.　實驗步驟：

(1) 如圖 14.24 的接線。

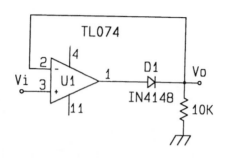

圖 14.24 精密二極體實驗電路

(2) V_i 接訊號產生器，選擇輸出為正弦波，頻率為 $1\,\mathrm{kHz}$，峰值調整為 $10\,\mathrm{V}$。觀察輸入及輸出波形，並將測試結果記錄於圖 14.25 中。

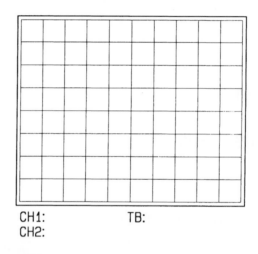

CH1:   TB:
CH2:

圖 14.25 圖 14.24 輸入及輸出波形

(3) 示波器選擇 $X\text{-}Y$ 模式，以觀察電路的轉移曲線，並將測試結果記錄於圖 14.26 中。

(4) 將電路中的二極體方向相反，重複步驟(2)，(3)之實驗。

(5) 頻率調為 $10\,\mathrm{kHz}$，重複步驟(2)，並將測試結果記錄於圖 14.27 中。

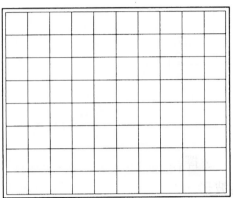

CH1:　　　　　　TB:
CH2:

圖 14.26　圖 14.24 轉移曲線

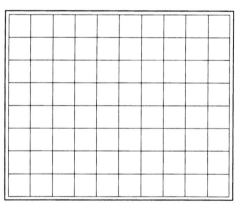

CH1:　　　　　　TB:
CH2:

圖 14.27　圖 14.24 輸入及輸出波形 $(f = 10\,\mathrm{kHz})$

(6) 將電路改為圖 14.28 重複以上之實驗。

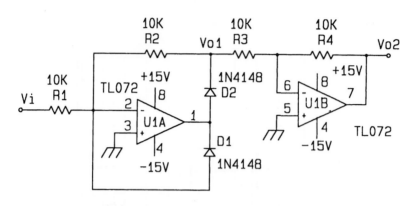

圖 14.28 精密整流器實驗電路

2. 工作二：精密全波整流器

A. 實驗目的：

瞭解精密密全波整流器原理及特性

B. 材料表：

TL072×1

1N4148×2

10 μF×1

10 kΩ × 4，20 kΩ × 1

VR-10 kΩ × 1

C. 實驗步驟：

(1) 如圖 14.29 的接線（電容器 C_1 先不接及可變電阻短路）。

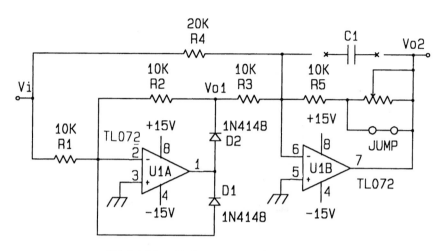

圖 14.29　精密全波整流器

(2) V_i 接訊號產生器，選擇輸出為正弦波，頻率為 1 kHz，峰值調整為 10 V。
觀察 V_i, V_{o1} 及 V_{o2} 波形，並將測試結果記錄於圖 14.30 中。

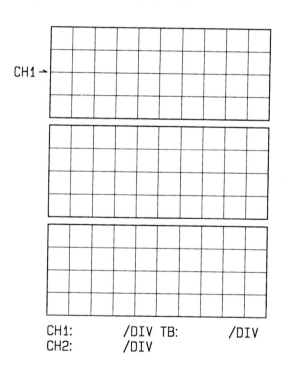

CH1:　　　/DIV TB:　　　/DIV
CH2:　　　/DIV

圖 14.30　圖 14.29V_i-V_{o1} 波形

(3) 示波器選擇 X-Y 模式，以觀察電路 V_i-V_{o1} 的轉移曲線，並將測試結果記錄於圖 14.31 中。

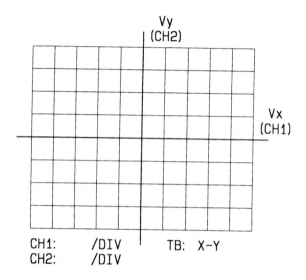

CH1: /DIV   TB: X-Y
CH2: /DIV

圖 14.31 圖 14.29V_i-V_{o1} 轉移曲線

(4) 重複步驟(3)以觀察電路 V_i-V_{o2} 的轉移曲線，並將測試結果記錄於圖 14.32 中。

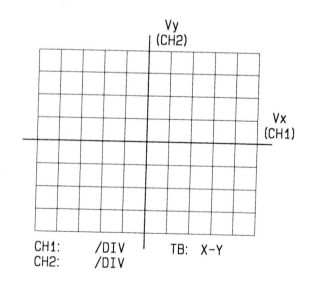

CH1: /DIV TB: X-Y
CH2: /DIV

圖 14.32 圖 14.29V_i-V_{o2} 波形

⑸ 將電路中的兩個二極體方向相反,重複步驟⑷之實驗。並將測試結果記錄於圖 14.33,圖 14.34。

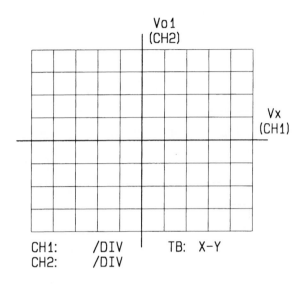

圖 14.33 圖 $14.29 V_i\text{-}V_{o1}$ 波形 (二極體反向)

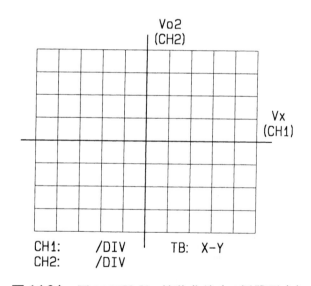

圖 14.34 圖 $14.29 V_i\text{-}V_{o1}$ 轉移曲線 (二極體反向)

⑹ 將電路中的電容器 C_1 及可變電阻接上,輸入正弦波,頻率為 $1\,\mathrm{kHz}$,峰值為 $10\,\mathrm{V}$。調整可變電阻使 V_{o2} 直流電壓為 $7.07\,\mathrm{V}$(使用電表測量)。

⑺ 輸入電壓自 $0\,\mathrm{V}$ 逐步調升到 $10\,\mathrm{V}$(峰值),記錄 V_{o2} 的直流電壓於表 14.1 中。

表 14.1　圖 14.29V_i-V_{o2} 的特性

波　形	0	1 V	2 V	3 V	4 V	5 V	6 V	7 V	8 V	9 V	10 V
正弦波											
三角波											
方　波											

⑻ 輸入改以三角波及方波，重複步驟⑺之實驗，記錄 V_{o2} 的直流電壓於表 14.1 中。

⑼ 使用表 14.1 的數據，繪出 V_i-V_{o2} 的特性曲線於圖 14.35。

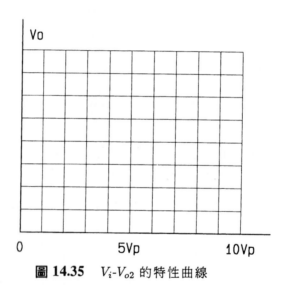

圖 14.35　V_i-V_{o2} 的特性曲線

3.　工作三：同步整流電路

A.　實驗目的：

瞭解同步整流電路原理及特性

B.　材料表：

TL072×1

1N4148×1

2SK40×1

$100\,k\Omega \times 4$

C. 實驗步驟：

(1) 如圖 14.36 的接線。

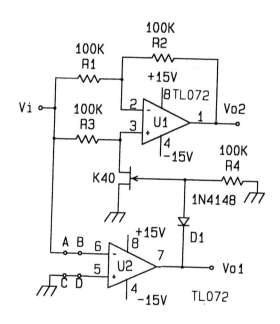

圖 14.36　同步整流電路

(2) V_i 接訊號產生器，選擇輸出為正弦波，頻率為 $1\,kHz$，峰值調整為 $10\,V$。
觀察 V_i, V_{o1} 及 V_{o2} 波形，並將測試結果記錄於圖 14.37 中。

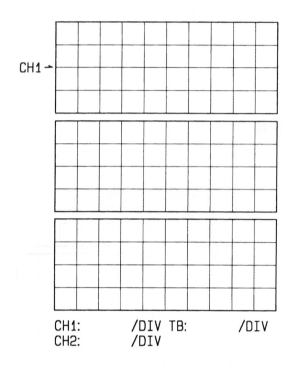

CH1 →

CH1:　　　/DIV TB:　　　/DIV
CH2:　　　/DIV

圖 14.37　同步整流電路輸入及輸出波形

(3) 示波器選擇 X-Y 模式，以觀察電路 V_i-V_{o2} 的轉移曲線，並將測試結果
記錄於圖 14.38 中。

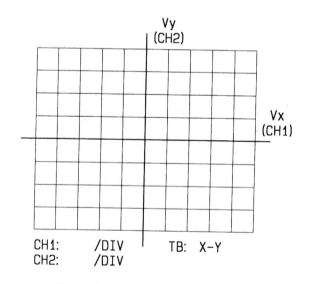

Vy
(CH2)

Vx
(CH1)

CH1:　　　/DIV　　　TB: X-Y
CH2:　　　/DIV

圖 14.38　同步整流電路轉移曲線

(4) 將電路中的 U_2 兩輸入對調，重複步驟(2)，(3)之實驗。並將測試結果記錄於圖 14.39，圖 14.40。

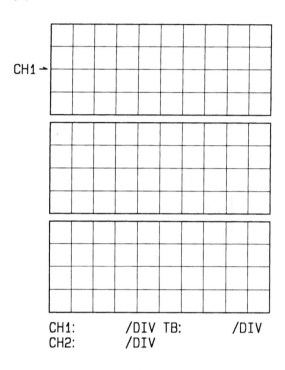

```
CH1:        /DIV TB:      /DIV
CH2:        /DIV
```

圖 14.39　同步整流電路輸入及輸出波形（負電壓輸出）

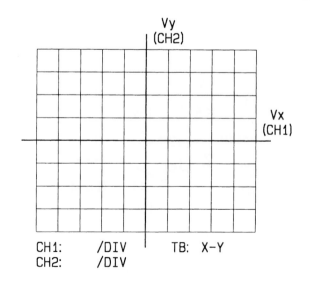

```
CH1:       /DIV        TB:  X-Y
CH2:       /DIV
```

圖 14.40　同步整流電路轉移曲線（負電壓輸出）

4. 工作四：取樣與保持電路

A. 實驗目的：

瞭解取樣與保持電路原理及特性

B. 材料表：

TL074×1，DG201 × 1，LF398×3

1N4148×3

2SK40×1

0.01 μF×1

4.7 kΩ × 1，10 kΩ × 1， 24 kΩ × 1

VR-2 kΩ × 1

C. 實驗步驟：

(1) 如圖 14.41 的接線。

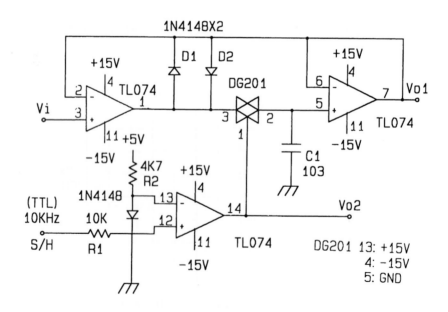

圖 14.41 取樣-保持電路

(2) V_i 接訊號產生器，選擇輸出為正弦波，頻率為 $1\,kHz$，峰值調整為 $10\,V$。觀察 V_i, V_{o1} 及 V_{o2} 波形，並將測試結果記錄於圖 14.42 中（波形若無法穩定，請稍微調整輸入信號的頻率）。

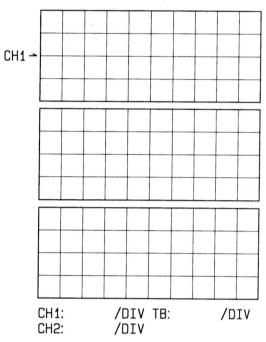

CH1: _____ /DIV TB: _____ /DIV
CH2: _____ /DIV

圖 14.42　取樣 - 保持電路 V_i、V_{o1} 及 V_{o2} 波形

(3) 調整輸入信號的頻率自 $50\,Hz$ 至 $5\,kHz$。觀察 V_i 及 V_{o2} 波形的變化。

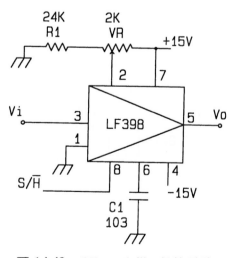

圖 14.43　LF398 取樣 - 保持電路

⑷ 將取樣電路改用 LF398，如圖 14.43 所示，重複以上之實驗。

5.　工作五：對數轉換電路

A.　實驗目的：

瞭解指數轉換電路原理及調整方法

B.　材料表：

TL072×1

2SC1815×1

200 pF×2

100 kΩ × 2，1 kΩ × 1，15 kΩ × 1，1 MΩ × 1，2.2 kΩ × 1

10 kΩ × 1

VR-2 kΩ × 1

VR-50 kΩ × 1

C.　實驗步驟：

⑴ 如圖 14.44 的接線，$V_{\text{ref}} = 10\text{V}$。

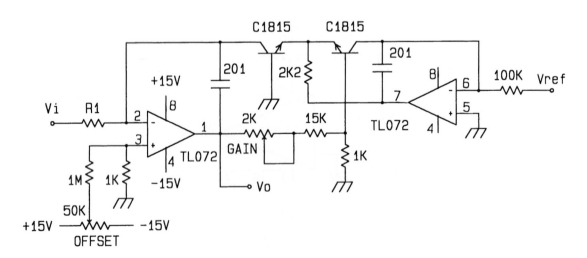

圖 14.44　對數轉換電路

⑵ V_i 接 10 V 的直流電壓，調整 OFFSET 可變電阻使 V_o =0.00 V。

⑶ V_i 接 10 mV 的直流電壓，調整 GAIN 可變電阻使 V_o =3.00 V。

⑷ 步驟⑵，⑶調整時會相互影響，須重複調整數次。

⑸ 輸入電壓自 10 mV 逐步調升到 10 V(直流值)，記錄 V_i 及 V_o 的直流電壓
於表 14.2 中。

表 14.2　對數轉換電路 V_i-V_o 的特性

V_i	10 mV	30 mV	0.1 V	0.3 V	1 V	3 V	10 V
V_o							

⑹ 使用表 14.2 的數據，使用半對數紙，繪出 V_i-V_o 的特性曲線於圖 14.45。

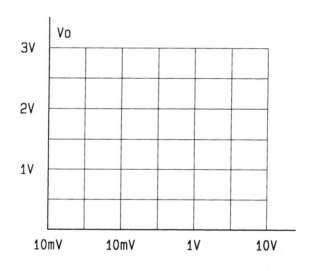

圖 14.45　對數轉換電路轉移曲線

⑺ V_i 接訊號產生器，選擇輸出為三角波，頻率為 1 kHz，峰對峰值為 10 V。
OFFSET 電壓為 5 V，如圖 14.46 所示，觀察 V_i 及 V_o 的波形，並將測試
結果記錄於圖 14.47 中。

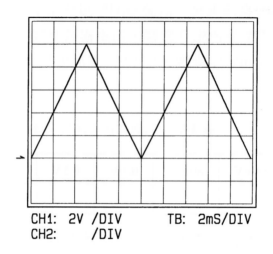

CH1: 2V /DIV   TB: 2mS/DIV
CH2:   /DIV

圖 14.46 對數轉換電路的輸入電壓

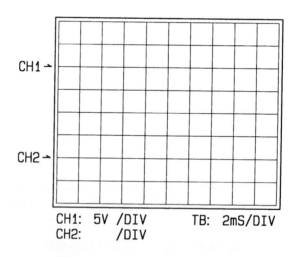

CH1: 5V /DIV   TB: 2mS/DIV
CH2:   /DIV

圖 14.47 對數轉換電路轉移曲線

6. 工作六：指數轉換電路

A. 實驗目的：

瞭解對數轉換電路原理及調整方法

B. 材料表：

TL072×1

2SC1815×1

200 pF×2

$100\,k\Omega \times 2$，$1\,k\Omega \times 1$，$15\,k\Omega \times 1$，$1\,M\Omega \times 1$，$2.2\,k\Omega \times 1$

$10\,k\Omega \times 1$

VR-2 kΩ × 1

VR-50 kΩ × 1

C. 實驗步驟：

(1) 如圖 14.48 的接線，$V_{\text{ref}} = 10\,V$。

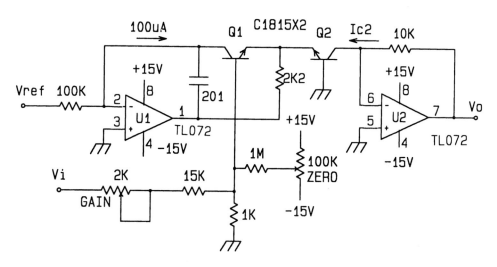

圖 14.48　指數轉換電路

(2) V_i 接 0.00 V 的直流電壓，調整 OFFSET 可變電阻使 $V_o =0.00\,V$。

(3) V_i 接 $-1.00\,V$ 的直流電壓，調整 GAIN 可變電阻使 $V_o =10.0\,V$。

(4) 步驟(2)，(3)調整時會相互影響，須重複調整數次。

(5) 輸入電壓自 0.00 V 逐步調降到 $-1.00\,V$(直流值)，記錄 V_i 及 V_o 的直流電壓於表 14.3 中。

表 14.3　指數轉換電路 $V_i\text{-}V_o$ 的特性

V_i	−0.1 V	−0.2 V	−0.3 V	−0.4 V	−0.5 V	−0.6 V	−0.7 V	−0.8 V	−0.9 V	−1 V
V_o										

⑹ 使用表 14.3 的數據，使用半對數紙，繪出 $V_i\text{-}V_o$ 的特性曲線於圖 14.49。

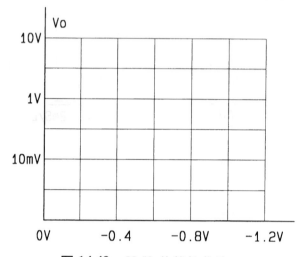

圖 **14.49**　$V_i\text{-}V_o$ 的特性曲線

⑺ V_i 接訊號產生器，選擇輸出為三角波，頻率為 1 kHz，峰對峰值為 1.0 V。
OFFSET 電壓為 −0.5 V，如圖 14.50 所示，觀察 V_i 及 V_o 的波形，並將
測試結果記錄於圖 14.51 中。

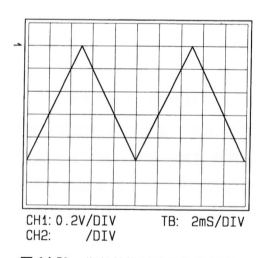

CH1: 0.2V/DIV　　　　TB:　2mS/DIV
CH2:　　/DIV

圖 **14.50**　指數轉換電路的輸入電壓

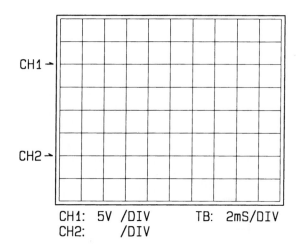

CH1: 5V /DIV　　　TB: 2mS/DIV
CH2: /DIV

圖 14.51　指對數轉換電路轉移曲線

7.　工作七：乘算電路

A.　實驗目的：

瞭解乘算電路原理及特性

B.　材料表：

TL072×1，AD633×1

0.068 μF×1

VR-50 kΩ × 1

2.4 kΩ × 1，1 kΩ × 1，3 kΩ × 1

C.　實驗步驟：

(1) 如圖 14.52 的接線。

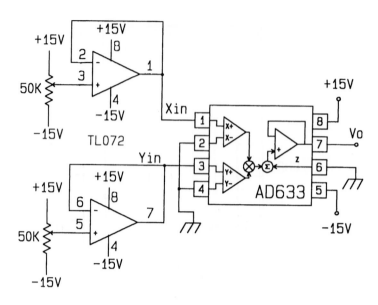

圖 14.52　AD633 乘算電路

(2) V_x 接 0.00 V 的直流電壓，調整 V_y 電壓自 -10.00 V 逐步調升到 $+10.00$ V（直流值），記錄 V_y 及 V_o 的直流電壓於表 14.4 中。

表 14.4　乘算電路 V_i-V_o 的特性

V_o ＼ Y_{in}	-10 V	-8 V	-6 V	-4 V	-2 V	0	$+2$ V	$+4$ V	$+6$ V	$+8$ V	$+10$ V
$X_{in} = -10$ V											
$X_{in} = -5$ V											
$X_{in} = 0$ V											
$X_{in} = +5$ V											
$X_{in} = +10$ V											

(3) V_x 分別為 10.0 V, 5.00 V, -5.00 V, -10.0 V 的直流電壓，重複步驟(2)之實驗。

⑷ 使用表 14.4 的數據，繪出 V_i-V_o 的特性曲線（五條曲線）於圖 14.53。

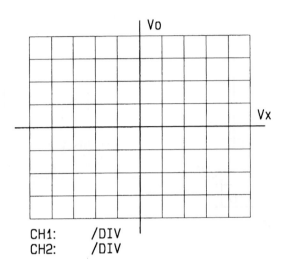

CH1:　　/DIV
CH2:　　/DIV

圖 14.53　圖 14.52V_i-V_o 的特性曲線

⑸ V_x 及 V_y 同接到訊號產生器輸出，如圖 14.54 的接線。選擇波形為正弦波，頻率為 1 kHz，峰值調整為 10 V。觀察 V_i 及 V_o 波形，並將測試結果記錄於圖 14.55 中。

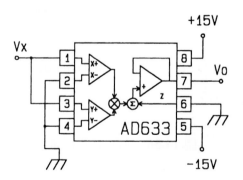

圖 14.54　AD633 平方電路

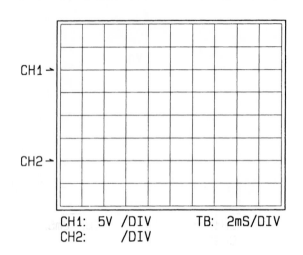

圖 **14.55** 圖 14.54 輸入及輸出波形

(6) 將電路改為圖 14.56，V_i 同步驟(5)的波形。觀察 V_i 及 V_o 波形，並將測試結果記錄於圖 14.57 中。

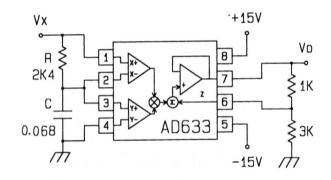

圖 **14.56** AD633 倍頻電路

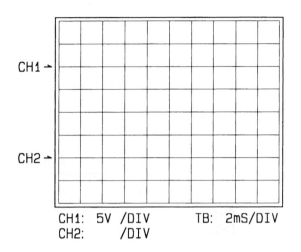

圖 14.57　圖 14.57 輸入及輸出波形

8. 工作八：開平方根電路

A. 實驗目的：

瞭解開平方根電路原理及特性

B. 材料表：

TL074×1， AD633×1

1N4148×1

$10\,k\Omega \times 2$

C. 實驗步驟：

(1) 如圖 14.58 的接線。

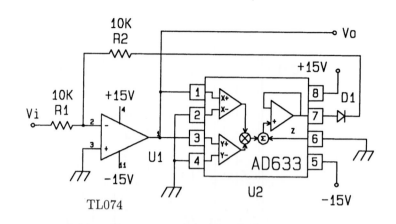

圖 14.58 開平方根電路

(2) 調整 V_i 電壓自 $-10.00\,\mathrm{V}$ 逐步調升到 $+0.00\,\mathrm{V}$（直流值），記錄 V_i 及 V_o 的直流電壓於表 14.5 中。

表 14.5 開平方根電路 V_i-V_o 的特性

V_i	$-10\,\mathrm{V}$	$-9\,\mathrm{V}$	$-8\,\mathrm{V}$	$-7\,\mathrm{V}$	$-6\,\mathrm{V}$	$-5\,\mathrm{V}$	$-4\,\mathrm{V}$	$-3\,\mathrm{V}$	$-2\,\mathrm{V}$	$-1\,\mathrm{V}$	$0\,\mathrm{V}$
V_o											

(4) 使用表 14.5 的數據，繪出 V_i-V_o 的特性曲線於圖 14.59。

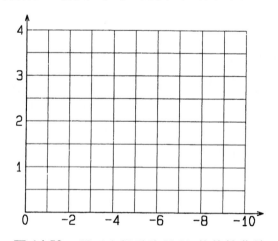

圖 14.59 開平方根電路 V_i-V_o 的特性曲線

(7) V_i 接訊號產生器，選擇輸出為三角波，頻率為 $1\,\text{kHz}$，峰對峰值為 $10\,\text{V}$。
OFFSET 電壓為 $-5\,\text{V}$，如圖 14.60 所示，觀察 V_i 及 V_o 的波形，並將測
試結果記錄於圖 14.61 中。

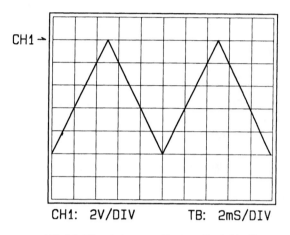

圖 14.60　圖 14.59 輸入及輸出波形

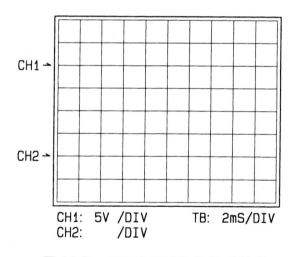

圖 14.61　開平方根電路 V_i-V_o 的波形

9.　工作九：除算電路

A.　實驗目的：

瞭解除算電路原理及特性

B. 材料表：

TL074×1， AD633×1

10 kΩ × 1

C. 實驗步驟：

(1) 如圖 14.62 的接線。

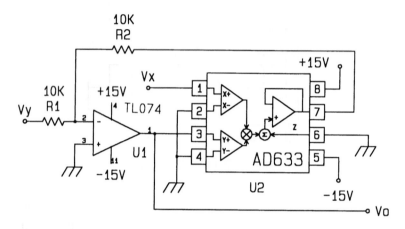

圖 14.62　除算電路

(2) V_x 接 10.0 V 的直流電壓，調整 V_y 電壓自 -10.00 V 逐步調升到 $+10.00$ V（直流值），記錄 V_y 及 V_o 的直流電壓於表 14.6 中。

表 14.6　除算電路 Vi-Vo 的特性

V_o ＼ Y_{in}	-10 V	-8 V	-6 V	-4 V	-2 V	0	$+2$ V	$+4$ V	$+6$ V	$+8$ V	$+10$ V
$X_{in} = -10$ V											
$X_{in} = -5$ V											
$X_{in} = 0$ V											
$X_{in} = +5$ V											
$X_{in} = +10$ V											

(3) V_x 分別為 5.00 V，−5.00V，−10.0 V 的直流電壓，重複步驟(2)之實驗。

(4) 使用表 14.6 的數據，繪出 V_i-V_o 的特性曲線（四條曲線）於圖 14.63。

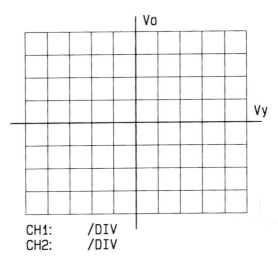

圖 14.63　除算電路 V_i-V_o 的特性曲線

(5) V_x 接到訊號產生器輸出，選擇波形為三角波，頻率為 1 kHz，峰值調整為 10 V。V_y 分別為 1.0 V，0.5 V，0.1 V 的直流電壓，觀察 V_i 及 V_o 波形，並將測試結果記錄於圖 14.64 中。

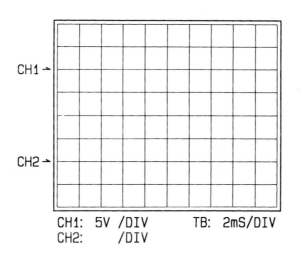

圖 14.64　除算電路 V_i-V_o 的波形

14.4 電路模擬

本節中將以 Pspice 模擬軟體來分析電路的特性，使電路模型分析的結果與實際電路實驗有一對照。

1. 精密全波整流器模擬

如圖 14.65 所示，各元件分別在 opamp.slb, diode.slb,source.slb 及 analog.slb，選擇 Time Domain 分析，記錄時間自 0 us 到 3.0 ms，最大分析時間間隔為 0.001 ms。圖 14.66 為精密全波整流器模擬結果，圖中分別為輸入電壓及輸出電壓波形。

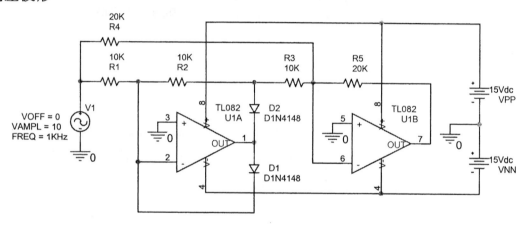

圖 14.65 精密全波整流器

2. 同步整流器模擬

如圖 14.67 所示，各元件分別在 jjfet.slb,opamp.slb, diode.slb,source.slb 及 analog.slb，選擇 Time Domain 分析，記錄時間自 0 us 到 3.0 ms，最大分析時間間隔為 0.001 ms。圖 14.68 為同步整流器模擬結果，圖中分別為輸入電壓及輸出電壓波形。

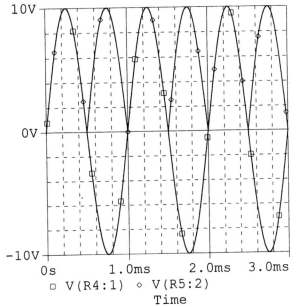

圖 14.66　精密全波整流器模擬結果

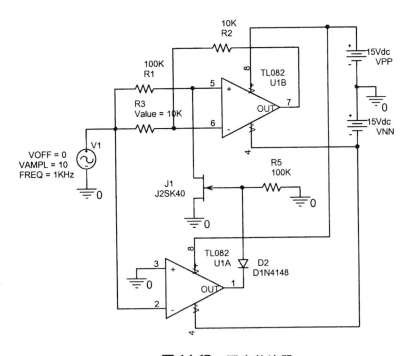

圖 14.67　同步整流器

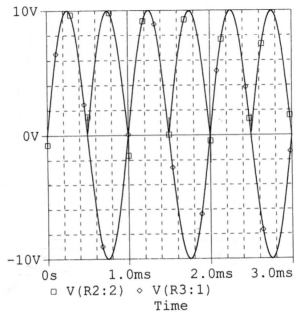

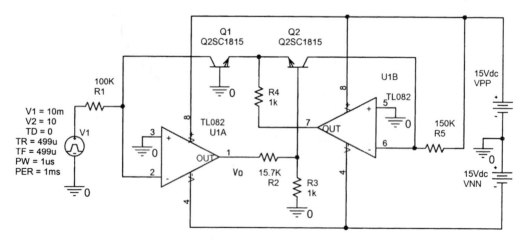

圖 14.68　同步整流器模擬結果

3.　對數放大器模擬

　　如圖 14.69 所示，各元件分別在 jbipolar.slb, opamp.slb, source.slb 及 analog. slb，選擇 Time Domain 分析，記錄時間自 0 us 到 2.0 ms，最大分析時間間隔為 0.001 ms。圖 14.70 為對數放大器模擬結果，圖中分別為輸入電壓及輸出電壓波形。

圖 14.69　對數放大器

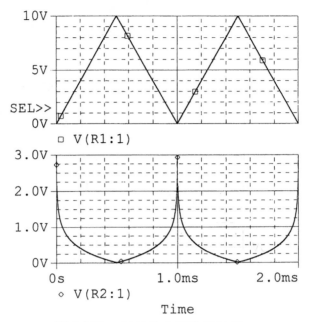

圖 14.70　對數放大器模擬結果

4. 反對數放大器模擬

如圖 14.71 所示，各元件分別在 jbipolar.slb,opamp.slb,source.slb 及 analog. slb，選擇 Time Domain 分析，記錄時間自 0 us 到 2.0 ms，最大分析時間間隔

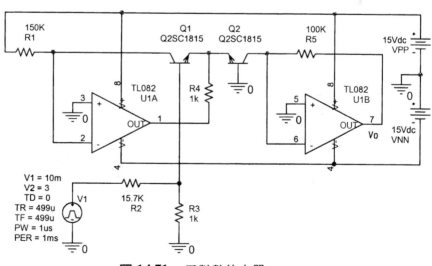

圖 14.71　反對數放大器

為 0.001 ms。圖 14.72 為反對數放大器模擬結果，圖中分別為輸入電壓及輸出電壓波形（輸出為線性刻度）。圖 14.73 為反對數放大器模擬結果，圖中分別為輸入電壓及輸出電壓波形（輸出為對數刻度）。

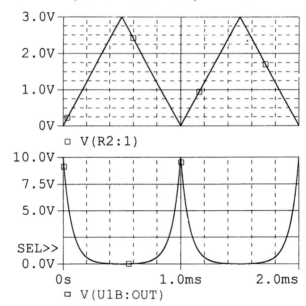

圖 14.72　反對數放大器模擬結果（輸出為線性刻度）

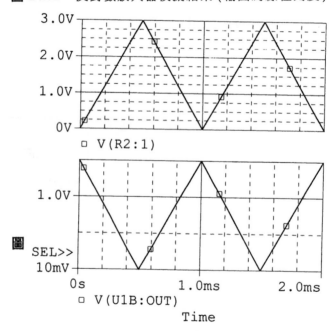

圖 14.73　反對數放大器模擬結果（輸出為對數刻度）

國家圖書館出版品預行編目資料

電子實習 / 吳鴻源編著. -- 三版. -- 臺北縣土城
市 : 全華圖書, 2008.05-2008.06
　　冊 ; 公分
　ISBN 978-957-21-6411-2(上冊：平裝). --
ISBN 978-957-21-6526-3(下冊：平裝附光碟片)
　1.CST: 電子工程 2.CST: 實驗
448.6034　　　　　　　　　　97008810

電子實習(下) (附試用版光碟)

作者 / 吳鴻源

發行人 / 陳本源

執行編輯 / 劉暐承

出版者 / 全華圖書股份有限公司

郵政帳號 / 0100836-1 號

印刷者 / 宏懋打字印刷股份有限公司

圖書編號 / 02975027

三版九刷 / 2023 年 09 月

定價 / 新台幣 470 元

ISBN / 978-957-21-6526-3 (平裝附光碟片)

全華圖書 / www.chwa.com.tw

全華網路書店 Open Tech / www.opentech.com.tw

若您對本書有任何問題，歡迎來信指導 book@chwa.com.tw

臺北總公司(北區營業處)
地址：23671 新北市土城區忠義路 21 號
電話：(02) 2262-5666
傳真：(02) 6637-3695、6637-3696

南區營業處
地址：80769 高雄市三民區應安街 12 號
電話：(07) 381-1377
傳真：(07) 862-5562

中區營業處
地址：40256 臺中市南區樹義一巷 26 號
電話：(04) 2261-8485
傳真：(04) 3600-9806(高中職)
　　　(04) 3601-8600(大專)

歡迎加入 全華會員

● 會員獨享

會員享購書折扣、紅利積點、生日禮金、不定期優惠活動⋯等。

● 如何加入會員

填妥讀者回函卡直接傳真 (02) 2262-0900 或寄回，將由專人協助登入會員資料，待收到 E-MAIL 通知後即可成為會員。

如何購買 全華書籍

1. 網路購書

全華網路書店「http://www.opentech.com.tw」，加入會員購書更便利，並享有紅利積點回饋等各式優惠。

2. 全華門市、全省書局

歡迎至全華門市（新北市土城區忠義路21號）或全省各大書局、連鎖書店選購。

3. 來電訂購

(1) 訂購專線：(02) 2262-5666 轉 321-324
(2) 傳真專線：(02) 6637-3696
(3) 郵局劃撥（帳號：0100836-1　戶名：全華圖書股份有限公司）
※ 購書未滿一千元者，酌收運費 70 元。

全華網路書店 www.opentech.com.tw
E-mail: service@chwa.com.tw

OpenTech 全華網路書店
.com.tw

※ 本會員制如有變更則以最新修訂制度為準，造成不便請見諒。

親愛的讀者：

感謝您對全華圖書的支持與愛護，雖然我們很慎重的處理每一本書，但恐仍有疏漏之處，若您發現本書有任何錯誤，請填寫於勘誤表內寄回，我們將於再版時修正，您的批評與指教是我們進步的原動力，謝謝！

全華圖書 敬上

勘 誤 表

書 號		書 名	作 者
頁 數	行 數	錯誤或不當之詞句	建議修改之詞句

我有話要說： (其它之批評與建議，如封面、編排、內容、印刷品質等・・・)